팀북투로
가는길

서아프리카 전설 속 황금도시를 찾아가는 1000킬로미터 여행!

팀북투로 가는길

키라 살락 지음 | 박종윤 옮김

터치아트

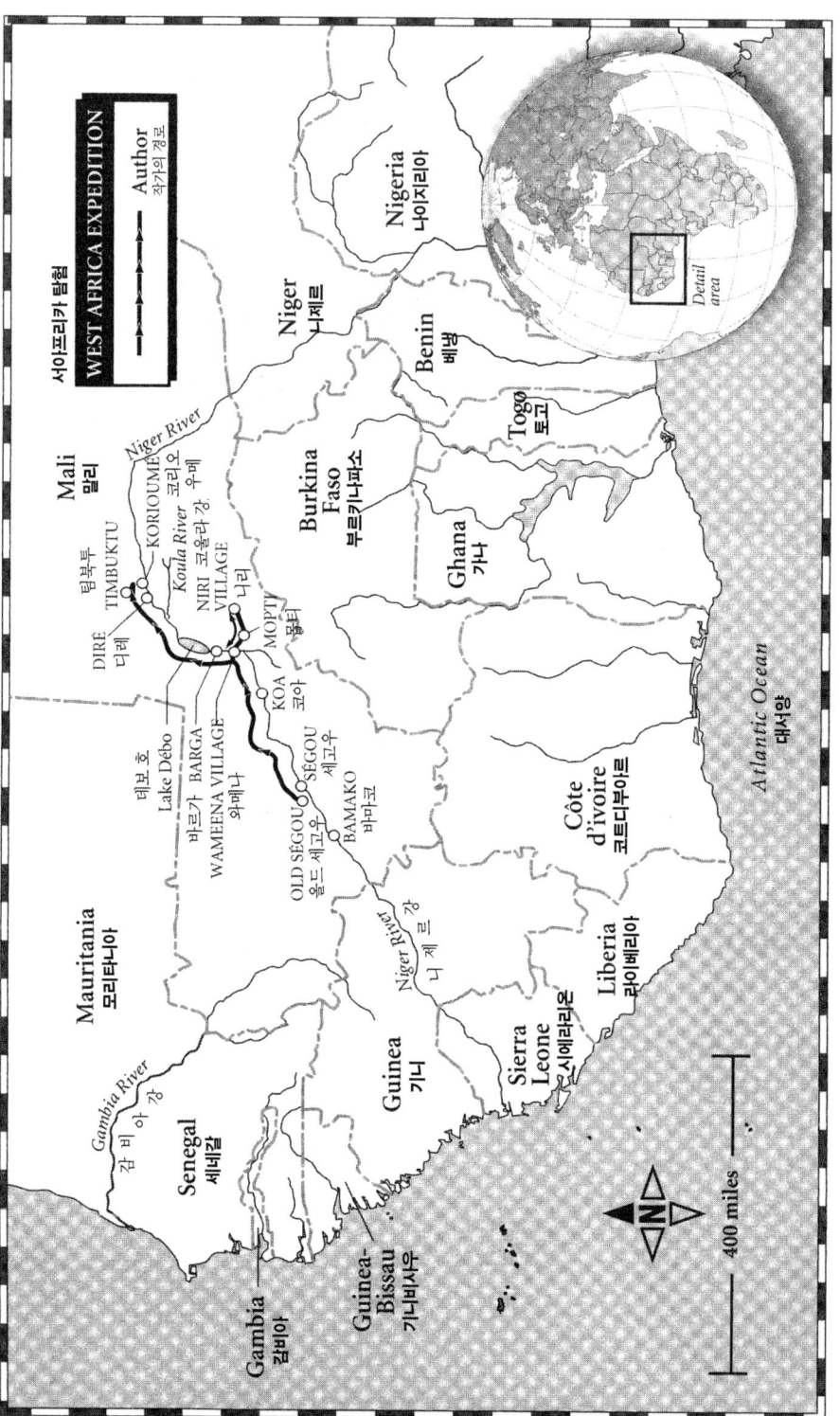

서아프리카 탐험
WEST AFRICA EXPEDITION

▶▶▶ Author 저자의 경로

Mauritania 모리타니아

Mali 말리

Niger 니제르

Nigeria 나이지리아

Benin 베냉

Togo 토고

Burkina Faso 부르키나파소

Ghana 가나

Senegal 세네갈

Gambia 감비아

Guinea-Bissau 기니비사우

Guinea 기니

Sierra Leone 시에라리온

Liberia 라이베리아

Côte d'ivoire 코트디부아르

Atlantic Ocean 대서양

Gambia River 감비아 강

Niger River 니제르 강

Niger River

Koula River 코울라 강, 우메

Niri 니리

VILLAGE

TIMBUKTU 팀북투

KORIOUMÉ 코리오

DIRE 디레

Lake Débo 베보 호

BARGA 바르가

WAMEENA VILLAGE 와메나

MOPTI 몹티

KOA 코아

OLD SÉGOU 올드 세구오

SÉGOU 세구오

BAMAKO 바마코

Detail area

N

400 miles

또한 그대에게 이르노니, 앎에 대한 욕구와 그 욕구를 물리적으로 표현할 힘이 있거든,
나가서 탐험하라……. 어떤 이는 미쳤다 할 것이고, 대부분은 쓸데없는 짓이라 할 것이다.
이곳은 상인의 나라, 어떤 상인도 일 년 안에 수익을 내지 못할 탐험 따위는 쳐다보지
않을 것이다. 그러니 당신은 혼자서 썰매를 타야 할 것이며, 당신과 함께 썰매를 타는
사람이라면 결코 상인은 아닐 것이니, 그것만으로도 가치 있는 일이다. 겨울 여행을
떠난다면 보람이 있을 터, 바라는 것이 펭귄 알뿐이라면.

— 앱슬리 체리 거라드《최악의 여행》—

바람이 울부짖고 비가 내려요.
가엾은 백인이 창백하고 지친 모습으로 나타나
우리의 나무 아래 앉아 있네요.
소젖을 가져다 줄 어머니도 없고,
옥수수를 갈아 줄 아내도 없어요.
저 백인을 불쌍히 여깁시다. 어머니가 없잖아요.

— 세고우 코로에 전해 오는 멍고 파크에 대한 기록 민요, 1796년—

드넓은 아프리카, 그대의 태양은 환히 빛나고,
그대의 언덕은 먼 옛날 밤하늘의 별처럼 아름다운 도시를 펼쳐 보이도다.
팀북투에 대한 풍문은 고대인들처럼 덧없이 흘러가는 꿈이런가.

영국 시인 알프레드 테니슨Alfred Tennyson의 시와는 달리, 이곳에서는
팀북투를 상상할 수 없다. 나는 또 싸구려 호텔 방에 묵고 있다. 이번에
는 서아프리카 말리의 수도 '바마코Bamako'다. 바퀴벌레가 금 간 세면대
틈에 우글거리고, 딱정벌레들이 벽을 기어오르고, 모기가 졸듯이 머리
위를 맴돈다. 수상한 남녀가 옆방에 들었다가 몇 시간 후 나간다. 그래
도 이번에는 운이 좋은 편이다. 힘없이 졸졸거리며 물이 떨어지는 샤워
기가 달랑 붙어 있을 뿐이지만 어쨌든 샤워 시설이 있다.

아침 9시 정각에 전기가 나가고 천장에 붙어 덜거덕거리는 환풍기
가 멈추면, 군데군데 성근 방충망 사이로 열기가 스며들어 기름처럼 피
부에 들러붙는다. 나는 초록색 얇은 면침대보 위에 누워서 침대보에 묻
은 온갖 얼룩의 사연을 짐작해 본다. 이 침대보는 도대체 빤 지 얼마나
됐을까 궁금해진다. 바마코를 달리는 차들의 요란한 소음이 항상 닫아
두는 나무 덧창을 뚫고 들어온다. 차들이 충돌하는 소리(이런 방에서나

들을 수 있는 일상적이고 친숙한 충돌음)에 이어 밤바라^{Bambarra} 말로 격하게 떠들어대는 소리가 들린다. 이윽고 다시 오토바이가 부릉거리며 지나가는 소리와 평범한 사람들의 굼뜬 물결……

나는 옆으로 누워 가난을 듣고, 배우고, 외우는 중이다. 눈앞의 회벽에는 모기를 때려잡은 핏자국이 보이고, 발을 디디면 먼지와 머리카락과 천장에서 떨어진 칠 조각이 발바닥에 달라붙는다. 텔레비전 소리가 시끄럽게 울려 나오는 복도 끝 방에 묵는 남자는 객실 청소 담당인데 그저 침대보만 가지런히 정리할 뿐이다. 화장실은 지린내가 진동하고 침대는 퀴퀴하고 고약한 냄새로 절어 있다. 싱크대에서는 초침처럼 정확하게 물방울이 똑똑 떨어진다.

내가 묵었던 방들은 모두 이랬다. 굳이 다른 점을 들라면 창밖에서 들려 오는 언어의 종류와 침대보 색깔, 천장에 매달린 전구의 밝기 정도일 것이다. 한밤중에 잠을 깨우는 방, 불길한 침묵 속에서 어둠을 머금은 방, 날이 밝기를 간절히 원했으므로 수면제를 삼킬 수밖에 없었던 방들은 이제 떠날 때가 되었다고 말한다. 나의 여행은 모두 이 방들에서 시작되었다.

내가 하는 여행은 '잘해야 한심한 짓, 잘못하면 미친 짓'이다. 이번 여행도 마찬가지다. 혼자서 카약을 타고 니제르 강Niger River을 따라 말리의 올드 세고우Old Ségou에서 팀북투Timbuktu까지 1,000킬로미터를 노 저어 갈 계획이다.

그런데 떠나려고 작정한 시간이 되자 하늘을 찢는 천둥번개와 함께 세찬 비가 온 세상을 집어삼킬 듯이 퍼붓기 시작한다. 발밑의 흙이 쓸려 내려가는 것이 느껴진다. 말리의 우기는 이 세상 무엇과도 비교할 수가 없다. 번개가 나무를 꿰뚫고, 집들을 칼로 베듯이 지나간다. 천둥이 하늘을 쥐어짜고 박격포탄처럼 땅을 울리면, 살아 있는 모든 존재는 보잘것없는 피신처에 한데 모여서 세상의 종말을 기다린다. 하지만 그런 일은 일어나지 않는다. 적어도 이번에는 아니다. 폭풍우가 우르릉 쾅쾅거리며 동쪽으로 이동하자 모두 안도의 한숨을 내쉰다.

아침 나절에 내 몸을 싣게 될 강을 살펴본다. 비가 오든 안 오든 오늘은 여행을 떠나는 날이다. 그 누구도, 마을에서 가장 나이 많은 어르신조차 내가 목적지까지 도달할 수 있을지 예측하지 못한다.

"해 보자."

비를 피하고 있던 흙벽돌집을 나서며 혼잣말을 한다. 읍내에서 온 안내원 '모디보'가 북쪽에서 다가오는 먹구름을 가리킨다. 그리고 나를 위해 기도하겠다고 말한다. 그것 말고는 할 수 있는 일이 없다. 그는 이런 여행을 한 사람이 몇 명 있기는 하지만, 자신이 아는 한 성공한 사람은 없었다고 했다. 적어도 이런 여행을 한 여자가 없었다는 것만은 분명했다. 오늘 아침에도 나를 한쪽으로 데려가더니 미친 것 아니냐고 물었다. 나는 염려로 알아듣고 고맙다고 말해 주었다. 그는 올드 세고우에서도 다들 엄청난 행운이 아니면 무사하지 못할 것이라며 내가 미쳤다고 수군거린다고 전했다.

나는 사람들이 안 된다고 하면 더 하고 싶어지는 성미다. 그래서 더 신세를 볶는지도 모른다. 고무 카약이 든 가방을 메고 올드 세고우의 좁은 골목길을 지나간다. 빗줄기에 허물어지는 작은 흙벽돌집을 지나고, 염소 무리를 지나고, 밥 짓는 연기가 솟는 굴뚝을 지나고, 컴컴한 문간에 서서 물끄러미 내 모습을 바라보는 사람들을 지난다. 거리는 폭풍우가 한 차례 휩쓸고 지나갈 때마다 발밑의 흙을 이겨 발라 보수한 낡은 집들의 미로다.

올드 세고우는 스코틀랜드의 탐험가 멍고 파크Mungo Park, 1771~1806가 살았던 시대와 거의 흡사하다. 1796년 7월 22일, 멍고 파크는 서양인으로서는 최초로 니제르 강을 따라 팀북투에 이르는 첫 번째 여행(그는 같은 경로로 두 차례 여행했다)을 떠났다. 내가 같은 날, 같은 장소에서 출발하기로 계획한 것은 우연이 아니다. 나에게 파크는 후원자이자 보증인 같은 사람이다. 그가 니제르 강을 따라 여행했다면 나도 할 수 있다. 집

넘에 불타는 19세기 탐험가가 내가 하고 싶은 일을 했다는 것, 그것이 내가 이 여행에 대해 지닌 유일한 보증서다. 물론 파크는 이 강에서 죽었다. 하지만 나는 지금까지 그 사실을 애써 외면해 왔다.

구불구불 이어진 흙벽돌집 사이로 니제르 강을 바라본다. 기니^{Guinea} 산악지대의 열대우림에서 시작해 말리 중심부까지 이어져 온 물길은 나를 싣고 북동쪽으로 흘러 팀북투에 닿은 후, 사하라 사막을 넓은 폭으로 구불구불 관통한다. 이후 남쪽으로 방향을 틀어 니제르를 지나 나이지리아까지 맹그로브 늪지와 정글을 굽이굽이 돌다가, 마침내 베닌 만^{Bight of Benin}에서 대서양에 몸을 푼다.

니제르 강은 단순한 강이 아니다. 일종의 믿음이다. 세상에서 가장 뜨겁고 황폐한 지역인 사하라 사막을 굽이쳐 나가며 시작부터 끝까지 4,000킬로미터가량을 버텨 낸다. 해마다 우기가 찾아오면 니제르 강은 존재하기 위한 새로운 힘을 얻고, 햇볕에 달궈진 땅 위로 흘러넘쳐 사람들에게 곡식과 가축, 물고기를 선물로 베푼다. 그러나 강은 아무것도 받지 않으며, 아무것도 바라지 않는다. 그래서 니제르 강을 바라보는 이는 모두 겸허해진다. 하지만 그것이 내가 이곳에 있는 까닭, 여행지로 말리와 니제르 강을 선택한 이유는 아니다. 그건 다른 문제다. 마음속 깊은 곳에는 이미 거부감이, 공포로 익숙한 위축감이 똬리를 틀고 있다. 나는 여행의 동기를 찾아 내면을 샅샅이 훑어보고 싶지 않았다. 무엇을 발견하게 될지 무서웠고, 조금이라도 병적인 기미를 포착하게 될까봐 두려웠기 때문이다.

멍고 파크가 이 강을 따라 한 여행이 훌륭해 보여서 나도 똑같은 도전을 해 보고 싶을 뿐이라고 생각하면 어떨까? 하지만 그것은 너무 불성실하다. 인간의 동기란 복합적인 것이 아닐까? '이곳에 니제르 강이 있으니 나는 이 강을 저어 가련다'라고 말할 수만 있다면 얼마나 좋을까. 그러나 나는 그런 종류의 여행가가 아니고, 이 여행도 그런 종류의 여행이 아니다. 여행에서 자신에 대한 무언가를 배울 수 없다면, 그런 여행은 도대체 어떤 여행이란 말인가? 내가 확실히 말할 수 있는 것은 단 하나다. 우리는 우리가 여행을 선택한다고 생각하지만, 사실은 여행이 우리를 선택한다.

비틀거리던 당나귀들이 또다시 내리꽂는 빗줄기에 몸을 움츠린다. 귀를 뒤로 젖히고 목을 길게 늘인다. 발가벗은 어린아이들이 서로 밀쳐대며 나를 향해 팔을 뻗는다. 아이들의 수고를 덜어 주려고 멈춰 서서 손을 내민다. 아이들은 내 흰 피부가 벨벳이라도 되는 듯이 쓸어 보더니 손바닥에 물감이라도 묻지 않았을까 들여다본다.

다시 천둥이 치고 또 비가 내린다. 나는 강가의 수백 년 묵은 판야나무 아래 서 있다. 가방을 열고 조그맣게 접힌 빨간 카약을 꺼내 펌프질한다. 이 여행은 '내셔널 지오그래픽 어드벤처'의 후원으로 진행될 것이다. 여행 기사가 잡지에 실릴 예정이므로 엄청나게 많은 사진이 필요하다. '레미 베날리'라는 프랑스 인 사진작가가 내 모습을 찍기로 했는데, 강에서 만나는 폭우와 사진 찍히기 중 어느 것이 더 끔찍한지 나는 모르겠다. 나는 여행을 고스란히 내 것으로 하고 싶다. 여행이 서커스가 되지 않기를 바란다. 잡지사에서 최대한 양보한 타협안을 내놓았다. 레미는 모터보트를 빌려 타고 며칠에 한 번씩 나를 찾아와 사진을 찍을 것이다.

카약이 거의 다 부풀었다. 원색의 파뉴(pagne, 아프리카 일부 지역의 주민들이 짧은 치마처럼 입는 직사각형 천—옮긴이)를 가슴께에 동여맨 여자 두어 명이 근처에 서서 알 수 없다는 표정으로 내 모습을 바라본다. 마치

'너 누구니? 뭐하는 거야?'라고 묻는 듯하다. 니제르 강이 자못 험악하게 출렁이며 기슭에 부딪친다. 지금 무얼 하고 있는지 나도 아는 척하고 싶지 않다. 그저 한 번에 하나씩 해야 할 일을 한다. 카약에 바람을 넣고, 부푼 카약에 짐을 싣고, 노를 제자리에 끼우고, 준비 끝.

"기도할게요."

모디보가 강가에 서서 나를 바라보며 말한다.

나는 짐의 균형을 맞추고 줄들을 점검한 뒤 올라탄다. 그리고 마침내 '돌이킬 수 없이' 노를 저어 나간다.

멍고 파크는 두 번째 여행을 떠날 때 결코 두려워하지 않았다. 그 사실이, 다시 같은 길을 떠났다가는 비극을 맞이할 것이 뻔한데도 모든 것이 잘 되리라는 환상을 끝까지 고수했던 모습이, 마음을 사로잡는다. 적대적인 사람들, 미지의 급류, 말라리아열, 하마와 악어, 강이 어디서 다시 시작될지 모르는 채 망망대해를 표류하듯 건너야 하는 광활한 데보 호Lake Debo. 멍고 파크와 동반한 선원 44명 중 40명이 질병으로 죽었고, 파크도 두 번째 여행을 떠날 때는 이질에 걸린 상태였다. 무엇이 말 없는 성공에 목숨을 걸도록 사람들을 몰아갔는지 두려울 뿐이다. 내 출발도 좋지 않다는 사실에 마음이 심란하다. 벌써부터 여행의 무지막지함이, 나를 몰아붙이는 무자비한 완고함이 두렵다.

폭풍우가 새로운 서곡을 터뜨린다. 장대비와 파도가 카약을 뒤집을 듯 덮친다. 다행히 저절로 물이 빠지는 배라서 가라앉지는 않는다. 바람에 역류한 물살이 기슭에서 산산이 부서지면서 얼굴에 물보라를 뿌린다. 나는 미친 듯이 노를 저어 앞으로 나아간다. 간신히 제자리걸음을 면하는 수준이다. 팔 근육이 욱신거리며 여행에 대한 거부감을 드러낸다.

얼마 동안 니제르 강과 사투를 벌인 끝에 뉴 세고우^{New Ségou}를 기어 가듯이 지나친다. 커다란 증기선들이 어지럽게 뒤엉킨 채 시멘트 부 두에 정박해 있고, 쏟아지는 빗줄기 사이로 어둡고 황량한 마을이 보 인다. 배 위에는 사람이 보이지 않는다. 사람들은 내가 모르는 사실을, 강이 모든 여행을 좌우한다는 사실을 알고 있는 것이다.

무언가 터지는 느낌과 함께 격렬한 통증이 느껴진다. 오른팔 근육이 파열되면서 힘이 쫙 빠진다. 폭풍우에 갇힌 상황에서 때와 장소를 잘못 찾아온 부상을 받아들일 수는 없다. 강과 싸움을 벌이며 밀려왔다 밀려 가는 통증의 맥놀이에 익숙해지려고 애쓴다. 가야 할 방향은 오직 하 나, 앞이다. 멈춘다는 건 생각하기도 싫다.

이런 여행에서 우리가 찾는 것은 무엇일까? 사람들은 흔히 새로운 곳을 보고, 새로운 사람들을 만나는 것이 즐겁다고 대답한다. 하지만 일단 여행이 시작되고 고생길이 열리면 진실이 드러난다. 우리에게는 인내심도, 겸손함도, 감사할 줄 아는 마음도 부족하다는 사실이 분명해 진다. 고난을 겪으며 우리는 진실에 더욱 가까이 다가가고 그 때문에 한층 시련을 견디기가 힘들어지지만, 동정심은 오로지 고난에서 비롯 된다. 이런 이유로 나는 여행을 마치고 무엇인가 깨닫기만 한다면, 여 행 도중 어떤 일이 일어나도 버틸 수 있다고 말했다. 여행은 '수지맞는 장사이자 스승'이다.

흰 포말이 집어삼킬 듯 덤벼들고 바람을 타고 물살이 역류하던 오늘 아침의 강은 도대체 어디로 간 걸까? 파도나 소용돌이는 전혀 찾아볼 수 없다. 거울처럼 반들거리는 수면과 아득한 무릉도원처럼 푸릇푸릇한 섬들이 점점이 흩어진 모습이 평화롭게 보인다. 니제르 강은 기분 내키는 대로 형벌과 축복을 내리는 변덕스러운 '신' 같다. 어쩌면 강의 신이 물 위를 왕래하는 인간들에게 모든 걸 맡기고 잠자리에라도 든 걸까?

뾰족한 카누를 탄 보조 인Bozo과 소모노 인Somono 어부들, 사람과 물건을 가득 싣고 요란한 소음과 디젤유를 흘리며 천천히 지나가는 기다란 나룻배 그리고 하늘에 뜬 뭉게구름을 거울처럼 비추는 수면에서 작고 빨간 배를 타고 노를 젓는 난데없는 백인 여자. 모두가 각자 있어야 할 자리를 지키고 있다. 마치 생생한 꿈속에라도 들어온 것처럼, 나 자신이 이 강 위에 있다는 사실이 문득문득 놀랍다. 맡은 배역이 무엇인지도 모른 채, 저질러 놓은 일을 쳐다보고 입을 떡 벌리고 있는 종교극 속의 불운한 배우가 된 것만 같다. 어쨌든 나는 카약을 타고 니제르 강에서 아주 천천히, 하지만 틀림없이 팀북투를 향해 노를 젓고 있다.

기슭을 따라 흙벽돌집이 늘어선 작은 마을들을 지나친다. 어떤 마을은 규모가 꽤 크고 모두들 바쁘다. 여자들은 강에서 빨래나 설거지를 하고, 아이들은 염소를 쫓아다니고, 남자들은 어망을 손본다. 규모가 좀더 작은, 진흙과 갈대로 지어진 집 때문에 임시거처 같은 인상을 주는 마을에서는 남자들이 나무 아래서 빈둥거리며 파리를 쫓거나 잡담을 한다. 여자들은 어린애만한 나무공이로 수수를 빻는다. 공이가 아래위로 오르내리며 규칙적으로 돌확을 찧는 쿵쿵거리는 소리가 북소리처럼 들려온다. 이 소리는 내 모습을 발견한 아이들의 호들갑스런 외침과 지구 반대편까지 들리고도 남을 어마어마한 당나귀 울음소리와 함께 말리의 농촌을 대표하는 음악 소리다.

마을마다 땅딸막한 뾰족탑이 하늘을 바라보는 흙벽돌집 '모스크'가 있다. 날카로운 각이나 금세공 혹은 조각 따위의 건축적인 화려함은 없기에 보잘것없어 보여도, 무언가 감추고 있는 듯한 독특한 분위기를 풍긴다. 진흙으로 지은 어린 시절 상상 속의 성처럼 모스크에는 숨죽인 창조력이 엿보인다. 탑 둘레에는 뾰족한 막대 장식이 꽂혀 있고, 탑 꼭대기에는 타조알이 봉화처럼 얹혀 있으며, 진흙벽에 뚫린 작고 동그란 창들은 영문을 모르겠다는 표정으로 여행객을 응시한다. 잠시 들러 어두운 건물 안을 둘러보며 원시의 비밀을 엿보고 싶은 마음이 굴뚝 같다.

하지만 그냥 지나친다. 이 지역 모스크들은 아마 나 같은 외부인에게는 문을 열어 주지 않을 것이다. 여행을 떠나기 전, 어느 강가 마을에서 모스크를 구경하려고 했더니 이맘(imam, 모스크의 우두머리)이 엄숙하게 고개를 저었다. 통역한 사람에게 전해 들은 바로는 내가 '이단자', 즉 죄인이기 때문이란다. 심지어 건물 바깥 계단도 밟아 볼 수 없었다. 이맘은 나를 '기독교도'라고도 불렀다. 나는 불교 신자니까 사실 정확한 말이 아니었지만, 분노와 슬픔 같은 것이 가슴을 옥죄었다. 불과 몇 초 만에 내 존재에 대한 판단과 거부가 완료되었던 것이다. 비슷한 점보다는 차이점에 주목하여, 돌벽보다 넘기 어려운 '마음의 벽'을 쌓아 올리는 것이 인간의 본성인가 보다.

늦은 오후, 해가 서쪽 언덕 너머로 뉘엿뉘엿 넘어간다. 명상하듯 노를 저으며 졸고 있는 강을 살며시 흔들어 깨운다. 니제르 강은 아침 나절의 무자비한 폭력을 사과라도 하듯 햇살 속에 잔물결이 퍼지는 반들반들한 은빛 강물로 제가 지닌 아름다움을 선사한다. 마치 흐르지 않는 것처럼 물살이 거의 느껴지지 않는다. 파크는 두 번째 여행에서 니제르 강의 웅장함을 그답지 않게 감상적인 문장으로 묘사했는데, 이 부분은 선원들의 죽음과 원주민들에게 짐을 도둑맞은 사건 다음에 뒤따라 나와 잠시 숨을 돌리게 해 주는 반가운 단락이었다. "오늘 여행은 대단히 즐거웠다. 실로 이 광대한 강의 풍광처럼 아름다운 것은 없을 것이다. 거울처럼 잔잔한 모습으로, 때로는 산들바람에 살랑거리며 시속 10킬로미터 정도의 속도로 꾸준히 우리를 실어 나르고 있다."

지금은 시속 2킬로미터도 되지 않는다. 강은 햇살을 즐기며 늑장을 부리고 싶은 모양이다. 나도 그렇다. 윗몸을 뒤로 젖히고 양다리를 카약의 옆구리에 한 짝씩 걸쳤다. 그리고 말린 칠면조 고기를 먹고, 다친 팔을 싸맸다. 팔은 이제 어른 주먹보다 크게 부어올랐다. 부상에 대해 더는 걱정하지 않겠다. 아무것도 걱정하지 않겠다. 이런 기분이 오래가지는 않겠지만, 지금 이 순간만은 모처럼 찾아온 평화를 마음껏 음미해 볼 작정이다. 걱정이 없는 곳에 도달할 때 여행에서 맛볼 수 있는 가장 큰 자유를 얻는다. 그곳이야말로 내가 찾아야 할 진정한 나라다.

소모노 인 어부들이 그물을 떨어트리고 놀란 표정으로 바라본다.

"싸 바, 마담(안녕하세요, 아가씨)?"

그들이 큰 소리로 외친다. 어부들은 뾰족한 카누 후미에 어린 아들을 앉혀 놓고 노를 젓게 하고 있다. 아이들은 나한테서 눈을 떼지 못한다. 난생 처음 보는 광경일 것이다. 혼자서 빨간 고무보트를 타고 양날 노를 젓는 백인 여자라니. 말리에서는 여자가 노를 젓는 일이 없기 때문에 내 모습은 더욱 기이해 보일 것이다. 노질은 남자들의 일이다. 무언가 변명을 해야 하는데 마땅히 둘러댈 말이 없다. 사람들은 내가 노를 저을 힘이 있는지, 노 젓는 법을 알고나 있는지 궁금해 한다. 내 배가 얼마나 단단한지도 알고 싶을 것이다.

다들 마을 앞 강가에 모여 서서 지나가는 나를 쳐다본다. 아이들은 신이 나서 소리를 지르며 팔짝팔짝 뛰고, 여자들은 손차양을 만들어 햇빛을 가리며 바라본다. 남자들이 밤바라 말로 외친 질문들은 조금 후에야 뜻을 알 수 있었다.

"어디서 왔습니까? 혼자예요? 남편은 어디 있습니까?"

물론 "어디로 가십니까?"라는 질문도 나오게 마련이다.

"팀북투!"

나는 마지막 질문에 큰 소리로 대답한다. 틀림없이 황당하게 들렸을 것이다. 팀북투까지는 몇 주가 걸리고, 도중에 데보 호를 건너야 하며, 급류와 폭풍우를 만날 수도 있다는 사실을 다들 알고 있기 때문이다. 게다가 나는 여자다. 여자이기 때문에 모든 것이 더욱 불리해진다.

"팀북투?"라는 물음이 돌아온다. 내 대답이 미심쩍기 때문이다.

"아우."라고 밤바라 말로 대답한다. '예'라는 뜻이다.

방긋 웃으며 눈인사를 교환하고 서로에게 손을 흔든다. 또 다른 마을이 나타나면 이 모든 절차가 처음부터 다시 시작된다. 다음 마을에서도, 그 다음 마을에서도 아이들은 나를 따라 강기슭을 달리며 입을 모아 "싸 바! 싸 바!"를 열광적으로 외쳐댄다. 교황이나 그 비슷한 사람이라도 된 기분이다. 하지만 마을과 마을 사이에는 평화롭고 고요한 큰 강, 머리 위를 비추는 태양, 뒤로 기대 몸을 쉴 때면 발가락을 간질이는 산들바람, 나지막한 숨소리처럼 느낌이 거의 없는 물살뿐이다.

가끔씩 멍고 파크를 떠올린다. 스코틀랜드의 강인한 젊은이 파크는 고난을 이겨낼 수 있는 대단한 인내심을 지니고 있었다. 니제르 강과 팀북투를 찾아 서아프리카로 처음 여행을 떠날 당시 파크는 겨우 23살이었다. 파크는 어느 모로 보나, 예측할 수 없는 삶의 굴곡이 모두 신의 섭리라고 생각하는, 독실한 신앙인이었다.

침울한 자는 인생이 짧다고 한탄하고, 음탕한 자는 모든 순간을 관능적인 쾌락으로 채우며 현재를 즐긴다. 그러나 창조주가 영혼을 불 밝혀 주심으로 희미하나마 구원의 기적을 분간할 수 있게 된 자는 삶의 기쁨이나 고통을 똑같이 신이 내리는 사랑의 징표로 받아들인다. 그런 자에게는 온 세상을 돌아다니는 것이 곧 믿음을 짓고 완성하신 분을 경이로운 마음으로 섬기고 더 좋은 나라를 향해 나아가는 것이다.

하지만 그는 실익을 중시하는 사람이기도 해서 명성이라는 덫에 쉽게 걸려들었다. 실제로 동생에게 "그 누구보다 큰 이름을 얻고 싶다."고 속마음을 드러냈다. 이는 단지 탐험가의 자기 과신에 불과한 것일까? 이 과신에서 어려움과 위험을 감내하는 특출한 능력이 비롯된 것일까?

어떤 여행에서든 뜻대로 할 수 있는 것은 아무것도 없다. 정확한 예견이나 충분한 준비가 불가능한 상황에 맞닥뜨리면, 스스로에 대한 엄청난 과신이 필요해진다. 이를테면 나는 지금 "팀북투에 갈 수 있다."고 크게 외쳐야만 하는 것이다. 목적지에 도달할 수 있을 만큼 몸 상태가 양호하지 않은 것은 물론이고, 부족한 식량과 숨막히는 더위, 불편한 잠자리와 앞날을 예측할 수 없는 막막함과 두려움, 도와줄 사람이 아무도 없는 상황까지 이겨 낼 수 있다고 굳게 믿고서, 실제로 모든 것이 이루어진 것처럼 말해야만 한다.

출발 전 "그 누구보다 큰 이름을 얻고 싶다."고 했던 파크의 호기로운 선언에는 배울 점이 많다. 어렵거나 위험한 시도를 할 때는 끝이 오기 전에 그 끝을 볼 수 있는 능력, 다시 말해 목적지에 도달했을 때 내 모습이 어떨지를 눈앞에 그려 보는 상상력이 뛰어날수록 자신감도 커진다.

앞일은 알 수 없는 법이다. 말리로 떠나오기 전, 나는 부모님께 내가 돌아오지 못할 경우의 뒤처리를 부탁해 두었다. 드라마 찍느냐고 할지도 모르겠지만 심각한 문제다. 여행을 떠날 때마다 비슷한 얘기를 한 적이 있기 때문에 부모님께서는 이제 담담하게 받아들이신다. 하지만 무엇 때문에 굳이 떠나야 하는지는 여전히 이해하시지 못한다. 불확실하고 새로운 무엇이 흔들지 못할 안정된 삶을 꾸리기 위해 온 힘을 다하신 분들이기 때문에 내 고집을 이해하지 못하신다. 그렇다고 결코 부모님을 비난하는 건 아니다. 그분들은 그럴 만한 이유가 있다. 하지만 나는 뻔하고 안락한 일상에 안주할 수가 없었다. 졸리고 지겨웠다. 그러다 보면 어느새 마음은 안으로만 파고 들어가 지극히 사소한 일로 끙끙 앓곤 했다.

나는 낯설고 생소하고 새로운 무엇이 내 앞에 놓여 있어야 진정 살아 있음을 느낀다. 어릴 때부터 그랬다. 어디 있어도 소속감을 느끼지 못했고, 꼼짝할 수 없는 현실 때문에 방랑벽이 영혼을 좀먹어 들어가는 사람들에게 매료되었다. 한 가지만은 확실히 말할 수 있다. 여행을 하며 오랫동안 죽었다고 여기던 내 모습을 발견함으로써 내가 어떤 사람인지 알게 되었다는 것이다. 여행은 여러가지 점에서 재탄생의 과정이다.

노질을 멈추고, 강폭이 2킬로미터는 됨직한 니제르 강을 팔랑거리며 날아가는 연약한 흰나비를 바라본다. 이 작은 피조물은 어디서 힘을 얻어 날개를 움직이는 것일까? 나비는 내가 탄 카약 위에서 날갯짓하며 곤두박질친다. 나비는 이미 반쯤은 강을 건넜다. 주위는 온통 죽은 듯이 잠잠한 은빛 강물뿐, 나비를 거들어 줄 바람 한 점 불지 않는다. 나비는 무엇 때문에 강을 건너려는 것일까? 무엇을 향해? 초록빛 강기슭은 변함이 없다. 나비는 다시 태양을 향해 뱅글뱅글 원을 그리며 끝없이 날아오른다.

나는 역사상 가장 대담하고 무모한 탐험가로 기록된 멍고 파크를 생각한다. 그는 유럽인들의 머릿속에 추측과 전설 그리고 풍문으로만 존재할 뿐 지도에는 나와 있지 않은 땅에 발을 디뎠다. 적대적인 원주민과 악명 높은 풍토병이 만연한 곳에서 곤경에 빠지더라도 도와줄 사람은 없다. 파크의 확고한 야망은 언제나 마음을 사로잡는다. 파크가 한 여행을 최대한 똑같이 따라해서 무엇이 그를 서아프리카 내륙으로 몰아넣었는지 알아내고 싶다.

역사가들 중에는 그가 죽음을 갈망했거나 실성했다고 말하는 사람도 있다. 한편에서는 돈이나 명예를 좇았다는 주장도 있다. 하지만 나는 파크가 미지의 땅에 대한 탐욕스러운 호기심을 지니고 있었던 게 아닐까 생각한다. 짙푸른 강기슭과 평화롭고 고요한 강, 수면에 반사되는 눈부신 햇살. 이 아름다운 나라가 그의 호기심을 더 키웠을 것이다. 스코틀랜드의 스산한 황무지에서 자란 파크에게 말리는 낙원이었음에 틀림없다.

1795년 12월, 파크는 지금의 감비아에 있는 영국령 피사니아 항British river port of Pisania에서 통역원으로 고용한 아프리카 인과 만딩고 족Mandingo 노예를 동반하고 그의 첫 번째 니제르 강 여행을 떠났다. 노예는 현지의 영국인 의사가 데리고 있던 아이였다. 파크와 함께 여행을 마치고 무사히 돌아오면(사실 의사는 그럴 가능성이 희박하다고 생각했지만) 자유의 몸이 되게 해줄 테니 갔다 오라는 명령을 듣고 따라나선 것이다. 파크는 "의사와 그의 친지들은 속으로 다시는 나를 보지 못하리라고 생각할 것이다."라고 썼다.

실제로 파크의 런던 후원단체였던 '아프리카 발견 추진협회'는 니제르와 팀북투에 이른다는 동일한 목표로 이미 세 명의 탐험가를 파견한

적이 있었다. 그중 한 사람은 돌아왔지만 두 사람은 여행 도중 목숨을 잃었다. 파크가 마지막 희망이었는데도 교통비와 물품비로 겨우 200 파운드를 선지급한 것을 보면 기대가 미약했음을 알 수 있다. 하지만 파크는 기죽지 않았다. 아프리카에 대한 지식과 경험이 전무한 상태에서 오로지 수행원 두 명과 며칠분의 식량, 담배, 마을에서 물물교환하는 데 필요한 비즈, 나침반, 육분의(멀리 떨어진 두 물체의 각도나 해, 달, 붙박이별 등의 고도를 재는 기구 —옮긴이), 구식 소총, 여벌 옷 그리고 세상에서 가장 맹목적이고 무모한 '의지'만 지닌 채 배를 타고 감비아 강을 따라 동쪽으로 향해 지금의 세네갈을 건너 말리로 들어갔다.

나도 파크와 별로 다르지 않다. 만약 성공한다면 '내셔널 지오그래픽 소사이어티'에서 약속한 보잘것없는 보수를 받을 테고, 카약 안에는 갖가지 물품(이것으로 충분하기를!)이 든 배낭 하나가 달랑 실려 있을 뿐이니 말이다. 니제르 강물을 물병에 담기 위해 노질을 멈춘다. 오물이 둥둥 떠다니는 강에 여과장치가 있는 펌프를 담그니, 반대편으로는 신기하게도 맑은 물이 쏟아져 나온다. 마무리로 요오드 정제 두 알을 떨어뜨린다. 이런 식으로 내 필요는(최소한 말린 칠면조 고기가 남아 있을 때까지는) 모두 충족될 수 있다고 믿고 싶다.

파크가 여행할 당시, 원주민 추장들은 내륙의 부족은 백인이나 진귀한 유럽 물건을 본 일이 없으니 어서 돌아가라고 경고했다. 물론 파크는 여행을 계속했다. 도중에 백인을 처음 보고 겁이 나서 달아나는 사람들도 마주치게 된다.

말을 타고 구식 소총을 든 흑인 두 명이 갑자기 수풀 사이에서 달려 나왔다. 나는 너무 놀라 그 자리에 딱 멈춰 섰다. 그들도 마찬가지였다.

우리 세 사람은 이 조우에 대해 똑같이 놀라고 당황한 것 같았다. 내가 다가가자, 한 사람이 공포에 찬 눈길로 나를 바라보더니 전속력으로 말을 달려 줄행랑을 놓았고, 다른 한 사람도 겁에 질려 덜덜 떨면서 한 손으로 두 눈을 가리고 무슨 주문인지 연신 중얼거렸다. 그러는 사이 그가 탄 말은 주인도 모르게 천천히 다른 사람이 달아난 방향으로 걸음을 옮겼다.

하지만 이러한 행운은 무어 인Moor들을 만나면서 끝난다. 무어 인은 말리 지역에 사는 북아프리카의 아랍 종족으로, 이미 낯선 백인에 대한 이야기를 알고 있었다. 이들은 파크를 붙잡아 악마의 부적이라고 생각한 나침반만 빼고는 몸에 걸친 옷가지와 모자를 모조리 빼앗아 지금의 모리타니 지역에 있는 사막에 가두었다. 이때가 파크의 첫 번째 여행 중 가장 힘들었던 시기다.

파크가 남긴 기록 중에서도 이때 이야기가 가장 인상적이다. 파크는 비참한 마음을 숨기지 않고, 자신의 트레이드 마크인 침착함마저 잃은 채 육체와 정신에 깊은 상처를 남긴 고문에 대해 기록했다. 그 시대 남자 탐험가들은 솔직한 마음을 숨기고, 허풍스럽고 장황하게 여담을 늘어 놓기 일쑤였다. 하지만 파크는 자신이나 다른 사람들이 한 고생이 증인 한 사람 없이 묻혀 버리기를 바라지 않았다. 파크와 동행했던 만딩고 족 아이가 붙들려 무어 인들의 노예가 되자, 파크는 그야말로 미치기 일보직전이 되었다. "나는 그 불쌍한 아이와 손을 붙들고, 눈물로 얼룩진 얼굴을 서로 비볐다. 그리고 어떤 일이 있어도 반드시 찾으러 오겠다고 약속했다."

하지만 그는 두 번 다시 아이를 보지 못했다. 이방인들 사이에 홀로 남겨져 한 해 중 가장 뜨거운 몇 달을 사하라의 천막에 갇혀 지냈다. 파크는 해가 떠서 질 때까지 우리에 갇힌 짐승이나 다를 바 없는 치욕스러운 생활을 견뎌야 했다. 심지어 멧돼지와 함께 묶여 있었던 적도 있다.

이 동물은 분명히 기독교도를 조롱하려는 알리Ali의 명령에 따라 내 옆으로 오게 되었을 것이다. 그다지 달갑지 않은 친구다. 막대기로 때리면서 장난치려는 아이들까지 꼬이기 때문이다. 돼지는 아이들의 매질에 화가 머리끝까지 솟으면 마구 내달리면서 닥치는 대로 물어뜯는다. 날이 밝으면 다시 모욕과 장난질이 시작된다. 아이들은 돼지를 때리려고 몰려들고, 어른들은 기독교도를 괴롭히려고 몰려든다.

파크의 끔찍한 여행에도 긴장이 풀어지는 희극적인 순간이 있다. 파크를 주로 찾아오는 방문객은 무어 인 여인들이었는데, "그들은 내게 수천 가지 질문을 던지고, 내가 입은 옷을 하나하나 꼼꼼히 관찰하고, 주머니를 뒤졌다. 조끼 단추를 풀어 흰 피부를 보여 달라거나, 손가락과 발가락 수를 세어 보기까지 했다. 내가 정말 인간인지 믿을 수 없다는 듯한 태도였다. (중략) 이런 식으로 나는 점심 무렵부터 해가 질 때까지 옷을 입었다 벗었다, 단추를 풀었다 채웠다 했다."
여자들은 그의 몸 중 특히 한 부분에 지대한 관심을 보였는데 파크는 이 경험을 그다운 점잖은 태도로 서술했지만, 19세기 초 독자들에게 이 내용은 충격이었고 흥미로운 이야깃거리였다. "여자들 한 무리가 내가 있는 오두막으로 들어와, 마호메트 숭배자뿐 아니라 나사렛 사람(기독교도)들도 할례를 받는지 실제로 보고 확인하려고 한다는 것을 확실히 이해할 수 있었다." 파크는 이 곤란한 상황을 재치 있게 모면했다. 가장 젊고 아름다운 여자 한 명에게만 보여 줄 수 있다고 선언한 것이다. 파크는 선택받은 여인이 "특권을 적절히 사용하지 않았다."고 적었다.

그러나 이러한 유머는 오래가지 않았다. 포로 생활 도중 큰 병이 났기 때문이다. 기운을 차릴 수 있도록 제발 혼자 있게 해 달라고 무어 인들에게 애원했지만 소용없는 짓이었다. "내 고통이 그들에게는 오락거리였기 때문에 할 수 있는 모든 방법을 동원해 나를 더욱 괴롭히려고만 들었다. 나는 고의로 사람을 모욕하는 무례함에 끊임없이 시달렸다. 이것은 포로 생활 중 가장 견디기 힘든 일이었고, 때로는 살아 있다는 것 자체가 수치스럽게 느껴졌다."고 토로했다.

날이 거듭되어 몇 달이 흘렀다. 결혼 잔치가 열린 어느 날, 한 노파가 신부의 오줌이 담긴 사발을 파크의 얼굴에 던졌다. 그러고는 죽여 버리겠다, 오른팔을 자르겠다, 두 눈을 파내겠다는 위협을 해댔다. 하지만 이 대담한 스코틀랜드 인은 침착함을 잃지 않고 그 욕설들을 묵묵히 듣고만 있을 뿐 화를 내거나 설득하려 들지 않았다. "나는 모든 명령에 기꺼이 따랐고, 모든 모욕을 끈기 있게 참아 냈다. 그토록 힘겹게 목숨을 이어간 적이 없었다. 해가 떠서 질 때까지 얼굴 한 번 찡그리지 않고 모든 고통을 참아 냈다." 그렇게 그는 목숨을 건졌다.

그가 무어 인들과 지낸 경험은, 한밤중에 용감한 탈출을 감행하여 영국으로 돌아가 여행기를 쓰고 나서도 몇 년 동안 사라지지 않고 악몽으로 되살아나곤 했다. 사막에 홀로 갇혀 다음 날이면 눈을 잃게 될지, 손이 잘릴지, 아니면 어떤 끔찍한 방법으로 목숨을 잃게 될지 불안해하면서 자다 깨다 했을 파크를 상상해 본다. 파크는 자신의 여행을 어떻게 생각했을까? 처음의 결심에 흔들림은 없었을까?

그는 "그러나 창조주께서 영혼을 불 밝혀 주신 자는 삶의 기쁨이나 고통도 똑같이 주님이 내리는 사랑의 징표로 받아들인다."고 썼다. 현재의 고통을 존재의 본질에 대한 가르침을 주기 위해 '신이 내리는 사랑의 징표'로, '거대한 계획의 일부'로 볼 수 있을 만큼 거리를 두고 물러선다는 것이 어떻게 가능할까? 삶의 비극적인 사건과 삶의 엄청난 고통이 비밀스러운 목적과 의도로 펼쳐진다니, 나로서는 상상조차 할 수 없는 일이다. 생각만으로도 분노와 슬픔으로 심장이 꿰뚫리는 기분이다. 갖가지 의문이 떠올라 마음이 어지럽다.

파크는 자기 몫의 시험을 견뎌 내고 도망칠 기회를 잡았지만, 놀랍게도 니제르 강을 찾기 위한 탐색을 계속했다. 뼈만 앙상한 말을 타고, 마을에서 음식을 구걸하고, 도적떼와 악당들에게서 도망치고, 죽음과 같은 갈증을 견디며 말리 중심부의 모래 평원을 건넜다. 그리고 기적처럼 니제르 강에 닿았다. 1797년, 그는 니제르 강을 탐험한 최초의 서양인으로 인정받았고, 이는 나중에 쓴 여행기 《아프리카 내륙 탐험 *Travels in the Interior Districts of Africa*》이 베스트셀러가 되는 데에 적지 않게 기여했다. 파크는 그 순간을 대단히 공들여 묘사했다. "나는 내게 지워진 임무의 위대한 대상을 무한히 기쁜 마음으로 바라보았다. 오랫동안 찾아 헤맸던 장엄한 니제르는 아침 햇살을 받아 반짝이고 있었다. 강은 잉글랜드 런던의 웨스트민스터에서 바라본 템스 강만큼 폭이 넓었고, 동쪽으로 느리게 흘러가고 있었다. 나는 서둘러 강가로 달려가 물을 마신 뒤, 나의 노고에 언제나 성공으로 보답하시는 만물의 위대한 지배자를 향해 열렬한 감사기도를 올렸다."

하지만 강을 발견하고 파크가 보인 호들갑은, 수천 년 동안 니제르 강을 알아 왔고, '위대한 물'이라는 뜻의 '졸리바joliba'라는 이름을 붙여 준 원주민들에게는 다소 언짢은 광경이었다. 추잡한 몰골을 한 백인이 강물을 바라보며 요란스러운 찬가를 불러대는 모습에 어리둥절하지 않을 수 없었을 것이다. 파크는 한 밤바라 남자의 반응을 글로 남겼다. "내가 아주 먼 곳에서 수많은 역경을 이기고 졸리바 강을 보러 왔다는 얘기를 듣고는 당연히 우리나라에는 강이 없는지, 그 강이나 이 강이나 다 같은 강이 아닌지 물었다." 지당하신 말씀이다. 강을 따라 흘러가고 있자니, 보조나 소모노 어부들도 나를 보고 같은 의문을 품지 않을까 궁금해진다. 여기는 왜 왔니? 너희 집 근처에는 강이 없니? 왜 우리 니제르 강까지 왔어?

이곳 사람들은 사실 어딜 가는 일이 거의 없지만, 특히 바마코 너머로는 갈 일이 없다. 그들에게 여행은 실질적인 목적이 있을 때나 하는 것이다. 마을 장에 가기 위해 강을 따라 삿대로 카누를 밀거나, 구하기 힘든 물건을 사러 읍내에 가려고 좀더 긴 여행을 할 뿐이다. '여행을 위한 여행'이라니! 분명 내가 이곳에 있는 것은 사회구성원들이 특별한 오락을 추구할 수 있을 만큼 부유한 사회에서 성장한 덕분이다. 그런 신분으로 말리에 왔다는 걸 나도 안다. 이 때문에 미개발국을 여행할 때면 언제나 당혹감을 느끼지만, 한편으론 마주치는 대다수 사람들에게서 그런 평균적인 삶을 앗아간 힘이 무엇인지 고민하게 된다.

태양이 먼 언덕 너머로 진다. 파크의 '장엄한 니제르'를 바라본다. 보드라운 수면이 멀어지는 햇살을 받아 오렌지빛을 띤다. 이런 풍광이 그가 겪었던 모든 역경들에 대한 보상으로 충분했을지 궁금하다. 가진 것을 모두 빼앗기고, 무어 인들에게 붙잡혀 학대당하고, 굶주림 속에 말리의 사막을 헤매야 했는데도 말이다.

파크가 원주민 추장과 나눈 대화가 떠오른다. "그 지역을 지나가야 하는 이유에 대해 이전에 다른 추장에게 했던 말을 그대로 되풀이했다. 하지만 그는 내 말이 만족스럽지 못한 것 같았다. 호기심 때문에 여행을 한다는 것이 그에게는 생소하게 느껴졌으리라. 단지 어떤 나라와 그곳에 거주하는 사람들을 보기 위해 그처럼 위험한 여행을 한다는 것은 아무리 생각해도 있을 수 없는 일이라고 그는 말했다."

말라리아 치료제인 퀴닌quinine이 개발되기 전, 서아프리카를 여행한다는 것은 유럽인에게 사형선고나 다름없었다. 식민 열강은 좀도둑이나 범죄자들처럼 골치 아프고 희생시켜도 상관없는 병사들만을 요새에 배치하여 해안 작전을 감독하도록 했다. 원주민들의 공격에서 살아남은 원정대라도 대원 절반이 열병과 이질로 목숨을 잃는 일이 비일비재했다. 따라서 '감비아 강 상류로 올라가 현재의 세네갈을 건너서 말리로 들어간 후, 배를 타고 니제르 강을 따라 팀북투에 이른다'는 멍고 파크의 야심찬 계획을 되살릴 길은 전혀 없었다. 그것은 대담함을 넘어 자살 행위에 가까운 시도다.

강을 발견했지만 파크의 고난은 끝나지 않았다. 당시 밤바라로 불리던 지역의 왕인 '만송'이 궁핍한 백인에게 돈을 쥐여 주며 고향으로 돌아가라고 했던 것이다. 파크는 제안을 받아들이지 않았다. 그리고 세고우 코로(Ségou Korro, 현재의 올드 세고우)에서 첫 번째 니제르 강 여행을 떠났다. 하지만 놀랍게도 그는 첫 번째 모험을 포기하고 만다.

질병 때문에 쇠약해지고, 굶주림과 피로에 지치고, 반벌거숭이가 되었다. 게다가 식량이나 옷가지, 잠자리와 맞바꿀 만한 값나가는 물건이 없는 상황이라 나는 내 처지에 대해 진지하게 고민해 보았다. 고통스런 경험에 비추어 보건대, 더 이상의 전진을 가로막는 장애물은 분명 극복할 수 없는 성질의 것이다. 일단 무어 인들이 득세한 나라에서 적선에 기대어 목숨을 부지한다는 것은 현실적으로 불가능하다. 그리고 무엇보다 나는 지금 그 무자비한 광신자들의 땅으로 점점 더 가까이 다가가고 있다. (중략) 헛되이 목숨을 버리지는 않을까 걱정스럽다. 그렇게 된다면 나의 발견도 그와 함께 스러지고 말 것이다.

파크는 그토록 고집스럽게 이 여행에 매달려 왔던 사람으로서는 뜻밖의 결정을 내렸다. 고국으로 돌아가는 긴 여행을 택하기로 마음먹은 것이다. 돌아가는 길도 니제르 강 여행 못지않게 예측이 불가능했다. 하지만 선택의 여지가 없었다. "어느 길을 택하든 위험과 어려움이 따를 것이다. 나는 지금 벌거벗은 채 홀로 광대한 미개지 한가운데서 야생동물과 그보다 더 야만적인 사람들에게 둘러싸여 있으며, 때는 한창 우기다. 여기서 가장 가까운 유럽인 거주지도 850킬로미터나 떨어져 있다."

하지만 파크가 정말 물러난 것은 도적떼가 나타나 모든 것을 빼앗고 폭행한 뒤 발가벗겨서 사막에 내버린 다음이다. 그가 바로 내가 '이 여행에서 만나고자 하는 멍고 파크'다. 그는 힘도 의지도 완전히 사라져버린 극도로 절망적인 상황에서 근처에 핀 이끼의 아름다움을 알아차리고, 그것을 무한한 인내심과 감탄으로 관찰하는 사람이다.

이 외딴 구석에 심고, 물을 주고, 완벽하게 가꾸시는 그분께서 자신의 형상을 본떠 지으신 피조물의 어려움과 고통을 무심히 바라만 보시겠는가? 결코 그러지 않으시리라. 그래서 나는 절대로 절망할 수 없다. 굶주림과 피로를 못 본 체하고 자리에서 일어나 앞으로 나아간다.

나로서는 파크의 시련을 상상하기 어렵다. 나는 한쪽 팔이 부어올랐을 뿐인데도 조금만 움직이면 아프고, 노를 잡아당길 때마다 소스라치게 놀란다. 파크라면 이 정도의 고통에 여행을 중단하기는커녕 속도를 늦추지도 않았을 것이다. 하지만 여행 첫날이 아니라 한 주나 두 주 후에 다쳤더라면 하는 아쉬움은 여전히 남는다. 다친 부위를 탄력 붕대로 다시 감고 애써 모르는 척한다. 죽기 아니면 살기다.

파크가 시험을 통과하고 해안에 도착해 무사히 영국으로 돌아가서 순식간에 명사가 되었다는 사실에 나도 의욕이 솟는다. 하지만 9년 뒤 그는 서아프리카로 다시 돌아갔다. 일부 역사가들은 돈 때문이었다고 말한다. 큰 성공을 거두었지만 파크는 결코 부자가 되지 못했고, 스코틀랜드의 시골 의사로서 근근이 생계를 꾸렸을 뿐이었기 때문이다. 하지만 돈 문제가 전부는 아니었을 것이다. 병 밖으로 빠져나온 마신처럼 모험을 갈망하는 자신의 영혼을 더는 잠재울 수 없었을 것이다.

파크는 "목숨을 부지하기에도 모자라는 보수를 받으려고 한겨울 폭풍우를 뚫고 차갑고 쓸쓸한 황야와 스산한 언덕을 고달프게 끝도 없이 오르내리며 삶을 소모하느니, 차라리 아프리카와 그 모든 공포에 맞서고 싶다."고 친구인 월터 스콧 경에게 털어놓았다. 그는 세상에서 가장 외진 곳에서 최악의 역경을 딛고 살아남을 수 있는 보기 드문 능력(대영제국이 한창 식민지 개척에 열을 올렸던 시기에 절실히 요구되었던 재능)이 자신에게 있음을 누구보다 잘 알고 있었다. 그리고 자신의 가능성을 실현시킬 기회를 찾았다.

파크는 뉴 사우스 웨일즈(New South Wales, 현재의 오스트레일리아 남동부)의 미개척지 같은 곳으로 해외 원정대를 이끌고 떠나게 해 달라고 정부에 간청했다. 그러나 파크의 탄원은 받아들여지지 않았다. 대신 다시 아프리카로 눈을 돌린 영국 정부가 구미 당기는 제안을 했다. 서아프리카로 떠나라는 지시였다. 이번에는 경비도 넉넉하게 댈 뿐 아니라, 감비아 강 요새에 주둔한 군대에서 영국 병사 44명을 뽑아 동행하도록 해 주겠다고 약속했다. 파크로서도 이번 모험에 성공하기만 한다면 금전적인 보상을 넉넉히 받게 될 뿐 아니라, 신과 왕과 국가를 대신해 훌륭한 업적까지 이룰 수 있었다. 그는 기꺼이 동의했다.

통나무 속을 파낸 기다란 카누를 타고 여행하는 일가족이 다가온다. 딸과 어머니와 할머니 그리고 노를 젓는 아버지와 어린 아들들이 타고 있다. 두 배가 스쳐 지나가는 동안 놀란 눈으로 나를 쳐다보며 웃을 듯 말듯 망설이던 사람들에게 밤바라 말로 인사를 건넨다.

"이니체, 소모오고(안녕, 다들 잘 지내세요)?"

일가족은 싱긋 이를 드러내거나 웃음을 터뜨린다.

"토로오테, 아니체(잘 지냅니다. 고마워요)."

나는 강을 따라 1,000킬로미터를 여행하면서 만나게 될 언어들의 기본적인 단어와 어구를 공들여 익혀 두었다. 인사말은 물론이고 '여기서 가까운가요, 먼가요, 여기, 저기, 여기가 어디죠, 잘 모르겠는데요' 같은 유용한 말들이다. 또한 사거나 먹거나 피해야 할 물품이나 동물, 이를테면 '물고기', '쌀', '하마', '악어' 같은 단어들도 알아 두었다. 물론 '팀북투로 갑니다!'라는 말도 할 수 있다. 송하이Songhai 말로 하면 상당히 생동감 있다. "예 코이 톰복투!"

파크도 강이 끝나는 지점과 팀북투를 찾기 위해 니제르 강으로 돌아갈 때 비슷한 준비를 했을 것이다. 추측컨대 그는 성공 가능성을 면밀히 점쳐 보고 확률이 높다고 결론지었을 듯하다. 첫 번째 여행 때는 혼자 몸인데다 비참한 상황이었는데도 어쨌든 니제르를 찾아내지 않았던가. 이번에는 44명의 무장한 병사와 국왕의 풍족한 후원이 함께 한다. 정부가 제안한 두 번째 여행은 첫 번째 여행에 견준다면 가소로울 정도였을 것이다.

그는 정부에 제출한 계획서에서 자신의 원정대가 영국의 무역을 확장하고, 지리학적 지식을 넓힐 것이라고 장담했다. 그는 대장으로 임명되었고 5,000파운드라는 넉넉한 후원금과 여행에 필요한 물품 일체, 등짐을 질 동물들까지 지원받았다.

그리고 파크에게 내려진 명령은 바로 이것이었다. '니제르 강을 따라 내려가 팀북투에 도착해서 도시와 근방의 부를 살펴보고, 천연자원의 위치와 무역 가능성을 파악하라. 또한 유럽인들이 정착할 만한 곳을 물색하고, 니제르 강이 끝나는 지점을 확인하라.'

마지막 명령은 유럽에서 수백 년 동안 논쟁거리였다. '니제르 강이 끝나는 지점은 과연 어디인가?' 유럽인들에게 니제르 강이 알려진 것은 오래전 일이지만 그에 대한 정보는 충분하지 않았다. 어떤 사람들은 니제르 강이 나일 강Nile River과 만난다고 믿었다. 또 어떤 사람들은 그리스인들의 잘못된 정보를 믿고 니제르 강이 거대한 내해로 이어진다고 주장했다. 강이 아래로 방향을 틀어 콩고 강Congo River과 합류한다거나, 사실은 사하라 밑을 관통해 지중해에 몸을 푸는 것이라는 주장도 있었다.

어쨌든 아프리카 대륙에서 무역, 특히 이윤이 많이 남는 금 장사를 하기 위해 강의 경로를 밝히려는 것임은 누구나 알고 있었다. 니제르 강의 경로와 신비에 싸인 팀북투를 발견하는 사람은 어마어마한 부를 얻어 제국을 몇 개쯤 건설할 수도 있었다.

이렇게 해서 파크는 두 번째 탐험을 위해 죽음의 고비를 넘겼던 나라로 다시 갔다. 그는 아내와 세 아이, 진료소 그리고 돈지갑은 채울 수 없었지만 자존심은 충분히 지탱해 주었을 명성을 뒤로한 채 길을 떠났다. 1805년 3월 28일 감비아 연안에 도착했지만, 형식적인 절차와 갖가지 어려움들 때문에 바로 내륙으로 들어가진 못했다. 말라리아가 유행하는 우기가 되어서야 떠날 차비를 마친 파크는 날씨에 상관없이 여행을 강행하기로 결심했다. 더 늦어졌다면 후원자들이 가만있지 않았을 것이다.

쾌활한 어조의 출발 보고서에는 열대의 폭우나 얼마 지나지 않아 대원 몇 사람의 목숨을 앗아간 질병에 대한 언급은 전혀 없다. 마찬가지로 대원들이 대부분 술주정뱅이거나 탈영병, 아니면 이 정신 나간 모험에 파크와 동행하는 조건으로 사면된 기결수 같은, 대영제국의 가장 한심한 인력의 표본이라는 이야기도 없었다. 게다가 파크는 어떤 뇌물이나 감언이설로도 원주민들을 모험에 끌어들일 수 없었다. 심상치 않은 전조였다.

파크는 영국에 있는 상관 중 한 사람에게 이 사실을 보고했다. "가능한 방법을 다 써보았지만 단 한 명의 흑인도 저와 함께 가겠다고 나서지 않았습니다." 하지만 파크는 실망감을 드러내지 않았다. 자신이 의구심을 보인다면 치명적인 약점을 드러내는 것이나 마찬가지라는 사실을 그는 분명히 알고 있었다. 파크는 '유럽의 위대한 탐험가'라는 명성을 지켜야 했다.

니제르 강을 향해 출발하기는 했지만 여행은 좀처럼 제자리를 잡지 못했다. 앞으로 닥쳐올 수많은 재난과 역경의 시초였다. 이질, 편모충증(전염성 풍토병 중 하나), 말라리아, 황열이 대원들을 덮쳐 하나씩 쓰러트렸다. 거센 폭풍우가 남은 대원들의 사기를 더욱 떨어트렸다. 원주민들은 병들어 무력한 원정대를 끊임없이 공격해 동물과 물품을 약탈했다. 호우로 불어난 강물을 건너려다 익사하기도 했다. 적대적인 마을 추장들은 돈을 갈취했다. 사자와 악어와 하이에나 같은 야생동물들은 뒤처진 대원들을 공격했다. 무리하게 짐을 실은 말과 당나귀들은 죽어 자빠지거나 움직이려 하지 않았다. 공격적인 아프리카 벌까지 원정대를 괴롭혔다. 한마디로 '대재앙'이었다.

노를 젓다 보니 사방이 어두워지고, 동시에 어디에서 안전하게 밤을 보낼 것인지 걱정이 밀려든다. 양편 강둑을 눈으로 훑어보지만 아직 나만의 고독을 깨트리고 마을로 들어갈 생각은 없다. 지금까지 만난 어부들은 상냥했지만, 사실 마을 사람들이 어떻게 나올지는 알 수 없는 일이다. 파크의 여행기에도 새로운 마을을 만날 때마다 어떤 반응에 부딪히게 될지 경계하는 모습이 자주 등장한다. 그가 곧 터득했듯이 가 보는 수밖에 없다.

두 번째 니제르 강을 찾았을 때 행운은 파크의 편이 아니었다. 대원 44명 가운데 40명이 죽었고, 등짐을 질 동물은 모두 죽거나 도둑맞았다. 게다가 스코틀랜드에서 함께 왔고, 원정대에서 가장 가까운 동료였던 처남마저 죽었다. 몹시 상심한 파크는 일기에 처남의 죽음에 대해 기록했고, 이 부분은 그가 실망감을 드러낸 몇 안 되는 단락 중 하나다. 이 사건이 아니었다면 파크는 그때까지 '우울한 그림자는 전혀 찾아볼 수 없었다'고 부정하면서 탐험을 계속했을 것이다.

그의 일기에 기록된 내용을 보자면 그가 처참한 상황에서 여행을 했음을 알 수 있다. 장마다 거의 빠짐없이 엄청난 사건이 등장한다. 원정대는 죽어가는 동료들을 남겨 두고 떠나고, 사라진 당나귀와 병든 대원을 찾아 몇 번이나 길을 되짚어갔다. 원주민들은 기회만 있으면 병들고 지친 대원들을 습격하여 약탈했다. 병든 사람이 늘어갈수록 원주민들은 더욱 대담해졌다.

하지만 파크는 악착같이 버티기로 마음먹는다. 실패에 대한 과도한 두려움도 있었지만, 그 전설적인 도시를 "내 탐험의 위대한 목표"라고 부를 만큼 당시 유행하던 '팀북투 열병'에 단단히 걸려 있었기 때문일 것이다. 또한 그렇게까지 멀리 가 놓고 탐험을 포기하느니 차라리 죽는 게 낫다고 생각했을지도 모른다.

목수들이 모두 목숨을 잃는 바람에 파크는 니제르 강을 여행할 배를 직접 건조하는 힘겨운 작업을 떠맡아야 했다. 게다가 파크는 심한 이질과 싸우는 중이었다. 병세가 악화되고 실패에 대한 두려움이 커지자, 파크는 예의 그 불굴의 정신에 걸맞은 조치를 취하고 만다. 스스로 독약을 삼켜 죽음으로 자신을 몰아간 것이다.

파크는 일기에 "기력이 빠르게 쇠하는 것이 느껴진다. 나는 수은으로 내 몸을 바꾸어 놓기로 마음먹고는, 감홍(염화제일수은―옮긴이)을 복용하기 시작했다. 마침내 입이 마비되어 말이 안 나오고, 엿새 동안 잠을 자지 못했다. 침이 주체할 수 없이 흐르면서 설사가 딱 멎었다."고 썼다. 이 무렵까지 일어난 일들을 고려해 보면 그런 참담한 상황 속에서도 여행을 지속한 이유를 납득하기 어렵다. 역사가들은 그가 병에 걸려 혼란한 상태였기 때문에 더 이상 합리적인 사고를 할 수 없었으리라고 추측한다.

파크는 못쓰게 된 카누 몇 척을 짜맞춰 간신히 'H.M.S. 졸리바'를 완성하고, 강 하류의 사나운 부족들에게서 몸을 보호하기 위해 생가죽으로 방패를 만들어 실었다. 그는 아내와 후원자인 캠든 경에게 마지막이 될 편지를 썼다. 캠든 경에게 보내는 편지에서 파크는 여전히 낙관적인 어조를 유지하며 지금 상황에서 특별히 부족한 것은 없다고 썼다. 그리고 그는 산산딩Sansanding 마을을 떠났고, 이것이 그의 마지막이었다.

경께서 상황을 지나치게 절망적으로 판단하실까 봐 걱정이 됩니다. 저는 절망과는 거리가 멀다는 사실을 확인시켜 드리는 바입니다. (중략) 니제르 강이 끝나는 지점을 발견하지 못한다면 차라리 이 탐험에서 스러지고 말겠다는 굳은 의지로 동쪽을 향해 돛을 올리려 합니다.

강 여행에 대해서는 파크의 기록이 회수되지 않았으므로 정확히 알 수 없다. 파크가 고용한 안내원이자 통역원인 '아마디 파토우마'가 전한 이야기가 전부다. 파토우마는 여행이 비극으로 얼룩졌다고 말했다. 파크는 배를 멈추려고도, 배 밖으로 나가려고도 하지 않았다. 원주민들이 카누를 타고 쫓아와 공격했다. 파토우마의 말이 사실이라면, 그는 니제르 강을 따라 쏜살같이 내려갔을 것이다. 또한 파크는 여행 도중 왕국을 지나가려면 돈을 내놓으라는 추장들의 요구를 묵살했으며, 분노한 추장들이 무장한 사람들을 시켜 파크가 팀북투 항에 내리지 못하도록 했다고 한다.

파토우마의 설명과 달리 파크가 황금도시에 입성했다는 얘기도 있지만, 니제르 강이 대서양과 만나는 지점까지 가지 못했다는 사실만은 분명하다. 그는 나이지리아에 있는 부싸Bussa 급류에서 살해당하거나 익사했으며, 그가 멈춘 장소와 함께 죽은 사람들에 대한 이야기는 사실로 확인되었다. 이렇게 해서 적어도 팀북투 항구에 닿은 최초의 백인이자 철의 의지를 지닌 비범한 탐험가 멍고 파크의 전설이 탄생했다.

카약을 타고 강이 흐르는 대로 흘러가는 사이 수면 위로 어둠이 짙게 내린다. 갈대숲 뒤에서 야영하기로 마음먹고 강기슭에 배를 댄다. 니제르 강의 검은 물이 팀북투를 향해 북동쪽으로 돌아간다. 믿을 것이라고는 관련 내용이 실린 책 한 권이 전부였던 파크도 분명히 그랬겠지만, 나는 지금 팀북투가 상상조차 할 수 없는 먼 도시처럼 느껴진다.

노예 출신 학자 '레오 아프리카누스Leo Africanus'는 1526년에 쓴 책《아프리카의 역사와 실제, 그리고 아프리카에 담긴 놀라운 것들 *History and Description of Africa and the Notable Things Contained Therein*》에서 팀북투를 '궁에는 금물을 입히고, 학문이 크게 발달한 진정한 엘도라도'로 묘사했다. 여러 가지 근거들을 종합해 볼 때, 아프리카누스의 주장은 크게 틀리지 않는다. 그가 방문했을 당시 팀북투는 위대한 서아프리카 송하이 제국의 진주로서 최고의 부를 누리고 있었다. 최신 유행의 중심지였으며, 대학과 대규모 도서관, 아프리카에서 가장 크고 웅장한 모스크, 5만이 넘는 인구가 둥지를 튼 곳이었다.

팀북투는 외진 곳에 위치했지만 기나긴 사하라 대상로와 니제르 강 사이의 중간 기착지라는 편리한 위치 덕분에 번성할 수 있었다. 또한 이글거리는 사하라 평원에서 고생스럽게 거두어 들인 소금과 남쪽에서 온 금과 상아, 노예를 교환하던 곳이기도 했다. 이곳에서는 노예 매매가 활발하게 이루어졌고, 그런 까닭에 아랍 인들은 니제르 강에 '닐 엘 아비드(Neel el Abeed, 노예의 강)'라는 이름을 붙여 주었다.

하지만 아프리카누스는 팀북투에서는 책 장사가 '다른 어떤 장사보다 이윤이 많이 남았다'고 주장한다. 아프리카에서 이 사하라의 도시는 계몽기 유럽의 피렌체와 같은 곳이었다. 학문과 예술이 융성했고, 송하이 제국이 치세하던 1463년부터 1591년 사이에는 전성기를 구가했다.

그러나 1591년 무어 인과 용병들로 구성된 군대가 최신식 무기인 대포와 구식 소총으로 무장하고 사하라를 건너와, 하룻밤 사이에 이 황금 도시를 폐허로 만들어 버렸다. 이후 팀북투의 부는 사라지고 말았으며 학문적·경제적 절정기는 끝이 났다. 도시는 쇠퇴일로로 접어들어 다시는 예전의 영화를 되찾지 못했다. 하지만 유럽인들은 이 사실을 까맣게 몰랐다. 이제는 존재하지 않는 아프리카의 엘도라도를 향해 줄을 지어 길을 떠났다.

팀북투에 이르는 길은 원주민에게 사로잡히거나 살해당할 것을 각오하고 북쪽에서 출발하여 드넓은 모래 바다를 건너거나, 서아프리카의 말라리아 정글을 헤치고 니제르 강을 따라 올라가는 길, 두 가지뿐이었는데 어느 쪽도 믿을 만하지 못했다. 1800년대 초 파크의 여행은 광적인 '팀북투 열풍'을 일으켰다. 하지만 니제르 강이 '노예의 강'이고, 인근 지역이 '백인의 무덤'으로 알려지기까지는 오랜 시간이 걸리지 않았다.

Chapter
2

카약에 매달린 곰돌이 종이 울리는 소리에 깜짝 놀라 깬 것은 한밤중이었다. 두 남자가 내 배를 뒤지고 있었다. 텐트 안에서 강변 쪽을 엿보고 있자니 두 남자가 속삭이는 소리가 들리고, 손전등 불빛이 어두운 강가에서 초조하게 깜박인다. 종소리가 쓸데없는 걱정이기를 바랐지만, 낯선 남자 둘이 내 짐을 뒤지고 있는 것은 분명했다. 도둑으로 보이는 사람들에게 대항할 무기는 최루가스 캔 한 통과 몸으로 익힌 약간의 무예뿐이다. 싸우다 다칠 수도 있다.

여행을 떠날 때 이런 일에 대해서는 생각하지 않는다. 좀더 정확히 말하면 이런 일이 일어날 가능성을 무시한다. 낯선 장소와 낯선 사람들 사이에서는 모든 것이 어렵다. 이런 일을 겪어 본 사람이 없기 때문에 전화를 걸어 조언을 구할 전문가도 없다.《론리 플래닛 가이드북 *Lonely Planet guide*》에도 니제르 강가에서 홀로 야영할 때 주의해야 할 사항 따위는 나와 있지 않다. 이럴 때 나는 어느 부족과 상대하고 있는지도 알 수 없다. 풀라니 Fulani일까, 밤바라일까? 보조일까, 소모노일까?

부족마다 관습이 다르고 보는 눈도 다르다. 다들 왜 내가 이곳에 왔는지 궁금해 한다. 보통 이런 문제들은 저절로 풀린다. 이곳 사람들은 대체로 착하고 친절하다, 보통은. 하지만 그럼에도 불구하고 지금 내 곰돌이 종이 한밤중에 울리고 있다.

그들은 내가 혼자라는 사실을 모른다. 여자라는 사실도 모른다. 나는 체격이 건장하고 성질이 사나운 백인 남자일 수도 있다. 벌떡 일어서서 카약 젓는 노를 들고 텐트에서 뛰쳐나와 미치광이 같은 목소리로 우렁차게 외친다.

"야아아—!"

효과가 있다. 남자들이 카누를 타고 물을 첨벙첨벙 튀기며 노를 저어 간다. 희미한 달빛 아래 그들이 탄 배가 물굽이 너머로 급히 사라지는 모습이 보인다. 안도의 한숨이 나온다. 심장이 떨린다.

그런데 아직 끝이 아니다. 남자들의 목소리가 다시 들린다. 이번에는 손전등 불빛이 풀밭 쪽에서 다가오고 있다. 나는 뛰어가서 텐트를 접고 물건들을 아무렇게나 카약에 쑤셔 넣는다. 몇 분 만에 짐을 모두 싣고 배를 힘껏 민다. 내가 떠나자마자 남자들은 텐트를 쳤던 자리에 도착한다. 별도 뜨지 않은 밤이라 강가에 선 두 개의 검은 형체가 제대로 분간이 되지 않는다. 나는 은빛으로 반짝거리는 수면을 힘껏 젓는다. 이 지점은 강폭이 거의 2킬로미터나 되며, 깊이는 얼마나 되는지 알 수 없다.

잠시 후 노질을 멈추고 등을 기대 물결이 마음대로 배를 밀고 당기도록 내버려 둔다. 뭍은 보이지 않고 사람 기척도 없다. 어떤 세계의 태초, 창조의 자궁을 경험하는 기분이다. 내가 가진 것은 작은 배 그리고 배의 빈 공간을 채워 이 허공 속에 나를 띄우는 공기뿐이다. 깊은 숨소리조차 복잡한 수태의 음모를 흐트러뜨릴 것만 같아 어떤 소리도 내기가 두렵다. 나는 세상의 최초의 인간일 수도, 마지막 인간일 수도 있다. 바로 지금 그런 느낌이다. 생각만으로도 마음이 불편해진다. 한밤중에 서아프리카의 강 위에서 선잠을 잔다는 것도 마찬가지다. 당연한 일이 지만 잠이 오지 않아 그저 강물이 데려가는 대로 흘러가면서, 강가에 그대로 있었다면 어떤 일이 일어났을까 생각해 본다. 이렇게 떠가는 것은 기분 좋은 일이 아니고 피곤하기도 하지만, 떠나길 잘했다고 스스로 다독인다.

어렸을 때는 무슨 일에든 조심스럽지 못했다. 한마디로 철이 없었다. 나는 터무니없는 위험을 무릅쓰고는 했다. 엄마는 밤늦게까지 식당에서 일하셨다. 아빠는 퇴근해서 돌아오시면 언제나 같은 자리에 앉아 짐작할 수 없는 우울에 잠긴 채 잠자리에 들 때까지 아무 말 없이 꼼짝 않고 계시고는 했다. 나는 방치되었고, 하고 싶은 대로 할 수 있었다. 그래서 그렇게 했다. 어린 여자애가 가서는 안 될 만한 곳에 갔다. 용돈을 벌려고 보호구역으로 지정된 숲에 들어가 캔을 주웠고, 검정색 가죽 일색인 오토바이 족들이 벌이는 파티에 끼어 맥주를 얻어 마셨다. 오빠와 함께 풍속업소 뒤의 대형 쓰레기통을 뒤져 찾아낸 전리품을 자전거에 싣고 다니며 동네 남자애들에게 팔았다. 그 남자애들과 싸움을 하기도 했다. 하도 남자애들과 싸우고 다녀서 말괄량이라는 소문이 자자했다. 이제 돌이켜보니 엉망진창 옛날 일들은 어린 시절의 전형적인 욕구 표출이었다. 사랑과 관심을 향한 필사적인 욕구는 제대로 채워지지 못했고 이내 맹렬한 독립심과 끈질김, 내 몸은 반드시 내가 돌본다는 고집으로 발전했다.

그 옛날의 욕구가 아직도 남아 있는 것일까? 그것들이 바로 여행을 떠나라고 몰아대는 은밀한 통증, 방랑벽의 불가해한 근원일까? 함부로 성급한 결론을 내리지는 말자. 멍고 파크는 대단히 내성적인 몽상가이자 낭만시 애호가였다고 한다. 그의 마음은 도전과 고난과 극복에 대한 스코틀랜드 민담으로 가득했다. 아버지는 목사가 되기를 바랐지만 그는 의학을 선택했다. 거머리로 피를 빼고, 독물을 치료제로 쓰던 시절이었다. 파크는 일에 잘 적응했지만, 이내 식물학 쪽에 관심을 갖게 되었다. 동인도 회사에 외과의사 자리를 얻어 수마트라에서 생활하는 동안 파크는 밀림에서 발견한 식물과 동물을 분류하며 바쁜 시간을 보냈다. 일 년 후 스코틀랜드로 돌아왔을 때는 이미 여행광이 되어 있었다. 파크는 위험에 아랑곳하지 않고 자신이 발견한 환상적인 세계로 정신없이 빠져 들었다.

바깥 세상에 빠져들기는 나도 마찬가지다. 몇 달도 안 가 여행에 목이 마르곤 한다. 하지만 이런 사정을 사람들에게 설명하기는 쉽지 않다. 비행기를 타고 파리에서 말리로 갈 때 일이 생각난다. 내 옆에는 사업차 바마코를 방문하는 '장'이라는 프랑스 남자가 앉아 있었다. 옅은 파란색 반팔 셔츠와 정장 바지를 입고 있었는데, 당장 벗어 버리고 싶은 의상을 걸친 사람처럼 옷을 자꾸만 만지작거리고 잡아당겼다. 그리고 관자놀이께의 잿빛 머리카락을 연신 뒤로 쓸어넘기면서 내 무릎에 펼쳐진 니제르 강 지도를 안경 쓴 눈으로 바라보았다. 내가 어떤 사람인지 궁금한 모양이었다. 파리에서 말리로 가는 비행이 거의 끝나 말리의 수도 바마코에 다다를 무렵, 그가 뒤로 몸을 젖히고 내 쪽을 바라보더니 정적을 깨트리며 물었다.

"평화봉사단에 있나요?"

미국인이 말리에 간다면 그것말고 다른 이유가 있을 수 없다.

"니제르 강을 여행합니다. 카약을 타고."

나는 고개를 저으며 대답했다.

"카약?" 그가 침을 튀며 말했다. "어디로 가는데요?"

"세고우에서 팀북투까지 노를 저어 가려구요."

"그렇게 멀리!"

"1,000킬로미터가량 되죠."

"혼자 갑니까?"

나는 고개를 끄덕였다.

"전에도 그런 일을 한 사람이 있었습니까?"

"아뇨. 제가 알기로는 제가 처음입니다."

그러자 장은 복도 쪽으로 몸을 기울여 친구에게 이야기하지 않을 수 없었고, 친구는 장이 불어로 옮겨 주는 말을 듣고 나를 바라보며 싱긋 웃었다.

"그 나라에는 호텔이 없습니다. 바마코를 벗어나면 아무것도 없죠." 그의 친구가 내게 말했다. 그는 '아무것도'라는 말을 마치 멍고 파크의 시대로 돌아가 거대한 미지의 공간, 암흑의 아프리카에 대해 이야기하는 것처럼 강조했다.

"네, 알아요. 야영할 거예요."

"야영? 사자는!" 장이 말했다.

"마을에 머물기도 하고요."

"참, 하마도." 장의 친구가 덧붙였다.

"강에 하마가 있는데, 굉장히 위험하죠. 아세요?"

하마라면 나도 안다. 이상하게도 하마만은 무척 두려운 게, 전생에 하마한테 놀란 일이라도 있는 모양이다. 여행을 떠나기 전, 하도 겁이 나서 유명한 여행작가들의 이름을 잡지사에서 받아 몇 명에게 전화를 걸었다. 지금까지 수차례 지구 구석구석을 돌아본 5, 60대 남자들이다. "하마를 만나면 보통 어떻게 하나요?" 내가 물었을 때 그들은 내게 해줄 말이 없었다. 하마가 사는 나라에 카약을 타고 가본 적이 없기 때문이다. 대부분은 그런 짓을 하지 말라고 충고했다.

"닥치면 하마는 어떻게 할 수 있겠죠."

나는 프랑스 인 친구에게 말했다.

"마을이 안전할까요?"

"모르겠어요. 그러길 바라야죠."

출발 예정일 며칠 전에 담당 의사가 미국무부에서 나온 말리 관련 자료를 건넸다. 일부 내용이 굉장히 인상적이었다. '특히 여성 여행객들이 시달림을 당했다고 보고했다. 여행객은 주의를 게을리하지 말고, 단체로 움직이며, 해가 진 뒤에는 조명이 어두운 곳을 피해야 한다. 부패가 만연하다. (중략) 보수를 제대로 하지 않고 정원을 초과한 운송수단이 자주 고장을 일으켜 사고가 발생한다. 미숙한 운전수들이 교통 흐름을 예측할 수 없게 하고, 차량에 전조등이나 미등이 없으므로 야간 운전은 매우 위험하다. 대중교통 안전성 불량. 도로변 구조 요청 장비 불량. 안전성에 문제가 있으므로 에어말리 항공기 이용은 삼가시오. 북부 지역 육로 여행은 피하시오. (중략) 강도 행위가 심각한 위협이 되고 있다. (중략) 니제르 강 원편과 주요 중심지 외곽 여행은 피해야 한다.'

이것을 보고 전부는 아니지만 규정 일부는 어길 수밖에 없다고 생각했다. 도저히 피할 방법이 없다. 좀더 명확히 말하자면, 나는 우려스러운 니제르 강 왼쪽 지역에 발을 디뎌야만 하고, 사실 내 여행 전체가 '주요 중심지 외곽'으로 위험을 무릅쓰고 들어가는 것을 전제로 하고 있다. 구체적인 일정표도 없고, 그곳에 가서 직접 경험한 유명 여행작가들에게 정보도 얻지 못한 상황에서, 내가 하려는 일은 오로지 경험해서 채워야 할 텅 빈 스크린일 뿐이었다.

나는 불안했지만 그렇다고 불안감이 내 삶과 결정을 꼼짝 못하게 지배하는 원칙이 되게 하지는 않는다. 삶을 위해 거래를 받아들인 것이다. 나는 흥미진진한 모험을 위해 어느 정도 안전을 희생하고자 한다. 이것은 내가 모든 결과를 수용할 준비를 해야 한다는 것을 의미한다. 위험에 대한 두려움은 재미있는 성질이 있다. 정작 있어야 할 때는 모습을 드러내지 않는다. 분명 제 나름의 일정이 있는 것이다. 위험은 대비하고 있을 때는 나타나지 않다가 오히려 안전하다고 마음을 턱 놓았을 때 살그머니 기어 들어와 출현할 음모를 꾸민다.

여행을 떠나기 전, 나는 미주리 주 북서쪽 시골에 있는 불교도 은거지에 있었다. 햇빛 찬란한 옥수수밭이 있고, 미역취와 유액을 분비하는 식물들이 독특한 향기를 뿜어내는 곳이다. 나는 베네딕트회 수도원에 머물렀다. 이곳에서는 갈색 옷을 입은 수도승들이 말없이 이곳저곳을 거닐고, 태극권 수련자들과 기이한 불교도들이 좀비처럼 마당을 돌아다녔다. 자동차 소리도 거의 들리지 않았고, 해질 무렵이면 붉은 노을이 졌다. 아름다운 노을로 물든 들판에서는 반딧불이가 뱅글뱅글 돌며 땅거미 속으로 날아올랐다. 이 세상 어느 곳보다 안전한 느낌이 들었다. 나는 교전 지대와 킬링필드, 쿠데타가 진행 중인 나라를 방문했었고, 모든 장소에는 잠재적이든 실현되었든 공포가 드리워져 있다고 믿었기 때문에 그런 느낌이 더욱 강했다. 50년째 정문을 잠근 적이 없는 그곳에서는 식사 때면 기도가, 밤이면 사랑과 믿음의 찬송가가 울려 퍼졌다.

내가 그곳을 떠난 직후, 한 남자가 소총과 탄약으로 무장하고 차를 몰아 수도원 정문을 통과했다. 그는 내가 주차했던 바로 그 자리에 주차한 후, 아무렇지도 않게 수도원 안으로 걸어 들어가 눈에 띄는 사람마다 총으로 쏘아 쓰러트렸다. 수도승 두 사람이 치명상을 입었고, 두 사람은 사망했다. 이어 본당으로 걸어 들어간 그는 내가 앉던 자리에 앉아서, 분명 내가 바라보던 예수 그림을 바라보며, 제 머리를 날려 버렸다. 저녁 뉴스를 보고 안 사실이다.

'안전한 곳은 없다. 안전 자체가 환상이다.' 이 사실을 마음 깊이 받아들인 덕분에 이런 여행에 선뜻 나설 수 있는 것이 아닐까 생각한다. 그렇다고 모든 것을 운명이라고 주장하는 것은 아니다. 어쨌거나 나는 운명에 대해 크게 걱정하지 않는다.

장과 함께 비행기에 앉아 있는 동안 밖은 어둡고 비가 내렸다. 감질나게 언뜻언뜻 지면을 보여 주던 두꺼운 비구름을 뚫고 바마코를 향해 비행기가 하강했다. 장은 비행기가 하강했다가 상승할 때 머리를 움켜쥐고 가벼운 신음소리를 냈다. 창밖으로 보이는 땅에는 불빛이 그다지 많지 않았고, 깔끔하게 줄지어 선 집들이나 고층빌딩, 고속도로, 그밖에 익숙한 것은 아무것도 보이지 않았다. 아무런 형태도 없는 어둠뿐이었다. 활주로조차 비와 어둠을 뚫고 제 모습을 보여 주려고 안간힘을 쓰는 가여운 빛들의 행렬처럼 보였다. 비행기가 흔들리자, 심장이 고동치면서 후회가 가슴을 찔렀다. 하지만 너무 늦었다. 이미 비행기에 오르는 순간부터 여행은 나를 포로로 붙잡았고, 끝이 어디든 그곳으로 나를 데려갈 것이다.

모든 것을 편안하게 생각하고 싶어 장을 향해 고개를 돌렸다.

"말리가 마음에 드세요?"

장은 아직도 두 손으로 머리를 움켜쥐고 있다. 비행기는 조심스럽게 활주로에 내려앉는 듯했다가 마지막 순간에 허물을 벗듯 허공으로 날아올랐다. 재착륙을 시도할 모양이었다. 장은 한숨을 내쉬며 황당하다는 표정으로 나를 바라보았다.

"프랑스가 더 좋습니다."

카약에서 몸을 일으킨다. 어둠 속에서 커다란 카누가 곧바로 나를 향해 다가오고 있다. 노를 움켜쥐고 내리치다시피 카약을 몰다가 뒤를 돌아보니 카누 안에는 아무도 없다. 유령이 모는 카누처럼 커다랗고 검은 배는 달빛 속으로 사라진다.

이번에는 파도 소리가 들려 온다. 급류에 휘말린 모양이다. 짐을 단단히 간수하고, 멀리 불빛이 보이는 반대편 기슭으로 노를 저으며, 더는 어둠 속의 강에 있고 싶지 않다고 생각한다. 파도가 점점 높아지더니 어둠을 뚫고 달려든다. 파도가 카약에 정면으로 부딪히고 물보라가 머리에서부터 쏟아진다. 이 거대한 강 한가운데서 벗어나야 하는데, 눈앞에 무엇이 있는지조차 제대로 보이지 않는다. 가방에서 손전등을 끄집어내 단단히 입에 물고 노를 저었다. 기슭을 향해, 저 불빛을 향해. 파도는 계속해서 덮쳐 와 몸을 흠뻑 적시고, 물살은 방향판(배 밑바닥에 세로로 붙은 판으로 방향키와 연결되어 있음―옮긴이)을 잡아끌며 배를 제 마음대로 하려 한다.

온힘을 다해 노를 젓자 다친 팔에서 통증이 요동친다. 기슭의 불빛은 좀처럼 가까워지지 않는다. 밤에 노를 저을 때는 사물이 움직이지 않는 것처럼, 가까워지지 않는 것처럼 보이는 착시현상이 일어난다. 나는 노를 더욱 세게 저었다. 드디어 불빛이 가까워진다. 점점 더 가까워진다. 얼마나 긴 밤이었던가. 쓰러질 것 같다.

급류를 벗어나 기슭 쪽으로 다가가자, 근처 초가집 옆에 등유 램프의 희미한 불빛으로 불을 밝힌 부두가 보인다. 무사히 도착한 것에 안도감을 느끼며 카약을 붙들어 맨다. 마을은 고요히 잠들어 있고, 시계는 새벽 4시 12분을 가리킨다. 굳은 땅을 밟을 수 있다는 사실에 감사드리며 기슭으로 몸을 끌어올린다. 드러누워서 비옷으로 몸을 감는다. 아침에 일어난 마을 사람들이 내 꼴을 보고 어떻게 생각할지 신경 쓰지 말자. 그런 걱정을 하기에는 너무 지쳤다.

지금 여기서 무슨 짓을 하고 있나, 왜 이 여행을 떠났나, 마음속에 질문이 떠오르는 시간이다. 그런 생각은 언제나 기회를 노리고 있나 보다. 다친 팔이 부어올라 욱신거리고, 모기들이 살갗을 뚫으려고 달려든다. 나는 눈을 감고 잠을 청한다.

어젯밤의 생생한 기억이 아직까지도 온몸을 무겁게 짓눌러 노 젓기가 힘들다. 한 장의 비단처럼 펼쳐진 니제르 강은 아주 미약한 움직임에도 수면이 부드럽고 탄력 있게 반응한다. 초목으로 뒤덮여 밀림 같은 강기슭에서 지난밤을 이겨낸 곤충들이 날카롭고 열띤 울음을 운다. 해가 뜨면서 선명하고 흰 빛이 새벽 구름을 뚫고 나와 온몸을 평화로 가득 채운다.

강 위의 이 시간이 어쩐지 낯설고 강렬하다. 이유가 무엇일까 잠시 둘러보니 기슭에는 문명의 흔적이 전혀 없다. 전깃줄도, 전화선도, 도로도, 차도 없다. 엔진 소리도, 비행기 소리도 들리지 않는다. 건물은 시멘트와 벽돌, 강철 대신 흙과 갈대로 지었다. 사람들이 있는 곳마다 흙벽돌집과 갈대를 엮어 짠 자리가 보인다. 호텔도, 식당도, 주유소도, 수세식 화장실도, 수도꼭지도 없다. 도대체 전기라는 것은 찾아볼 수 없고 전화도 없다. 누구에게 연락할 수도 없고, 누가 나를 찾을 수도 없다. 이것이 바로 '혼자'라는 것이다. 여행에서 이처럼 모든 것이 결여된 생활을 하다 보면 삶에 대한 모든 요구와 기대를 포기하고, 없는 대로 버티며 최소한의 것으로 살아가는 방법을 터득하게 된다.

놀랍게도 강을 따라 펼쳐진 지역 어느 곳에서도 익숙한 광경을 찾아볼 수 없다. 이곳 사람들은 수천 년 전과 마찬가지로 당나귀가 끄는 수레를 이용해 수확한 농작물을 나르고, 여전히 통나무 카누를 타고 강을 여행한다. 동력 보트는 구경도 할 수 없고, 며칠에 한 번 거룻배가 지나가는 드문 예외가 있을 뿐이다. 누구도 선체 밖에 모터를 장착한 배를 타거나 석유를 쓸 만한 여유가 없다. 배를 가진 사람이 드물다는 것도 놀라운 일이다. 미국의 하천은 소음과 디젤 매연을 뿜어내는 모터보트를 타고 수면을 질주하는 사람들로 가득하다. 이곳에서는 그 어느 것도 찾아볼 수가 없어서 시간을 거꾸로 되돌아간 듯한 이상야릇한 기분이 든다.

내가 니제르 강에서 겪는 일들은 멍고 파크의 첫 번째 니제르 강 여행 때와 가까운 듯하다. 카약을 타고 강을 따라 내려가다가 여행기를 꺼내 읽어 보니, 그가 하는 얘기가 내 경험과 완전히 일치한다. 두 여행 사이에 200년이라는 세월이 사라진 것 같은 신기한 느낌이 든다. 파크는 내가 지금 지나치고 있는 마을에 대해서도 글을 남겼다.

우리가 도착한 모디부Modiboo는 니제르 강변에 있는 활기찬 마을로, 동서 양쪽으로 몇 킬로미터 거리까지 강이 보이는 곳이다. 부지런한 풀라니들이 야생동물의 공격을 피해 소를 먹이는 평화로운 피난처인 작고 푸른 섬들과 세고우보다 훨씬 넓은 강폭 덕분에, 풍광이 비할 데 없이 매혹적이다. 이곳에서는 물고기가 대단히 많이 잡히는데, 원주민들이 직접 긴 그물을 만들어 잡는다.

나 역시 그가 본 그물과 어부들이 물고기 잡는 모습과 소들이 평화롭게 풀을 뜯는 푸른 섬들을 보았다. 멍고 파크라는 탐험가가 훨씬 가깝게 느껴진다.

만나는 사람들에게 손을 흔드는 일은 이제 습관이 되어서 어색하지 않게 저절로 손이 올라간다. 이곳에서는 눈만 마주쳐도 인사를 하며 정다운 마음을 나눈다. 웃음도 빼놓을 수 없다. 아기들이 환한 얼굴로 뚫어지게 나를 바라본다. 아이들은 강가에서 함성을 지르며 왁자하게 웃고, 여자들이 싱긋 이를 드러낸다. 우리는 겉으로 보기에는 많이 다르다. 나는 금발이고, 무늬가 있는 긴 치마와 티셔츠를 입고, 오스트레일리아 육군들이 쓰는 챙이 넓은 모자를 썼다. 그들은 가슴을 드러낸 채 원색 파뉴를 둘렀고, 머리칼은 순금 고리를 끼워 여러 가닥으로 가늘게 땋았다. 하지만 서로를 바라보는 순간 차이는 사라진다. 보이는 것의 제한을 넘어서면 나뉨은 없다. 우리는 우리를 인간이게 하는 모든 기쁨과 고통, 상실과 희망을 공유한다.

해가 뜨고 아침 안개가 말끔히 걷혔다. 강폭이 넓고 물살이 거의 없는 잔잔한 지점을 발견하고 한숨 잘 생각으로 카약에서 몸을 낮춘다. 두려운 생각은 전혀 들지 않는다. 이곳 사람들은 누군가를 해치기에는 너무 선량하다.

소스라치게 놀라 깬다. 얼마간 떠다닌 모양이다. 나는 이곳이 어딘지 어리둥절해하며 은빛 강물과 내가 탄 빨간 카약을 쳐다본다. 꿈속에서는 상상조차 할 수 없는 다른 곳에 있었다. 얼른 말리라는 세계를 내 의식 속으로 밀어 넣는다. 모든 세계가 연결된 듯한 느낌이다.

노를 저어서 소모노 인과 보조 인들의 어촌을 지나간다. 니제르 강의 신을 믿는 이 근방 사람들은 신에게 빌지 않고 밤에 노를 젓는 것을 불경스럽게 생각한다. 지난밤에 겪은 사건은 그 때문이었을까? 때로는 마신과 유령, 격노한 신들과 마법의 세계에 빠져들고 싶은 생각이 든다. 안 될 것도 없다. 만질 수 없는 또 다른 영역이 이 세계에 질서를 부여하고, 보이지 않는 힘이 내가 하는 모든 행위를 돕거나 방해한다고 상상해 본다. 어떤 위대한 전지자의 손에 마치 인질처럼 붙잡혀 어떤 행위도 내 뜻대로 할 수 없는 것이다. 강의 신은 나를 니제르 강에 던져 넣거나, 폭풍과 급류 속에 빠트리거나, 한밤중에 남자들한테 쫓기도록 할 수 있다. 그러나 어쩐지 저항하고 싶은 마음이 든다. 나는 일의 결과는 내 행위에서 비롯된다고 믿고 싶다. 내가 갈 곳, 나한테 일어나는 일들은 내가 결정하고 싶다. 내 마음은 이 여행의 변덕스러움에 순순히 복종하기를 거부하며 몸부림친다.

한낮의 끈끈한 열기는 32.5도까지 오른다. 나는 앞을 뚫어지게 바라보며 마르칼라Markala 마을을 뒤편에 감춘 다음 물굽이와 니제르 강을 가로지르는 다리를 찾는다. 노질을 시작한 지 한참 지났는데도 유속이 느려서 전혀 앞으로 나아가는 느낌이 들지 않지만, 이 여행에서는 조바심을 내 봐야 아무 소용 없다. 때가 되면 닿을 것이다. 일 년 중 바로 이 계절, 멍고 파크를 열기로 고문했던 물길도 일자로 쭉 뻗은 이 지점이라는 사실이 떠오른다. 그는 "카누들은 씌웠던 거적을 벗겨 놓았고, 바람은 한 점도 불지 않았고, 태양은 견딜 수 없이 뜨거웠다. 격렬한 두통이 엄습했는데 점점 더 심해져서 거의 정신착란 상태에 빠질 지경이었다. 그렇게 뜨거운 날은 내 생애 처음이었다. 스테이크를 구워도 충분할 만큼 대단한 열기였다."고 썼다.

자외선 차단지수가 가장 높은 선크림을 발랐는데도 피부가 벌겋게 그을었다. 말리의 시골에서 바지 입은 여자는 창녀 취급을 받는다. 하물며 반바지는 말할 것도 없기 때문에 나는 카약용 반바지 위에 치마를 덧입고 걷어 올린 채 노를 젓다가 카누가 다가오면 내린다. 지금은 치마 덕분에 햇빛을 가릴 수 있어 다행이다. 파크가 그랬던 것처럼 나 역시 태양을 피해 달아날 방법이 없다.

저 멀리 다리가 보인다. 이 기다란 철골 구조물은 프랑스 식민시대의 유물이다. 팀북투까지 가는 동안 저 다리처럼 강과 어울리지 않는 물체는 만나지 못할 것이다. 외계의 물체가 우연히 말리의 시골에 뚝 떨어진 것 같다. 당나귀가 건초를 실은 수레를 끌고 이 시대착오적인 쇠가로대를 건너고, 여자들은 도리에 빨래를 넌다. 유속이 너무 느려서 다리에 가까워지기까지 한참 걸린다.

마침내 목표에 다가가고 있음을 알려 주는 최초의 경계표인 다리 밑을 통과하자, 니제르 강이 서쪽으로 180도 휘돌기 시작한다. 그 다음에는 다시 북동쪽으로 돌 것이다. 하지만 전진의 기쁨은 오래가지 않는다. 진행을 알려 주는 표지에 도달할 때마다 다음 표지는 신경질 날 만큼 먼 곳에 있다는 걸 알아차리게 되기 때문이다. 이내 실망감과 조바심이 찾아든다. 나는 조바심이 많은 학생이다. 기다리는 일에 대단히 서툴다. 학교에서 프로젝트를 할 때도 오로지 목적지까지 남은 거리만 눈에 보여서, 일에 진전이 있어도 성에 차는 법이 없었다. 하지만 이곳에서 내가 할 수 있는 일이란 열심히 노를 젓는 것뿐이다. 강과 날씨에게는 제 나름의 일정이 있다. 이 여행은 내가 품은 목표 따위는 신경 쓰지 않는다.

모든 것이 내 뜻대로 되어야 한다는 끈질긴 고집은 진정 인간이 받은 저주다. 이제부터는 하루에 얼마나 멀리 노를 저어 갈 수 있을지 계산하지 말자. 지도를 보고 방향만 잡자. 그 이상은 계획하지 말자. 팀북투에 닿는 것 외에 다른 목표는 없다. 세상에 내 요구를 들이대는 짓을 그만두는 법을 배워야 한다.

해가 지기 시작한다. 곧 산산딩에 도착할 것이다. 다친 오른팔이 심하게 붓고 아파서 노질이 자학행위가 되었지만, 의사와 병원은 이 강위에 존재하지 않는다. 나는 집에서 가져온 손목 보호대를 끼고 고통을 잊어 보려 한다.

처음으로 산산딩을 본다는 생각에 흥분이 차오른다. 이 마을은 멍고 파크가 머물렀던 곳이라 팀북투 못지않게 특별한 의미가 있다. 첫 번째와 두 번째 여행에 대한 기록에서 모두 산산딩이 언급되기 때문에 산산딩은 멍고 파크에게 가장 가까이 다가갈 수 있는 곳처럼 느껴진다. 산산딩에서 실제로 파크가 걷던 곳을 걸으며 마침내 파크와 나의 여행이 분명하게 교차하는 장면을 목격할 수 있을 것이다.

니제르 강의 마지막 물굽이를 돌아서 정동쪽으로 방향을 틀자 산산딩이 보인다. 마을 풍경이 콜러리지(S.T. Coleridge, 18세기 영국의 낭만파 시인―옮긴이)의 시에 등장하는 한 장면 같다. 강가 모래밭에서 멀찌감치 떨어져 앉은 마을에는 모스크의 흰 탑이 가물거리는 아지랑이 위로 작은 성탑처럼 솟아 있다. 그 어느 때보다 집에서 멀리 떠나온 기분이다. 비밀스러운 사막의 왕국을 마주친 옛 탐험가들도 아마 이런 기분이었을 것이다.

가까이 다가가자 웅장한 흰 모스크 둘레에 갈색 흙벽돌집 여러 채가 웅크리고 있는 모습이 보인다. 울퉁불퉁 옹이투성이의 우람한 판야나무가 계단식으로 늘어선 집들 위로 가지를 뻗고 있다. 마을 한가운데 공터에는 빈 판매대가 잔뜩 늘어서 있다. 높은 둑 위 묘지에는 묘마다 비석이 서 있고 납작한 돌이 땅에 깔려 있는데, 방향은 모두 메카를 향하고 있다. 양끝이 뾰족한 나무 카누가 강기슭을 따라 매어져 있다. 그리고 벌거숭이 아이들이 모여 물장구를 치고, 여자들은 물일을 한다. 모든 것이 유서 깊고 신비로워 보인다. 나는 이곳에서 여행의 전형을 발견한다. 과거의 모든 경험과 기준이 완전히 폐기되고, 새롭고 이국적인 정서에 머리가 어찔하다.

노를 저어서 작은 물굽이를 돌아 산산딩으로 다가간다. 물에서 놀던 벌거숭이 아이들이 나를 발견하고 소리를 지르며 펄쩍펄쩍 뛴다. 상반신을 드러낸 채 몸을 굽히고 물일을 하던 여자들이 허리를 펴고 나를 보더니 입을 딱 벌린다. 내가 손을 흔들며 밤바라 말로 "이니체(안녕)." 라고 말하자 예의 그 절차가 시작된다. 혼자서 작고 빨간 배를 탄 백인 여자가 우리말로 인사하다니. 갑자기 사람들이 나를 향해 열광적으로 손을 흔들고, 곧 100명도 훨씬 넘는 사람들이 강가로 몰려나와 내가 도착하기를 기다린다.

흥분해서 소리를 지르고, 손짓을 하는 수많은 군중을 향해 카약을 저어가는 일은 결코 쉬운 일이 아니다. 어떤 일이 벌어질지 짐작할 도리가 없다. 나를 따뜻하게 맞아 줄까? 아니면 배에서 나를 끌어내릴까? 아마도 이 마을은 관광객을 맞아 본 적이 없는 듯하다. 론리 플래닛의 베테랑 여행가들이 펴낸 서아프리카 가이드북에도 산산딩에 대한 언급은 한 마디도 없다.

노질을 멈추고 방향판이 강바닥에 끌리도록 내버려 두자, 마른 땅에서 몇 미터 떨어진 곳에 배가 저절로 멈춘다. 사람들이 나를 둘러싼다.

아이들이 카약을 만져 보려고 그 사이로 밀치고 나온다. 아이들은 배가 눈앞에서 폭발하기라도 할 것처럼 조심스럽게 손을 뻗는다. 나는 한 번도 이렇게 빽빽하게 모여 선 사람들 사이에 있어 본 적이 없다. 사람들의 얼굴에서 두려움과 수줍음, 흥분이 느껴진다. 프랑스 말과 밤바라 말로 인사한다. 사람들은 내 입에서 자기들 말이 나오자 웃는다.

"아가씨는 어디로 갑니까?"

한 남자가 불어로 묻는다.

"팀북투요."

"이 배를 타고?" 남자가 앞으로 걸어 나와 손으로 카약의 몸체를 힘껏 쥐어 보고 노를 들어 보며 배를 살핀다.

"불가능합니다."

남자가 이 여자는 배라고 볼 수도 없는 한심한 물건을 타고 노를 저어서 팀북투까지 가려 한다고 사람들에게 설명한다. 그러자 여자들이 손가락 끝을 이마에 대고 중얼거린다.

"에, 알라."

배 밖으로 나오려고 해도 아이들이 너무 빽빽하게 둘러서 있다. 아이들은 빨간 고무를 만져 보는 특권을 차지하려고 카약에 몸을 대고 밀면서 서로 싸운다. 다행히도 낭창낭창한 나뭇가지를 든 남자가 앞으로 나와 아이들을 쫓아 준 덕분에 카약 밖으로 나올 수 있었다.

이곳에서 겪는 일들은 멍고 파크를 떠올리게 한다. "우리는 10시 정각에 산산딩에 닿았다. 수많은 사람들이 강가로 나와 우리를 쳐다보았는데, 몰려든 사람들이 회초리에 맞아 흩어질 때까지 짐을 내릴 수 없었다." 파크는 산산딩이라면 올드 세고우와 달리 입을 벌리고 바라보는 군중을 피할 수 있으리라 생각하고 이곳을 두 번째 여행의 공식적인 출발지로 택했다. 하지만 알고 보니 산산딩도 올드 세고우 못지않게 성가신 곳이었다.

파크가 쓴 《아프리카 내륙 탐험》에는 산산딩을 처음 방문했을 때의 이야기가 실려 있다. 1797년 산산딩은 니제르 강 유역의 노예 무역 중심지로서, 무어 인과 아프리카 흑인 출신 장사꾼들이 거주하는 곳이었다. 그 당시에도 규모가 상당해서 어림잡아 9,000명이나 되는 주민들이 살았다. 파크는 산산딩에 발을 들여 놓은 최초의 유럽인이었기 때문에 많은 사람들이 호기심과 경계심을 품고 대했다. 그 당시 파크는 이미 재정적으로 바닥이 난 상태라 밤바라 왕인 만송이 골치 아픈 백인을 세고우에서 쫓아내려고 준 5,000카우리(cowrie, 이 지역에서 돈으로 사용되는 아름다운 조개)가 가진 돈의 전부였다. 결국 파크는 원주민의 호의에 전적으로 기댈 수밖에 없다는 사실을 깨달았다.

오늘도 하룻밤 묵어갈 집을 찾아야 한다. 파크는 마을의 관습에 따라 추장한테 찾아가 후하게 사례하고, 마을에 묵게 해 달라고 청했다. 하지만 그를 따라해 보기가 조심스럽기도 한 것이, 그가 이곳에서 겪은 최초의 경험이 결코 유쾌하지 않았기 때문이다.

사람들이 나를 둘러싸고 여러가지 말로 떠들어대는데, 모두 알아들을 수 없었다. 이윽고 무어 인들이 모이더니 언제나 그렇듯이 거만을 떨며 흑인들더러 멀찍이 떨어져 있으라고 명령했다. 그들은 내 종교에 대해 질문하기 시작했고, 무하마드 기도를 따라 하라고 '강요'했다. 내가 아랍어를 할 줄 모른다고 둘러대며 어물쩍 넘어가려 하자 그들 중 하나가 노발대발하며, 내가 모스크에 가기를 거부한다면 자신이 나를 그곳으로 실어가겠다고 무하마드를 걸고 맹세했다. 그들은 모든 사람이 볼 수 있도록 나를 모스크 출입문 옆에 있는 높은 의자에 올려놓았다. 통제할 수 없을 정도로 사람들이 많이 모여들었다. 지붕까지 올라가 서로 밀쳐대는 모습이 마치 사형 집행을 보려고 모여든 구경꾼들 같았다. 나는 해가 질 때까지 이 의자에서 내려오지 못했다.

이 부분을 읽으며 멍고 파크가 가엾다고 생각했다. 두구티기 (doogootigi, 추장)를 찾아 밀치락달치락하는 사람들을 뚫고 지나가야 하는 나도 마찬가지 신세다.

두 번째로 산산딩을 방문했을 때 파크는 재정적인 어려움은 좀 덜했지만 많이 지쳐 있었다. 그는 이곳에서 살아남은 대원들과 몇 주 동안 함께 지내면서 니제르 강을 따라 내려갈 배를 만들기 위해 만송에게 어렵게 카누를 얻었다. 목수들이 모두 목숨을 잃었으므로 직접 'H.M.S. 졸리바'를 건조하기까지는 제법 시간이 걸렸다.

그가 배를 만들 때 어떤 모습이었을지 상상이 된다. 벌거숭이 아이들이 팔을 뻗으면 닿을 거리에 모여 서서 바라보았을 것이다. 그 가운데 몇 주 동안이나 얼굴의 땀을 훔치며 두들겨대고 매끄럽게 갈면서 마을 사람들에게 꾸준한 오락거리를 제공했을 것이다. 마을 역사에 '미치광이 백인이 온 해'라고 특별히 지정되어 있지 않을까 싶다. 실제로 파크가 다녀간 뒤 이곳을 방문한 유럽인들은 이 지역 민요나 구술 역사에서 파크의 이름을 발견했다. 올드 세고우에서 파크와 함께 지냈던 여자들이 지은 노래다.

바람이 울부짖고 비가 내려요. 가엾은 백인이 창백하고 지친 모습으로 나타나 우리 나무 아래 앉아 있네요. 소젖을 가져다 줄 어머니도 없고, 옥수수를 갈아 줄 아내도 없어요. 저 백인을 불쌍히 여깁시다. 어머니가 없잖아요.

두 번째 여행에서 파크는 산산딩에서 1,700킬로미터 떨어진 니제르 강의 끝까지 갈 작정이었다. 그래서 배가 튼튼하고 기능적인지, 물품이 완벽하게 갖추어졌는지 확인해야만 했다. 배의 건조와 준비에 몰두하느라 시간이 많이 지체되는 동안 얼마 남지 않은 대원들마저 질병으로 쓰러졌다. 파크는 개인적으로 노예 제도에 반대했지만, 배를 완성하기 위해서는 노예 몇 사람을 살 수밖에 없었다.

노예 제도는 파크의 글에서 민감한 주제다. 여행을 떠날 당시 영국은 노예 제도를 폐지하지 않은 상태였고(1807년이 되어서야 폐지된다), 대서양을 오가는 인신매매를 주도하는 주체 중 하나였다. 배 한 척에 노예를 한가득 실어 나르면 10만 파운드나 되는 돈을 벌 수 있다는 얘기까지 돌았다. 당시로서는 상상하기 힘든 어마어마한 액수였다. 하지만 영국에서는 미국보다 훨씬 이른 시기부터 폐지론자들이 정치적인 논쟁을 진행시켰고, 점점 노예 매매를 금지하는 분위기로 바뀌고 있었다.

파크가 지적했듯이, 서아프리카는 오랫동안 노예 제도 전통을 누렸다. 따라서 그가 여행한 지역에도 예외 없이 노예 제도가 확고하게 정착되어 있었다. 파크는 "신분이 자유로운 개인은 어림잡아 전체 거주민의 4분의 1에 지나지 않는 것으로 추측된다. 나머지 4분의 3은 절망적인 세습 노예 제도에 묶여 땅을 경작하고 소를 치는 등 모든 종류의 노동에 종사하고 있다."고 썼다.

아랍과 유럽의 노예 무역은 현지 노예 상인들에게 가장 높은 수익을 안겨 주었다. 그들은 불황이 없는 노예 시장을 제공함으로써 문제를 크게 악화시켰다. 그 결과 아프리카 흑인 수백만 명이 악명 높은 중간 항로(아프리카 서해안과 서인도제도 사이의 대서양—옮긴이)를 따라 아메리카 대륙으로, 북아프리카와 중동의 하렘으로 실려 갔다.

노예에 대한 유럽의 탐욕은 수그러들 줄 몰랐다. 서아프리카 인들은 백인이 아프리카 인을 별미로 여기고 잡아먹으려고 계속해서 실어 나른다고 믿었다. 파크는 "노예들은 여러 번이나 내 고향 사람들이 식인종이냐고 물었다. 그들은 바다를 건넌 후 자신들이 어떻게 되는지 무척 궁금해했다. (중략) 그들한테는 백인이 흑인을 잡아먹으려고 사들인다는 생각이 뿌리박혀 있었기 때문이다."고 썼다.

노예 제도는 말리, 특히 팀북투 부근의 북부 지역에 지금까지도 존재한다. 하지만 말리 정부와 인류학자들은 노예 제도가 공식적으로 폐지되었다면서 이 사실을 부인한다. 그러나 진실은 이와 달라서, 아프리카 흑인인 벨라 인Bella 수천 명이 무급 노동자로 아랍 인 주인 밑에서 일하며, 경제적·사회적·심리적인 이유로 노예 상태를 벗어나지 못하고 있다. 팀북투에 닿으면 직접 진실을 밝혀 보리라. 집에서 가져온 금화 두 닢으로 한 사람이라도 자유롭게 해줄 수 있기를 바란다.

산산딩의 옛 거리를 바라보니 수천 명의 노예가 이 길을 지나, 서아프리카 연안에서 유럽행 배에 올라타는 모습이 눈앞에 그려진다. 파크가 이곳에 머물렀을 때는 노예 매매가 절정에 달했던 시기라 분명히 심한 혐오감을 느꼈을 것이다. 그의 글은 정치적인 논란에 휘말리지 않으려고 고심한 흔적이 엿보인다. 그럼에도 불구하고 일부러 공을 들여 노예 매매의 야만성을 묘사하고, 여행에서 마주친 예속된 사람들의 비참한 상황을 공공연하게 동정한다.

첫 번째 여행을 마치고 무일푼 상태로 해안으로 돌아가려고 하던 중,

파크는 '사슬 행렬'로 불리는 노예 행렬에 묻어 가라는 충고를 듣는다. 그는 후에 쓴 글에서 함께 여행한 여자 노예의 운명을 자세히 기술했다.

'네알리'가 뒤에 처져 보이지 않더니, 마침내 사람들이 시냇가에 누워 있는 그녀를 발견했다. 네알리는 매우 지쳐서 더 나아가기를 거부하면서 한 발자국도 떼지 못하겠다고 말했다. 달래도 보고, 협박도 했으나 소용이 없자 채찍질이 시작되었다. 네일리는 일어나지도 못했다. 그러자 카르파(Karfa, 사슬 행렬을 이끄는 사람)가 노예 두 사람을 시켜 식량을 실었던 당나귀에 네알리를 싣도록 했다. 네알리는 그런 상태로 어두워질 때까지 일행과 함께 갔다. (중략) 해가 뜰 무렵 불쌍한 네알리가 깨어났지만 팔다리가 심하게 뻣뻣해져 걷지도 서지도 못했다. 네알리를 싣고 가려는 모든 시도가 실패하자, 사슬 행렬도 하나같이 "캉 테리! 캉 테리!(목 따, 목 따)"라고 외쳤다. 나는 그 작업이 이루어지는 것을 보고 싶지 않아서 사슬 행렬의 선두로 앞서 나갔다. 이 비참한 여인의 슬픈 운명은 내 마음에 강한 인상을 남겼다.

파크는 사슬 행렬과 함께 서아프리카 해안에 도착했고, 오랫동안 긴거리를 함께 여행한 노예들의 운명을 걱정했다.

이제 지겹고 고달픈 여행의 끝으로 다가가는 중이고, 하루만 더 있으면 고향 사람들과 친구들을 볼 수 있다. 그러나 내 불운한 동료 여행자들, 이국땅에서 속박과 설움의 삶을 살게 될 그들과 격한 감정 없이 헤어질 수가 없었다. (중략) 가엾은 노예들은 그들의 무한한 고통 한가운데서 내 고통을 염려해 주었다. 부탁하지 않았는데도 자주 물을 가져다주어 갈증을 가시게 해 주고, 밤이면 나뭇가지와 이파리를 모아 잠자리를 만들어 주었다. 우리는 아쉬운 마음을 전하고 서로를 축복하면서 헤어졌다. 내가 그들에게 할 수 있는 것은 잘 되기를 바라는 마음과 기도뿐이었는데, 그들은 내가 더 해줄 것이 없다는 사실을 이해할 만큼 분별력이 있어서 그것이 위로라면 위로가 되었다.

이 사람이 바로 이 여행에서 내가 찾는 멍고 파크, 존경심과 연민을 한없이 불러일으키는 사람이다.

서투른 밤바라 말로 추장이 어디에 있는지 사람들에게 묻는다. 한 남자가 나를 데리고 흙계단을 몇 개 올라가 계단식 마당으로 들어선다. 진흙으로 얼룩진 옷, 땀이 흥건한 시뻘건 얼굴, 비닐끈으로 묶은 지저분한 샌들, 머리 위에 이상한 각도로 짜부라져 있는 오스트레일리아 육군 모자. 갑자기 남들 앞에 나서기에는 적당치 않은 차림새로 왔다는 생각이 든다. 나는 모자를 벗고 머리를 매만진 후 티셔츠에 묻은 진흙을 털어 낸다. 혼자서 여행한 시간이 다른 사람의 시선을 의식하지 않을 만큼 충분히 길지 않았나 보다.

나는 '그랜드 부부'라는 무릎까지 오는 긴 윗옷에 헐렁한 바지를 입고 상의와 색깔을 맞춰 분홍색 터키모자를 쓴 나이 지긋한 남자 앞으로 안내된다. 남자는 커다란 나무 그늘 밑에 깔아 놓은 거적 위에 앉아서 불쾌한 표정으로 나를 바라보고 있다. 속에 입은 카약용 반바지 때문에 한쪽으로 쏠린 치마를 바로잡고 남자에게 인사한다.

"이분이 추장입니다. 이름은 '바둘라이'예요."

젊은 남자가 불어로 말한다. 추장이 찡그린 표정으로 나를 보면서 얼굴에 붙은 파리를 찰싹 때리더니 묵주를 만지작거린다. 갑자기 추장이 밤바라 말로 내게 명령하듯이 말한다. 주위에 선 사람들이 나를 자세히 살펴보는 사이, 불어를 할 줄 아는 남자가 앞으로 나온다.

"추장님이 선물을 원하십니다."

"알겠어요."

추장을 만난 후 어느 시점이 될지는 정확히 몰랐지만 이런 요구가 있으리라는 사실은 알고 있었다. '될 수 있으면 일찍 지폐를 내밀어라'를 속으로 되뇌면서 치마 속 바지 주머니에 손을 찔러 넣는다. 내가 무슨 이상한 짓이라도 하는 것처럼 추장이 얼굴을 찌푸리며 고개를 돌린다. 나는 지폐 한 장을 꺼내 추장에게 내민다. 단위가 큰 지폐라 말리 수준으로는 후한 금액이다. 추장도 찌푸린 얼굴을 약간 누그러트리는 것이 만족스러운 것 같다. 말리에서 마을 추장은 세습직이다. 내가 보기에 추장에 합당한 자질을 갖춘 사람은 하나도 없다. 산산딩에서 밤을 보내도 되겠느냐고 묻자 추장이 나를 숙소로 안내하라고 한 남자에게 이른다.

마을의 영어교사인 '야야 폼바네' 집에서 머무르게 되었다. 야야가 하는 영어는 하도 형편없어서 거의 이해할 수 없다. 그래서 불어 통역을 부탁하느라 그의 젊은 아내 '야키리'를 자주 쳐다보게 된다. 야키리는 야야의 제자였으며, 나이가 야야의 절반 정도로 보였다. 야야가 왜 그녀에게 끌렸는지 알 것 같다. 야키리는 체격이 단단하고, 매력적이며, 사람 마음을 금세 풀어 주는 너그럽고 환한 웃음을 짓는다. 야키리는 붉은 무늬가 있는 원색 파뉴를 입고, 같은 색 천을 머리 둘레에 감았다. 땀에 전 티셔츠와 젖은 치마를 걸친 나는 뭐라고 하는 사람이 없는데도 괜히 주눅이 든다.

팀북투까지 노를 저어 간다는 말을 들은 야야가 잠시 말이 헷갈린다.

"말로 안 돼(말도 안 돼)."

야키리가 머리를 가로저으며 한숨을 쉬더니 말한다.

"에, 알라. 미쳤군요. 버스 타세요."

다같이 웃는다. 다친 팔을 문질러 보지만 그 팔로는 아무것도 들어올릴 수 없다. 이렇게 긴 여행을 시작하는 시점에 골치 아픈 상처를 입다니 정말 미쳤다. 하지만 나도 파크만큼이나 중단을 싫어한다. 반드시 팀북투까지 가겠다고 결심한다.

야야의 집을 나와 산산딩을 한 바퀴 돌아보며 파크가 사람들의 구경거리가 되었던 모스크를 찾아보기로 했다. 바람이 마을을 휩쓸고 갈 때마다 길에는 흙먼지와 쓰레기가 뒤섞인 작은 회오리가 일어난다. 나무 타는 구수한 냄새, 과일과 쓰레기가 썩는 독하고 달콤한 냄새가 여기저기서 풍긴다. 흰 비둘기들이 흙벽돌집에 내려앉았다가 도마뱀들이 지나가도록 길을 비켜 주더니, 지붕 난간에서 몸을 까딱거리며 나를 바라본다.

뼈만 앙상한 당나귀와 염소들이 음식 찌꺼기를 찾아 헤매고 있는 커다란 구덩이는 마을 쓰레기장이라고 한다. 암탉들이 고개를 끄떡거리면서 거드름을 피우듯이 쓰레기 더미에서 나와 내 쪽으로 다가온다. 병아리 한 떼가 비틀거리며 정신없이 그 뒤를 좇는다. 쓰레기장 바로 가장자리까지 흙벽돌집들이 들어차 있고, 발가숭이 어린애들이 근처에서 놀고 있다. 야야의 말로는 산산딩은 부유한 마을이라고 한다. 그렇다면 부유하지 않은 마을은 어떤 모습일까.

지나가다가 나무에 매인 양들의 코를 살짝 건드린다. 아이들이 근처에서 나를 바라보다가 킥킥거리며 웃는다. 양은 애완동물이 아니라 먹는 거라고 말하고 싶은 표정이다. 시장으로 발길을 돌린다. 파크는 그곳에서 지니고 있던 마지막 유럽 물건들로 니제르 강 여행에 필요한 식량을 구했다. 텅 빈 나무 진열대가 쓰러져 있다. 사방에 당나귀와 염소들이 뛰어다니지만 널찍한 터를 보니 장날이면 대단히 붐빌 듯하다. 파크가 왔을 때도 마찬가지였다.

시장은 아침부터 밤까지 사람들로 붐빈다. 어떤 진열대에는 비즈만 있고, 어떤 곳에는 쪽빛 공들이 가득하다. 다른 진열대에는 숯을 놓고 판다. 광장을 바라보는 가게에서는 모로코에서 온 주홍색, 호박색 비단과 팀북투를 거쳐 온 담배를 판다. 여기에 인접하여 소금 시장이 열리는데, 그 일부가 광장 한 구석을 점령하고 있다. 두툼한 소금 조각이 보통 8,000카우리에 팔린다.

소금은 지금도 값이 비싼데, 비석과 비슷한 커다란 잿빛 널빤지 형태로 말리 시장에서 팔린다. 어떤 장소나 역사에서 내가 가장 흥미를 느끼는 것은 변한 것이 아니라 변하지 않은 것이라는 사실을 깨닫는다.

산산딩 시장에서 사람들에게 시달리며 외로운 생활을 하던 파크가 영혼에 커다란 상처를 입는 사건이 발생한다. 바로 스코틀랜드에서부터 동행했던 좋은 친구이자 처남인 '앤더슨'의 죽음이다.

내 소중한 친구 앤더슨이 4개월 투병 끝에 숨을 거두었다. 그의 소중함을 말하지 않고는 견딜 수 없는 심정이다. 그의 가치는 몇몇 친구들에게만 알려져 있다. 그에 대한 기억을 침묵 속에서 소중히 간직하며 침착하고 한결같은 품행을 본받는 것이, 다른 사람들은 공감하지도 못할 겉치레 찬사를 늘어놓는 것보다 나으리라. 앤더슨을 무덤에 눕힐 때까지는 여행 도중 발생했던 어떤 사건도 내 마음에 작은 그림자

조차 드리우지 못했음을 고백한다. 나는 그 순간 다시금 아프리카의 황야 한가운데 친구 하나 없이 홀로 남겨진 기분이었다.

강기슭을 위아래로 훑어보며 앤더슨이 모래둑 아래에 묻혔을까, 아니면 오래 묵은 나무들 아래 묘지에 묻혔을까 상상해 본다. 파크는 틀림없이 땡볕이 내리쬐지 않는 선선한 자리를 골랐으리라. 근처에 작은 모스크가 멍고 파크가 사람들에게 둘러싸였던 장소인지 알아보려고 다가간다. 흰색 그랜드 부부를 입고 터키모자를 쓴 젊은 남자가 문 옆에 서 있다. 나는 안으로 들어가 모스크를 구경할 수 있느냐고 물었다.

"안 돼요, 안 돼. 당신은 투밥(tubab, 백인)입니다."

그러고는 고개를 가로저으면서 재미있어 죽겠다는 듯이 웃어 댄다. 나는 농담의 핵심 단어를 놓친 것 같은 기분이 든다.

"당신에게는 금지되어 있습니다."

그는 세상에서 가장 황당한 이야기라도 들은 듯이 내 부탁을 친구들에게 이야기한다. 모두들 왁자하게 웃어 젖힌다. 웃음이 잦아들기가 무섭게 그중 하나가 말한다.

"쎄뗑떼르디(금지야). 못 들어간다고. 당신은 백인이거든."

장난감 집에서 쪼그만 남자 아이들에게 따돌림당한 기분이다. 다른 모스크를 찾아간다. 산산딩에서 가장 큰 모스크로 지붕 꼭대기에 흰 칠을 한 작은 탑들을 이고 있는데, 건물이 퍽 오래된 것처럼 보인다. 모스크는 마을 초입에서 강을 바라보고 서 있다. 관리인에게 물으니 1766년에 지어진 건물이라 한다. 그렇다면 파크가 말한 모스크일지도 모른다는 생각이 든다. 붉은 머리칼에 유럽식 옷차림을 한 파크가 입을 떡 벌린 군중에게 둘러싸여 모스크 그늘에 앉아 있는 모습을 상상한다.

다행히도 내 주위에는 면포대기로 아기를 업은 여자들과 모호크 족처럼 머리에 모양을 낸(옆과 뒤를 완전히 밀고 정수리 부분만 길게 기른 머리 모양 ─옮긴이) 어린 남자 아이들 몇 명이 모여들 뿐이다.

"안녕, 멍고." 모스크에 인사한다. 지붕에서 비둘기들이 연신 몸을 까딱거린다. "멍고."

나는 안으로 들어갈 수 있느냐고 묻지 않는다.

이제 한 마을을 지나 다음 마을로, 단조롭게 이어지는 강과 모래밭 풍경을 깨트리며 불쑥 튀어나오는 야자수를 지나 다음 야자수로 느리게 나아가는 나날의 연속이다. 마을마다 사람들이 손을 흔들고 환호성을 지르며 나를 맞이하는데, 그렇게 정 많은 사람들은 처음 보았다. 특히 여자들이 "레 팜므 뽀르뜨(강한 여자)!"라고 외치며 격려를 하는 소리를 들으면, 뜻밖의 칭찬에 기분이 너무 좋다. 사실 말리 여자들은 하층 계급이나 다름없어서 순전히 집안일만 하며, 70퍼센트가 문맹이다. 여러 보건 기구 발표에 따르면 말리 여성의 90퍼센트가 십대에 음핵과 외음부를 완전히 제거당한다고 한다. 이는 세계에서 가장 높은 비율이다.

음순과 외음부를 완전히 절제한 후에는 소변을 보고 생리를 할 수 있을 정도의 성냥개비 머리만한 구멍만 남기고 질 입구를 봉하며, 음핵을 제거한다. 이 모든 작업이 이곳에서는 가내수공업으로 이루어진다. 보통은 마을에서 임명한 사람이 작업을 맡아 비위생적인 환경에서 면도 날이나 날카로운 도구를 이용해, 여자 아이들의 외음부와 음순과 음핵을 모두 절제하여 긁어낸다. 마취를 하지 않기 때문에 몸부림치는 여자 아이를 어른 서너 명이 붙들고 있어야 한다. 작업이 끝나면 질을 꿰매 봉한다. 그리고 두 다리를 딱 붙여 몇 주 동안 옆으로 누워 있게 하여, 질 양편이 아물면서 서로 달라붙게 한다.

육체적인 고통만 있는 것이 아니다. 일부에서는 여자들이 감사하는 마음으로 기꺼이 자신의 운명을 받아들인다고 주장하지만, 여자들에게 직접 채집한 증언은 이 주장의 허위성을 여지없이 폭로한다. 말리 여성의 증언을 모아 펴낸 책은 육체적인 상처뿐 아니라 정신적인 상처도 따른다는 사실을 보여 준다. 자식을 보호하고 안전하게 지켜 주어야 할 주체인 부모가 어째서 그런 고문과 다름없는 고통스러운 절차를 겪게 했는지 많은 이들이 의문을 풀지 못해 끙끙거린다. 어머니나 여자 형제는 반대하지만 아버지나 남자 형제가 강요하는 경우도 있다. 이들의 정신과 마음에, 또한 같은 여자로서 이들의 처지를 안타까워하는 이 세상 모든 여자들의 영혼에, 어떤 상처가 남을지 헤아리기는 불가능하다.

말리에는 여성 생식기 절제를 금하는 법이 있지만 사람들은 그다지 괘념치 않는다. 결혼하면 봉했던 질을 남편을 위해 절개한다. 이런 절차를 통해 남자들은 확실한 처녀를 아내로 맞아들인다. 또한 의심 많은 남편이 잠시 집을 비우면서 돌아올 때까지 아내의 질을 봉해 놓도록 할 수도 있다. 이 과정에서 상처가 생기고 질 입구가 축소되면서 성교와 출산이 말할 수 없이 고통스럽고 어려워지지만, 아무도 말하지 않는다. 오히려 여성성과 생식력이 위험에 처했으므로 있어 봐야 아무 도움이 되지 않는 작은 신체 기관과 그 주변 조직은 반드시 제거해야 한다고 여자들을 가르친다.

종교를 막론하고 모든 말리 인들이 이 관습을 따른다. 도곤 족^{Dogon}처럼 애니미즘을 신봉하는 부족에서는 '작은 페니스'가 절제되기 전의 여자는 남자와 여자 사이에 있는 '일종의 지옥에 머무른다'는 믿음을 강요한다. 음핵의 소유는 여자라는 존재의 대립물로서, 음핵이 있는 여자는 구제불능의 양성으로 남는다. 음핵과 외음부를 제거하는 풍습은 서아프리카에 이슬람이 들어오기 전부터 있었는데, 여자들의 정조를 지킨다는 목적으로 무슬림이 가장 널리 채택했다. 말리에는 여성혐오문화 특유의 전형적인 이중 기준이 판친다. 남자는 성적 자유를 향유하고 성행위를 즐겨도 되지만, 여자는 그럴 수 없다는 것이다. 내가 만난 말리 남자들은 음핵을 제거하는 것이 여자 아이에게는 일종의 선물이며, 위험한 성적 충동에서 스스로 보호하는 방편이라고 말했다. 성적 충동을 완전히 소멸시키는 것이 여자에게 좋다는 뜻이다. 결국 여자는 아이를 낳고 기르는 일만 하면 된다는 얘기다.

마주치는 여자 대부분이 음핵과 외음부를 절제하고, 질 입구를 장선(腸線, 동물의 창자로 만든 노끈 모양의 줄 ─ 옮긴이)으로 봉했다는 사실을 알고 나자, 마을에 들르는 일이 힘들어졌다. 분노를 참기가 어려웠다. 니제르 강 여행의 출발지였던 올드 세고우에서는 여자 아이들이 16살이라는 성숙한 나이에 이 과정을 거친다. 16살 무렵이면 심리적인 외상과 신체적인 고통이 어마어마할 것이다. 참담한 것은 끔찍한 체험만이 아니다. 만성 방광염, 소변통과 생리통, 섬유종, 불임 등 합병증이 평생 여자들을 뒤따라 다닌다. 심지어 죽음에 이를 수도 있다.

서양의 호교론자(신앙을 옹호하는 사람 ─ 옮긴이)와 식민지 독립 이론가 중에는 이 절차를 마치 남성 성기의 포피 제거처럼 성숙한 여성이 되기 위해 거쳐야 할 과정일 뿐 그 이상은 아니라는 듯이, 완곡하게 '여성 할

례'라고 표현하는 이들이 있다. 또한 서양의 아프리카에 대한 관심이나 간섭을 성토하면서, 아프리카 여성의 복지에 관심을 갖는 서양인은 교묘하고 시혜적인 식민주의자라고 주장하는 사람들도 있다. 대꾸할 필요도 없는 어리석은 주장이다. 여성의 건강에 대한 기본적이고 인간적인 관심과 염려는 남자든 여자든, 서양인이든 아니든, 이러한 관습을 철폐하는 데에 관심을 갖고 참여해야 할 충분한 이유가 된다.

말리에서 여성 생식기 절제를 금지해야 한다고 주장하는 사람들 가운데 최선두에 선 '아시탄 디알로Assitan Diallo'는 서양인이 이 문제의 해결을 위해 맡아야 할 일을 이렇게 설명했다.

"이런 문제를 해결하는 일은 서양인들이 우리보다 경험이 많다는 사실을 명심해야 합니다. 서양인들이 먼저 문제를 제기했기 때문입니다. 이제 우리도 이 문제를 얘기하고 있습니다. (중략) 하지만 우리나라에서 일어난 다른 어떤 일과 맞서 싸울 때 나는 서양인들 편에 서고 싶지 않습니다. '또 시작이구나. 식민지로 삼으려고'라는 생각이 들기 때문입니다. (중략) 따라서 나는 서양인들이 자문을 제공하는 역할을 해야 한다고 생각합니다."

드문드문 나타나는 마을을 지나쳐 노를 저어가면서, 강가에서 물일하는 여자들에게 손을 흔들어 주고, 혼자 여행하는 여자라는 이유로 그들이 내게 보내는 관심과 격려에 위로받는다. 남자들이 어디로 가냐고 던진 질문에 "팀북투!"라고 목적지를 얘기하면 아연실색하곤 하는데, 나는 그런 모습에서 은근히 쾌감을 느낀다. 사실 모든 면에서 나는 말리의 전통적인 여성상에 완벽히 배치된다. 남자를 동반하지 않았고, 직접 노를 저으며, 혼자서 모든 것을 해결하고, 누구의 요구에도 응하지 않는다.

마을에서 밤을 보내기로 결정하고, 황량한 기슭에서 유일하게 눈에 띄는 마을로 노를 저어 간다. 갈대로 지붕을 인 동그란 흙벽돌집 몇 채가 모인 곳이다. 머리에 커다란 물동이를 인 여자 몇 명이 내가 노를 저어 다가오는 모습을 바라보더니 마을 사람들에게 알리려는지 부리나케 걸음을 옮긴다. 오래지 않아 걷거나 뛰거나 길 수 있는 사람들은 모두 강가로 나와 나를 기다리고 있다.

마을 이름은 '세랑고로Seerangoro'라고 한다. 여자들은 모두 귓불에 커다란 금 원반을 매달았는데, 나이 든 여자들은 귓바퀴를 따라 몇 군데 더 구멍을 뚫었다. 머리는 곱고 정교하게 여러 가닥으로 땋아서 머리꽁지가 정수리에 삐죽 올라오도록 묶었다. 피부색이 옅고, 짙푸른 문신으로 입 주위를 강조했으며, 젖가슴은 그대로 드러내고, 말리 인들이 관능적이라고 생각하는 엉덩이와 다리를 밝은 무늬가 들어간 파뉴로 가렸다. 그들은 자신들을 '풀라니목동'라고 소개했는데, 과연 근처에서 소들이 풀을 뜯다가 내려앉는 땅거미를 향해 낮게 울고 있다.

일부 아프리카 학자들의 말에 따르면, 풀라니 족은 수백 년 전 홍해 인근에서 이곳으로 이주하면서 니제르를 비롯한 서아프리카 지역에 그들의 목축 방식을 도입했다. 풀라니 족의 생활은 소와 분리할 수 없다. 소는 우유와 고기를 공급할 뿐 아니라, 보조 인이나 소모노 인과 달리 어업에 의존하지 않고도 농촌생활을 영위할 수 있게 해 준다. 이런 독립성 덕분에, 풀라니 족은 말리의 다른 농민들보다 부유하다. 소 한 마리가 320~400달러 정도인데 이 돈이면 한 가족이 일 년 넘게 먹고 살 수 있다.

풀라니 족은 외모도 말리 인과 다르다. 옅은 피부색은 그들이 아랍계이며 서아프리카에 종교와 저술 활동, 학문을 도입한 북아프리카 인들과 관련이 있음을 말해 준다. 이슬람이 삶의 중요한 요소인 풀라니 족은 말리에서 가장 경건한 부족 집단으로 인정받는다. 이러한 차이는 자부심의 원천이지만, 다른 토착민에게 멸시당하는 원인이 되기도 한다.

풀라니 아이들이 카약을 쓰다듬으며 나를 바라본다. 불어를 할 줄 아는 사람이 없어서 익혀둔 밤바라 말을 사용해 추장에게 데려가 달라고 부탁한다. 산산딩에서 겪은 것처럼 니제르 강 유역의 풍습은 수백 년 동안 변하지 않았다. 그래서 언제나 추장을 찾아 마을을 방문하는 데 대한 선물을 바치고, 밤을 보내도 괜찮은지 물어야 한다. 반드시 이 절차를 거쳐야 추장의 환대와 보호를 얻고, 안전을 보장받을 수 있다.

나는 추장에게 안내된다. 추장은 늙고 허리가 굽은 남자로 얼굴 가득 웃음을 띠고 있다. 추장에게 후하게 돈을 치르고 어설픈 밤바라 말과 몸짓으로 하룻밤을 보내도 좋을지 묻는다. 추장이 선뜻 허락을 내리고는 아이들에게 내 짐을 마을까지 옮겨 주라고 이른다. 아이들은 카약을 나르는 특권을 서로 차지하려고 다투었다. 마침내 자그만 손 수십 개가 빨간 보트를 허공으로 들어올린다. 무게가 16킬로그램밖에 나가지 않으니 아이들은 가볍게 머리 위로 배를 들어올리고, 승리를 축하하듯이 환호하며 날라다가 추장의 오두막 옆에 내려 놓는다.

산산딩에서도 똑같은 일이 있었다. 마을을 한 바퀴 돌고 오니 카약이 야야의 거실에 안전하게 놓여 있었다. 어느 마을을 가도 사람들은 내 카약이 자신들의 카누 옆에 묶여서 니제르 강에 떠 있는 모습을 마음 편히 보지 못하고 꼭 마을 안까지 들고 와 안전한 곳에 보관하려고 한다. 누가 훔치거나 흠집을 내서가 아니라, 그렇게 신기하고 소중한 물건은 가까이 두어야 한다고 생각하는 듯하다.

여자들이 내 주위로 몰려들더니 손가락 하나를 치켜들고 밤바라 말로 정신없이 떠든다. 손가락이 무슨 의미인지 몰라 어리둥절하다가 한 여인의 말에서 두 단어를 얼핏 알아듣는다. '남편'과 '어디'다. 나는 혼자라고 몸짓으로 알린다. 못 믿겠다는 표정들이다. 그들은 강을 가리키고 다시 나를 가리킨 후 손가락 하나를 들어 보이며 노 젓는 시늉을 한다. 나는 고개를 끄덕인다.

"네. 혼자예요."

이름이 '바'라는 여자가 손뼉을 치더니 싱긋 웃는다. 그리고 "혼자"라고 한숨처럼 말한다. 바는 다른 사람들에게 돌아서서 같은 말을 되풀이한다.

추장 아내가 큼지막한 바가지를 들고 다가온다. 바가지 안에는 소 젖통에서 막 짜낸, 거품이 뜬 우유가 담겨 있다. 시카고 교외에서 자랐기 때문에 이런 농촌 경험은 처음이다. 조심스럽게 킁킁 냄새를 맡아 본다. 소 냄새가 나서 가슴이 철렁했지만, 바가지를 기울여 마시다 보니 굉장히 맛있다.

세고우에서 산 쌀과 보조 어부들에게 산 신선한 물고기 몇 마리를 카약에서 꺼내 여자들에게 보여 주면서 마을 사람들에게 저녁식사를 대접하겠다고 말한다. 사람들은 내가 여자이기 때문에 이런 재료를 어떻게 다루고 요리하는지 잘 알 거라고 생각하는 듯하다. 냄비와 여러 가지 도구를 들고 나온다. 내가 서툰 모습을 보이자 다들 재미있어한다. 내가 쌀을 쳐다보는 동안 여자들은 내가 그것으로 무엇을 할지 지켜본다. 냄비에 쌀을 조금 붓자 사람들이 웃음을 참으며 서로를 쳐다본다. 아, 먼저 쌀을 씻으라는 얘기구나, 그걸 왜 몰랐을까? 한 여자가 내게서 냄비를 받아 쌀에 티가 섞였는지 살펴보는 방법을 보여 주고는 사발에 담아서 몇 차례 씻는다. 쌀을 다 씻고 나서 다시 내게 건넨다. 내가 쌀을 냄비에 넣자 여자들이 또 웃는다. 먼저 물을 끓이라는 얘기구나. 가장 기본적인 가사를 제대로 해내지 못하는 내 무능력이 신기한지 여자들은 참을성 있게 지켜본다. 내가 요리를 잘하지 못한다는 걸, 미국에서 살 때도 라면과 마카로니와 치즈로 때우며 살았다는 걸 어떻게 설명할 수 있을까? 이곳에서 나는 최악의 주부가 될 것이다.

생선을 걱정스런 마음으로 바라본다. 배를 따고 비늘을 벗겨야 하는데 솔직히 그런 일은 해본 적이 없다. 부모님은 나를 데리고 낚시하러 간 적도, 솔직히 말하자면 낚시 자체를 해본 적도 없다. 나는 월마트의 생선 코너에서 미리 손질해 작은 스티로폼 그릇에 담아 파는 생선만 사 봤다. 스위스아미 칼을 꺼내 생선 배에 구멍을 뚫자, 이번에는 여자들이 큰소리로 웃어 젖힌다. 비늘을 먼저 벗겨야 하는구나. 그래서 칼로 비늘을 벗겨 보려고 했지만 역시 서툴다. 이번에도 다른 여자가 생선을 가져간다. 여자는 뭉툭한 막대기로 빠르고 부드럽게 비늘을 벗긴 후 배를 따고 창자를 근처에 있던 개에게 던져 준다.

우리는 트랜지스터 라디오에서 흘러나오는 서아프리카 음악을 들으며 배불리 먹는다. 꼬맹이들이 리듬에 맞춰 몸을 흔들고 발을 구르며 춤춘다. 이곳 사람들은 음악과 춤을 좋아해서 모두들 다른 사람보다 더 멋지게 춤을 추려고 애쓴다. 한 여자가 프랑스 잡지에서 찢어내 소중히 간직했던 종이를 들고 나온다. 살펴보니 분홍 실크를 씌운 고급스러운 침대에 백인 여자가 기대어 쉬고 있는 광고다. 그들은 사진을 가리키고 다시 나를 가리킨다. 내가 그 여자와 상관이 있다는 듯한 얼굴이다.

그들은 내가 집에서 부드럽게 미끄러지는 실크 잠옷을 입고 분홍 침대보를 씌운 침대에 누워 호사스럽고 편안한 생활을 한다고 생각할까? 백인 여자들은, 그러니까 일 년에 한 번 오는 평화봉사단 단원이나 인류학자나 구조요원들이 모두 그렇게 산다고 생각할까? 말로 설명을 해야 하는데 그들과 나한테는 공통 언어가 없다. 나는 실크 침대보를 씌운 방안에서 그들이 내게 씌운 이미지 속에 갇혀 있다.

여자들은 나에 대해 많은 것을 알고 싶어 한다. 남편이 어디 있는지, 왜 아내 혼자 니제르 강에서 노를 젓게 하는지, 미국에 아이가 몇 명이나 있는지 궁금해 한다. 나는 어설픈 밤바라 말과 손짓 발짓으로 내게는 모두 해당 사항이 없는 얘기라고 설명했지만 저녁을 먹고 나서도 한참 동안이나 토론 중이다. 이러다가 밤새도록 얘기를 해야 하는 게 아닐까 불안해질 무렵 여자들이 만족스런 얼굴로 잘 시간이라고 선언한다.

다 같이 오두막 밖에 깐 폼매트리스에 나란히 눕는다. 누운 사람들 위로 모기장이 씌워지고, 별빛이 흐려진다. 살갗에서 벼룩이 톡톡 튀고, 닭들이 모기장 위로 펄쩍 뛰어든다. 나는 어르신들이 코고는 소리와 염소들이 발치에서 풀 뜯는 소리를 들으며 잠이 든다.

이런 여행을 할 때마다 내가 지금 뭘 하고 있는지, 문득 현실에 의문을 품는 순간이 있다. 뜻밖에도, 나는 지금 혼자서 작고 빨간 보트를 타고 남사하라에 있는 강을 저어 팀북투로 가는 길이라는 사실을 깨닫는다. 마치 전혀 몰랐던 사실처럼, 지금까지 일어난 모든 일이 실제 상황이 아닌 것처럼 느껴져 출발 이후 처음으로 현재의 의미를 파악하려고 잠시 배를 기슭에 댔다. 나는 부득이하게 지도를 펼친다. 지도를 보니 나는 마시나Massina 마을을 지났고, 목표인 팀북투는 북동쪽으로 한참이나 떨어져 있어서 다른 페이지로 넘어가야 한다.

맙소사! 하지만 항상 너무 늦었을 때다. 50명도 넘는 애들이 근처 언덕에서 뛰어 내려와 내 보트를 향해 달려오고 있다.

"투바부! 도네 므와 카도!(백인! 선물 줘!)" 아이들이 외친다.

아이들의 흥분이 대혼란으로 이어진다. 사방에서 손들이 뻗어 나와 카약 안의 물건들을 잡아당기고 움켜쥔다. 말린 파인애플 봉지를 꺼내 공중에 파인애플 조각을 뿌리자 뒤엉킨 몸들이 선물을 향해 뛰어오르면서 서로 싸우고 잡아 뜯는다. 이런 광경은 한 번도 본 적이 없기 때문에 걸음아 날 살려라, 노를 저어 도망친다.

멍고 파크는 언제가 현실을 깨닫는 순간이었을까? 무어 인들에게 붙잡혀서 노파에게 오줌 세례를 받았을 때? 너무나도 배가 고파 머리카락을 팔아야 했을 때? 어쩌면 삐걱거리는 배를 타고 최후의 대원 네 사람과(그중 하나는 정신이 이상해진 상태였다) 마지막이 될 두 번째 강 여행을 떠날 때까지 그런 순간은 찾아오지 않았는지도 모른다. 그는 마지막 편지에 "함께 있는 유럽인들이 모두 죽을 운명이고 제 자신도 이미 초주검 상태이긴 하지만 기필코 버텨 낼 것이며, 여행의 목표를 달성하지 못한다면 니제르 강에서 목숨을 버릴 것입니다."라고 썼다. 그는 왜 돌아오지 않았을까? 독자들은 분명히 궁금해할 것이다. 그에게 무슨 일이 일어난 걸까?

그 어느 때보다 파크에 대해 많은 것을 알게 된 기분이다. 일단 여행이 시작되면 돌아오는 것은 불가능하다. 여행이란 그런 것이다. 여행은 떠난 사람을 속박하고, 포로로 잡고, 마취시킨다. 여행은 결국 도착하게 될 목적지의 '이미지'로 사람을 유혹한다. 떠나는 사람은 그림 같은 해변에 도착하는 자신의 모습을 상상한다. 그리고 자신에게 약속한 그 모든 것을 떠올린다. 파크에게는 금으로 뒤덮인 거리, 시원한 오아시스의 샘물, 귓가에서 속삭이는 처녀들이었을 것이다. 나는 훨씬 간단하다. '프렌치프라이'와 '에어컨'이다.

물굽이를 돌아가니 멀리 사람들이 북적대는 마을이 보인다. 오늘이 장날인지 커다란 카누들이 기슭에 다닥다닥 붙어 있어서 빈자리가 보이지 않는다. 말리에서는 큰 마을이든 작은 마을이든 일주일에 한 번 장이 열리는데, 열리는 요일은 마을마다 다르다. 오늘은 처음으로 마주친 장날이라 배를 대고 구경하기로 한다.

이런 결정에는 두려움이 따른다. 이 지역 사람들은 카약을 탄 백인 여자는 말할 것도 없고 백인조차 본 적이 없을 것이다. 내가 도착하면 일어날 소동이 벌써부터 눈앞에 그려진다. 내 출현을 설명해 줄 여행 안내원이나 통역할 사람도 동반하지 않고 허공에서 뚝 떨어진 것처럼 강에서 노를 젓고 있다는 것 역시 이상하다. 하지만 나는 나다. 조용히 장터로 들어가 지극히 일상적인 장보기를 하듯이 망고를 사볼 생각이다.

사람들은 장에서 물건을 구경하느라고 기슭으로 가까이 다가갈 때까지 내 존재를 알아차리지 못한다. 갑자기 남자 아이가 나를 발견하고는 귀머거리라도 소스라치게 놀랄 만큼 엄청나게 큰 소리로 울부짖는다.

"투밥! 투바아아아압!(백인! 백인!)"

나는 믿기 어려운 환영을 받는다. 수백 명이 쏟아져 나와 강과 경계를 이룬 3미터 높이의 진흙둑 가장자리에 선다. 모두들 나를 똑바로 바라보고 있다. 이 군중은 산산딩에서 보았던 환영 인파를 가볍게 눌러 버린다. 아이들은 어떻게든 나를 한 번 보려고 진흙둑 아래로 기어 내려와 나무 뿌리에 대롱대롱 매달린다. 여자들은 순수한 경탄의 눈길로 나를 바라보며 웃는다. 배에서 내리기도 전에 군중의 어마어마한 규모에 압도당한다.

"투-바아압! 투-바아압! 투-바아아아압!"

외침에서는 적대감이 아니라 그저 감출 줄 모르는 호기심이 느껴질 뿐이다. 나는 사람들을 향해 웃으면서 흥분된 어조로 "이니체!"라고 밤바라 말로 인사한다.

내가 입을 뗀 순간 사람들이 일시에 입을 다문다. 그리고 서로 얼굴을 쳐다보더니, 다시 나를 보고는 갑자기 왁자지껄하게 웃는다. 이럴 수가, 난데없이 백인 여자가 나타나 자기네 말을 하다니. 사람들에게는 상상조차 할 수 없는 일일 것이다. 보아하니 불어를 눈곱만큼이라도 할 줄 아는 사람은 한 사람도 없다. 내가 배운 서툰 밤바라 말로 그들과 소통하기는 불가능하다.

마을 이름을 물어도 내 밤바라 말이 서툰지, 아니면 너무 놀라서 정신을 차릴 수 없는지 전혀 이해할 수 없다는 표정으로 바라볼 뿐 아무 말도 하지 않는다.

이곳에는 어떤 사람들이 사느냐고 묻자 말라카^{Malaka}, 풀라니, 보조, 밤바라, 심지어 투아레그(Tuareg, 북아프리카의 베르베르 족으로 말리 최북단의 땅에서 왔다)까지 뒤섞인 대답이 나온다. 나는 내 방문이 일상적인 일인 것처럼 행동하기로 마음먹고, 아무렇지도 않게 카약 밖으로 걸어 나와 다른 배 사이에 내 배를 묶는다. 조그만 배낭을 등에 메고, 모여 선 사람들을 올려다본다. 여자들은 눈이 어질어질할 정도로 화려한 사롱(sarong, 스커트처럼 허리에 두르는 옷—옮긴이)을 입고 머리에 천을 둘렀는데, 그중 부유한 이들은 순금 귀걸이와 머리 장식을 뽐내고 있다. 순금 고리를 섞어서 양 갈래로 머리를 땋은 사람들도 있다. 입 주위에 짙푸른 문신을 하고 콧구멍 사이의 격벽에 두꺼운 금테를 건 사람들도 있다. 모두 아름답고 화려하다.

이런 군중 사이에 도착하면 보통은 사람들을 진정시키고 나를 도와주려고 나서는 사람이 있게 마련이다. 이번에는 파란 실크 스카프를 머리 둘레에 감고 환한 미소를 띤 여자다.

여자는 인자한 얼굴로 나를 바라보고 웃으면서 강둑 위로 올라오라고 권한다. 전 재산이 들어 있는 카약을 돌아보며 내가 없는 사이 물건이 없어지지 않을까 걱정스러운 마음이 들지만, 여자는 내 걱정을 안다는 듯 나를 보고 웃기만 한다. 걱정 말라는 듯이 고개를 젓는 여자를 굳게 믿고 흙둑을 기어오른다. 내가 미끄러질 때마다 사람들은 입을 모아 염려의 탄성을 내지른다. 모두들 나를 끌어올려 주려고 사방에서 손을 뻗는다. 잠시 후에는 서로들 밀치면서 내 피부와 머리칼을 만져 보거나 내 얼굴과 파란 눈을 바라본다. 나도 사람들과 그처럼 가까이 있다는 사실에 놀라 얼굴을 마주본다. 말라카 사람들의 짙푸른 문신과 반짝반짝 빛나는 금빛 코걸이와 매끄러운 갈색 피부와 반가움이 담긴 눈동자를 바라본다.

다른 사람의 발을 밟지 않고는 한 발짝도 뗄 수 없는 상황이다. 머리에 파란 스카프를 두른 은인이 몇 마디 말을 하자 마치 마법처럼 사람들이 내가 움직일 수 있도록 뒤로 물러난다. 나는 어떤 물건들이 나왔나 살펴보려고 시장 쪽으로 향한다. 투아레그 남자들이 나를 자세히 보려고 판매대에서 빠져나온다. 투아레그 사람을 본 것은 이번이 처음인데, 잠자코 나를 응시하는 적갈색 눈동자를 빼고는 온몸을 짙은 쪽빛천으로 가렸다. 그들은 허리에 칼을 차고 거만하게 팔짱을 끼고 나를 살펴본다.

신발 수선, 콜라 열매, 대추야자 열매, 다양한 종류의 깍지 열매, 냄비, 은식기류 등 시장에는 갖가지 서비스와 물건이 가득하다. 망고를 팔려고 늘어 놓은 여자를 발견하고 그쪽으로 다가가자 사람들이 길게 내 뒤를 따른다. 망고는 한 개에 '7센트'인데 거저나 다름없는 가격이다. 이곳 장사꾼들이 백인이나 관광객을 겪어 본 적이 없음을 알 수 있다. 세고우에서 장사꾼들이 여행객에게 부르는 망고 가격은 '60센트'다. 과일들을 배낭에 넣는데, 아이들이 차례로 내 팔을 건드리고 머리칼을 쓰다듬는다. 무서워서 다가오지 못하는 다른 아이들을 보니 파크가 쓴 글이 떠오른다. "몇몇 여자와 아이들은 생김새가 너무도 낯선 남자와 가까이 있다는 사실에 크나큰 불편함을 표시했다." 백인을 한 번도 본 적이 없는 어린아이에게는 내가 괴물처럼 보일 것이다.

잠시 시장통을 어슬렁거리면서 원주민 여자들이 만든 토기에 감탄하며, 주변에 넘쳐 흐르는 특이한 사람들을 흥미롭게 바라본다. 마을에서는 나를 어떻게 생각할지 알 수 없지만, 오늘처럼 그리고 전날 밤의 풀라니 마을처럼 반갑게 맞아 주는 곳에서는 순수한 기쁨을 경험한다. 낯선 나라에서 홀로 노를 저어 간다는 평상시의 두려움을 잊는다. 오로지 이 세상과 사람들이 정말 특별하다는 생각만 든다.

나는 카약으로 돌아간다. 카약과 물건들은 두었던 자리에 그대로 있다. 다만 커다란 두 척의 카누 사이에서 배가 상하지 않도록 기슭 쪽으로 좀더 바짝 끌어당겨져 매어져 있다. 아이들이 물속에 몸을 담그고 고무 카약의 표면을 손가락으로 만져 본다. 내가 다가가자 말썽을 부리다가 들킨 것처럼 겸연쩍게 웃는다. 나는 아이들을 향해 웃어 준다. 내가 작별인사를 하자 실크 스카프를 두른 은인이 내 손을 잡고 흔든다.

"어디로 가세요?" 여자가 밤바라 말로 묻는다.

"팀북투요."

"팀북투? 세상에!" 여자가 군중에게 돌아서서 내 말을 전하자 모든 사람들이 환호성을 지른다. 우렁차게 터져 나오는 하나의 목소리.

모두들 강둑에 길게 늘어서서 내가 떠나는 모습을 지켜본다. 다양한 빛깔의 예의바른 사람들. 나는 카약을 풀고 올라탄 후 고맙다고, 잘 있으라고 밤바라 말로 외친다. 사람들이 팔을 높이 들어 손을 흔들며 답한다. 수백 명의 사람들이 내게 손을 흔들며 환호한다. 나는 노를 저어 멀어져 간다. 마지막까지 배를 따라서 강둑을 뛰던 아이가 내게 힘차게 손을 흔든다.

마을에 묵어 가면서 며칠째 노를 저었는데, 드디어 익숙한 얼굴이 나를 맞는다. 내 여행을 취재하는 사진작가 '레미'다. 그가 커다란 피니스(함선에 싣는 중형 보트 ― 옮긴이)를 디아파라베Diafarabe 마을에 정박시키고 기다리고 있다. 레미가 손을 흔들며 소리쳐 부르더니 바주카포처럼 생긴 거대한 망원렌즈를 내 얼굴에 맞춘다. 해묵은 자의식이 표면으로 떠오르는 것이 느껴진다. 나는 혼자 있는 것에 익숙하다. 나와 세계가 굽이마다 새롭게 단둘이 마주치는 찬란한 재회는 이제 끝났나 보다. 전생에 두고 떠나왔다고 생각했던 현실 속으로 나는 끌어당겨진다. 이것은 예고 없는 사생활 침해나 다름없다. 이 여행에서 그와 마주칠 일은 거의 없다는 사실을 나도 안다. 레미는 내 뒤를 따라서 강을 내려와 사진을 찍고는 다시 며칠 동안 모습을 감추도록 되어 있다. 더 양보해 달라고 할 수는 없다.

나는 모자를 고쳐 쓰고, 손가락으로 머리카락을 훑어 내린다. 선크림이 얼굴에 얼룩지고, 볼이 햇빛에 그을어 붉어졌을 것이다. 자의식이란 도무지 방심할 수 없는 이상한 질병이다. 화장기 없는 얼굴, 진흙이 묻어 떡진 머리카락, 벼룩에 물린 자국. 나는 그런 것들에 더는 마음을 쓰지 않게 된 줄 알았다. 하지만 기회를 만나자 이들은 여전히 건재함을 과시하며 언젠가는 수천만 명이 보게 될 무수한 필름에 내 얼굴을 박을 준비가 되지 않았다고 속삭인다. 나는 얼른 선글라스를 쓴다.

레미가 자꾸만 자기가 탄 배 쪽으로 가까이 오라고 손짓한다. 그는 흉측하고 거대한 카메라를 들고 있다. 그의 상냥한, 어떻게 보면 아첨에 가까운 태도는 나처럼 사진 찍기 싫어하는 사람을 달래서 카메라에 담게 하는 데 뛰어난 능력을 발휘한다. 그는 재능 있고 사교적인 사진작가다. 서양의 유수한 출판사에서 사진을 찍었고, 잡지사들이 너도나도 함께 일하자고 애원하는 소위 업계의 '총아'다. 사하라의 태양을 견디며 몇 주 동안 배로 여행할 수 있는 전문 사진작가를 찾기는 쉽지 않은 일이었다. 결국 잡지사는 레미를 끌어들였다. 레미는 비교적 저렴한 보수를 받고 작업하는 대신 여자친구를 데려왔다. 말로는 '보조'라고 했는데, 업계에서는 거의 관행이다. 모터가 달린 커다란 피너스를 빌리고, 식사를 준비하고, 배를 운전하고, 밤마다 두 사람을 위한 천막을 쳐 줄 말리 인 세 명을 고용하겠다는 조건도 달았다.

이윽고 나를 포착한 레미의 카메라는 망원렌즈의 초점을 내 얼굴에 맞추고, 노를 저어 그의 배를 지나쳐가는 동안 찰칵거리며 돌아간다. 나는 이류 배우, 레미는 파파라치라도 된 듯하다. 디아파라베 인구의 절반은 됨직한 사람들이 무슨 큰일이라도 벌어졌나 하고 구경을 나와서는 이 부산스러움을 설명해 줄 만한 무언가를 찾으려는 듯 가늘게 뜬

눈에 힘을 주고 있다. '나는 나야'라고 그들에게 외치고 싶다. 얼굴과 셔츠는 땀에 젖었고, 모자는 머리 위에서 찌그러졌고, 팔은 벌겋게 그을렸다. 내 꼴을 보고 사람들이 실망하지 않을까 걱정되지만, 그래도 혼자서 고무 카약을 탄 백인 여자를 보는 것만으로도 충분한 구경거리가 되리라고 위안한다.

언제나 그렇듯 아이들이 신나서 소리를 지르는데, 이번엔 한결 야단스럽다. 요란한 사진 촬영 덕분이다. 나는 모자를 물에 담갔다가 그대로 머리 위에 눌러 쓴다. 아직 남사하라에 들어가지도 않았는데 온도계가 36도를 가리키는 더운 날씨다. 이미 버틸 수 있는 한계에 다다랐지만 앞으로 더위는 더욱 심해질 것이다.

레미의 여자친구가 다가와 인사한다. 미국에서 온 예쁘고 날씬한 붉은 머리 아가씨는 예일 영화학교를 졸업했고, 레미와 파리에 살고 있다. 말리처럼 엉망인 곳은 처음이란다.

그렇다. 엉망이다. 말리는 사용한 주사기와 물병을 다시 팔고, 폐타이어로 고무 샌들을 만들어 신는 곳이다. 하지만 마다가스카르나 방글라데시, 네팔 같은 나라에도 가본 나로서는 말리를 둘러보면서도 기이한 익숙함에 무감각할 뿐이다. 무감각의 일부는 '포용'이고 일부는 '단념'이다. 무엇인가 해야 한다는 강한 의무감을 불가피하게 느끼지만, 그것도 소용없는 짓이라고 단념해 버리곤 한다.

디아파라베 마을을 바라보니 강으로 삐죽 내민 둥근 곳에 흙벽돌집과 구불구불 휘어진 골목길이 빽빽이 들어차 있다. 상당히 번성한 곳인 듯한데, 아직 배에서 내려 거리를 걸어 보지는 못했다.

여행 첫날 말리의 수도 바마코에 도착했을 때 일이 떠오른다. 빈곤은 내게 진실을 말해 주었다. 붉은 진흙길, 나병으로 두 손이 없어진 구걸하는 여자들, 건초나 쌀, 냄비 따위를 산더미처럼 실은 수레를 힘겹게 끌고 시장으로 가는 당나귀. 그 사이에서 반들반들한 검은색 메르세데스 벤츠를 타고 나타나는 돈 많은 사람들이 차창을 진하게 색을 입혀 눈을 보호하고 싶어했던 대상은 태양만이 아닐 것이다. 이것이 서아프리카다. 말리다. 세계에서 네 번째로 빈곤한 나라, 앞으로 나아가려고만 하면 자꾸만 넘어지는 나라, 가구당 연평균 소득이 250달러인 나라. 당신에게 행운이 깃들길. 그렇지 않다면 당신은 지금 내 눈앞의 아이들처럼 콧물을 줄줄 흘리며 볼록한 배를 내민 채 어머니 무릎을 베고 길 한구석에서 자고 있을 것이다.

나는 나를 향해 내미는 손에 말리 지폐를 쥐어 주며 걸었다. 1달러 50센트에 해당하는 지폐다. 다시 은행에 들러 파삭파삭한 색종이 조각 같은 지폐를 몇 다발 바꿔서 마주치는 사람들에게 나눠 주었다. 나병 든 여인들의 뭉툭한 팔 사이에 돈을 끼워 주자 다른 아이들이 훔쳐갈 수 없도록 작은 플라스틱 통에 넣어 달라고 부탁했다. 손도 없는 굶주린 여자의 돈을 훔쳐갈 만큼 야박한 아이들. 여자들은 성가신 부탁을 해서 미안하다고 사과했다.

나는 숙소로 정한 나지막한 호텔 앞에 서서 단단하게 다져진 붉은 진흙길이 가랑비에 천천히 녹아내리는 모습을 내려다보았다. 어디선가 썩은 과일과 오줌과 디젤 매연 냄새가 번갈아 풍겨 왔다. 그리고 인간의 창의성이 구현된, 무엇인지 알 수 없는 힘을 추진력으로 한 부서지기 직전의 고물차들이 신음소리를 내며 지나갔다. 여자들이 화려한 원색 파뉴를 입고 길 양편에 앉아 방수포에 망고나 바나나를 늘어 놓고 팔고 있었다. 형편이 나은 장사꾼은 나무로 작은 통나무집을 지어서 담배나 필기도구, 그리고 어딜 가도 빠지지 않는 코카콜라를 팔았다.

탄산수는 물값보다 병 값이 더 비싸기 때문에 그 자리에서 마시고 바로 병을 돌려주어야 했다.

햇빛을 가리려고 심은 우람한 나무가 줄지어 선, 오물이 가득한 하수구 가장자리에 잇댄 흙투성이 길을 따라 한참을 걸어 내려갔다. 나병으로 손발을 잃고 흙바닥에서 구걸하는 늙은 여자들을 지나쳤다. 눈먼 여인들도 있었다. 품에 어린애를 안은 에이즈 걸린 여자들과 소아마비로 다리가 뒤틀린 채 조잡한 바퀴의자를 타고 길을 배회하는 남자 아이들이 보였다. 거리 구석구석에서, 길가 곳곳에서, 빈곤이 나를 맞았다. 내미는 손마다 돈을 쥐어 주었더니 여분의 잔돈과 지폐가 금세 바닥났다.

아프리카 미술에 관심이 있어서 지나가는 사람에게 국립박물관 가는 길을 물었다. 알려 주는 대로 따라가니 마을 변두리에 울타리가 둘러쳐진 구역(돌무더기 들판)이 나왔다.

"여기가 국립박물관이에요?" 지나가는 남자에게 물었다.

끄덕.

"여기가요?"

또 끄덕.

나는 돌무더기를 살펴보았다. 내게 길을 알려 준 사람들 가운데 누구도 박물관이라고 할 만한 것은 없다는 얘기를 하지 않았다. 해방 이후 이상과 부패 사이에서 디딤판을 찾기 위해 몸부림치는 나라라는 것을 입증하는 일이었다. 박물관 터가 있고, 그곳에 돌무더기가 있다는 사실에 만족해야 할 것이다. 그것은 '희망의 상징'이니까.

밤이나 낮이나 바마코의 열기는 두툼하고 후끈해서 몸에 두꺼운 담요를 둘둘 감은 것처럼 느껴졌다. 나는 시내로 돌아갔다. 그랑 마르셰(큰 시장)를 슬슬 돌아다니다 보니 시멘트 건물을 중심으로 복잡한 미로

가 한 구역에서 다음 구역으로 계속해서 뻗어 있었다. 가판대가 늘어선 끝없는 길을 따라 누빌 인내심만 있다면 거기서 구하지 못할 물건은 없었다. 장사꾼들은 보통 한 가지 제품만 취급했는데 볼펜이나 옷핀, 비료 포대로 만든 비닐봉지, 야구팀 로고나 록스타의 얼굴이 찍힌 미국산 재활용 의류 등을 팔았다.

도살한 고기만 취급하는 구역에서는 손질 단계별로 여러 부위를 진열해 두고 있었다. 나는 피 웅덩이를 밟지 않도록 조심하며 걸어야 했다. 알뜰한 소비자들이 파리로 뒤덮인 양 머리나 소 혀, 쇠꼬리(가장 값이 싼 부위)를 둘러싸고 북적였다. 장사꾼의 발치에 놓인 플라스틱 대야에는 반들거리는 내장이 자줏빛 푸딩처럼 쌓여 있었다. 온도가 32도에 육박했고 냉장 시설도 없었지만 사고파는 사람들 가운데 그것에 신경 쓰는 사람은 없어 보였다. 겁먹은 개들이 방수포 밑을 기다가 고기 부스러기를 훔쳐 달아났다.

여성용 파뉴나 윗옷을 만들 때 주로 쓰는, 화려한 무늬의 면을 파는 가게에 들러 옷감을 몇 마 끊었다. 바로 옆집에서는 남자와 여자들이 발로 돌리는 재봉틀 앞에 앉아 옷을 만들고 있기에, 나이 든 사람에게 돈을 조금 지불하고 카약 여행할 때 입을 긴 치마를 두어 벌 만들어 달라고 부탁했다. 그곳에서는 무엇이든 주문만 하면 전문가들이 몇 분 안에 뚝딱 만들어 냈다.

나는 허리 부분에 고무줄을 넣어 달라고 설명했다. 여미는 방식보다 실용적이어서 좋기 때문이다. 그는 곧 남자 아이에게 돈을 주어 내보냈다. 잠시 후 아이가 숨을 헐떡이며 돌아와 고무줄 뭉치를 내밀었다. 한 남자가 내 허리와 다리 길이를 후딱 재고는 재봉틀 앞에 앉더니 10분 후에 치마 두 벌을 건넸는데, 끝단 처리는 물론이고 주름까지 잡혀 있었다. 얼마냐고 묻자 말리 돈으로 '1달러 50센트'라고 대답했다. 경계하는 눈초리로 바라보는 것을 보니 값을 비싸게 부른 모양이었다. 내가 값을 두 배로 쳐서 건네자 그는 돈을 이마에 갖다 대고 이빨이 하나도 없는 잇몸을 드러내며 싱긋 웃었다.

나는 주물(呪物, 원시종교에서 악귀를 물리치고 행운을 가져다주는 신비한 힘을 지녔다고 믿는 물건—옮긴이) 시장에 들러 보기로 했다. 주물 시장은 바마코 시장 외곽에 있는 신성한 곳으로 함부로 방문할 수 없는 곳이다. 거의 모든 도시나 마을에 주물 시장이 있지만 외국인의 방문을 꺼리는 분위기고 사진도 찍을 수 없다. 손을 들어 택시를 세웠지만 두 번이나 퇴짜를 맞았다. 말리 인들은 주물 시장이 검은 마법을 위한 장소이기 때문에 외국인이나 외부인이 함부로 보아서는 안 된다고 믿는다.

사람들은 여러가지 주술에 필요한 용품을 사러 주물 시장에 들른다. 애니미즘 전통은 서아프리카 문화의 핵심 요소로 자리매김하여 기독교나 이슬람교를 믿는 사람들도 적지 않게 애니미즘을 신봉한다. 대부분의 말리 인들은 살아가는 동안 겪어야 하는 셀 수 없이 많은 불길한 일들을 피하기 위해, 특별한 성분이나 주문으로 채워진 부적을 지니고 다닌다. 분명하게 규정된 주문이나 제의를 이용하면 앞으로의 일이나 사건에 영향을 미칠 수 있으므로 바꾸지 못할 미래는 없다. 아픈 아이가 나을 수 있고, 아이를 못 낳는 여자가 출산할 수 있고, 사업가는 돈을 많이 벌 수 있다. 하지만 정확하게 필요한 주물을 구입해서 합당한 의식을 올려야 한다. 이를 위해 흔히들 주술사와 상담하는데, 주술사는 다양한 방식의 마법으로 고객이 바라는 결과를 이루어 준다. 요구가 어렵고 급박할수록 주문에 필요한 재료나 제물이 비싸진다. 고객은 필요한 물품이 상세하게 적힌 긴 목록을 받아서 주물 시장으로 사러 간다.

1시간이나 찾아 헤맨 끝에 인도 상점의 맘씨 좋은 주인을 만나 정확한 위치를 알아냈다. 시장 맨 끄트머리에 넓게 자리 잡고 있는 주물 시장은 방수포를 바닥에 깔고, 말린 식물 혼합한 것과 동물들의 신체 부위를 잡다하게 늘어 놓은 장사꾼들로 가득했다. 고약한 냄새가 진동했다. 지나가는 내게 남자들이 썩은 원숭이 머리, 말린 도마뱀, 뱀 껍질 따위를 들이대며 흔들었다. 표범 발에서 영양 고환에 이르기까지, 상상할 수 있는 모든 것이 그곳에 나앉아 있었다. 그중에는 말리 혹은 서아프리카에서 찾아볼 수 없는 동물도 상당히 많았는데, 대단히 먼 곳에서 수입되었을 것이다.

주물 장사꾼이 나를 불렀다. 그가 무슨 말인지 속삭이면서 철 상자를 열었다. 파리 떼가 햇빛 속으로 날아올랐다. 안에는 살아 있는 악어와 매가 들어 있었다. 밧줄로 꽁꽁 묶인 악어의 가늘게 찢어진 눈이 내 눈과 마주쳤다. 새는 목이 말라 주둥이를 벌린 채 두려움에 떨고 있었다. 마호가니 빛 깃털은 헝클어지고 너러웠으며, 다리와 날개는 줄로 단단히 묶여 있었다. 잠시 매를 사서 날려 보내는 모습을 상상했다. 하지만 새로운 매가 그 자리를 대신할 것이다. 어떻게 해볼 도리가 없는 끝없는 고통이 순환될 뿐이다.

헤더가 지금까지 여행이 어땠느냐고 묻는다. 나는 당연하다는 듯이 "좋았어요."라고 대답하지만 이건 어떤 일에 대한 실제 기분, 예를 들면 레미가 사진을 찍어대는 지금 기분이 어떤지, 프라하에 머물면서 까를교에서 북적대는 관광객들에게 사진이 찍힐까 봐 몇 블록씩 돌아서 걸

어다니곤 할 때 기분이 어땠는지와 같은, '설명하고 싶지 않을 때 쓰는 말'이다.

"무지 덥네요." 헤더에게 말한다.

"정말 더워요!"

헤더의 붉어진 흰 피부에 구슬땀이 맺혀 있다. 레미가 이 더위 속에서 아침 내내 나를 기다렸다고 한다. 오후에는 햇빛이 좋지 않아서 사진도 찍지 못하고 마냥 기다렸단다. 그는 르네 카이예(René Caillié, 프랑스 탐험가로 팀북투 탐험을 성공하고 살아 돌아온 최초의 유럽인)의 흥미로운 탐험 이야기를 읽고 있다는 얘기도 덧붙였다.

헤더가 햇빛을 피해 갑판에 친 천막 아래 앉아 생수를 마신다. 나는 내가 가야 할 방향의 니제르 강을 내려다본다. 강기슭은 어느 쪽이나 흙먼지가 풀풀 일도록 메말랐고, 나무가 몇 그루 서 있다. 팀북투는 아직도 멀었다.

나는 한 조각의 두려움과 공포를 마음 깊이 느낀다. 이 미친 여행을 도대체 왜 하는 것일까? 레미와 헤더는 이 더위 속에 강을 따라 1,000킬로미터를 이렇다 할 이유 하나 없이 노를 젓는 내 여행에 대해 어떻게 생각할지 궁금하다. '산이 저기 있기 때문에' 산에 오른다던 역사 속 인물이 떠오르지만, 사실 나는 그 얘기를 믿지 않는다. 모른 체 할 수는 있어도 저항하기는 어려운 수많은 힘이 인간의 삶을 좌우하는 법이다. 어린 시절에서 비롯된 힘, 현재의 동기와 조건에서 비롯된 힘, 삶 자체처럼 수수께끼 같은 힘이 우리에게 무엇을 성취해야 한다고, 어디에 도착해야 한다고 말한다. 어떤 탐험도, 여행도, 개인적인 도전도 무언가 그저 '거기'에 있기 때문에 시작되는 변덕이나 우연의 산물은 아니다.

나는 카메라가 찰칵거리기를 멈출 때까지 기다렸다가 니제르 강물에 적셔 짠 긴팔 셔츠를 몸에 걸쳐 열기를 식힌다. 가야 할 시간이 왔다. 구경 나온 사람들에게 작별 인사를 하고, 레미와 헤더 그리고 배에 탄 다른 사람들에게 손을 흔든다. 레미가 강 하류에 있는 그림 같은 마을 '코아Koa'에서 기다려 달라고 외친다.

Chapter

5

10시간 동안 노를 저은 끝에 코아를 만났다. 그 사이 지나친 마을에서는 이상하게도 사람들이 강가에 죽 늘어서서 북을 두드리며 나를 향해 소리를 질렀다. 여행하며 그런 적대감과 맞닥뜨리기는 이번이 처음인데, 도무지 이유를 알 수 없었다. 지도를 꺼내 들여다보니 지리적으로 내륙 도시인 '젠네Djenné'가 가깝다. 이 도시는 역사적으로 무어 인, 말리 인, 송하이 인, 모로코 인, 프랑스 인 등 여러 민족에게 정복당해 지배받았다. 이 근방 사람들이 외국인을 유별나게 경계하는 것도 다 까닭이 있다.

세계에서 가장 큰 진흙 모스크가 있는 젠네는 한때 서아프리카 이슬람 학문의 본산으로 팀북투와 어깨를 견주었다. 지금은 말리 무슬림 중 가장 경건하다는 정통파 신도들이 사는 신성한 곳이다. 멍고 파크조차 짧았던 첫 번째 니제르 강 여행에서 젠네만큼은 피하고자 했다. 그는 "젠네에 발을 디디려는 시도는 염려스럽다. 아무 이유 없이 내 목숨을 희생해야만 하기 때문이다."라고 썼다. 그는 젠네 사람들이 남쪽 말리

인들과 뿌리가 다르고 다른 언어를 사용한다고 전하면서, 무어 인들이 사는 그곳을 방문하려는 계획은 너무 위험하다고 결론지었다.

지도를 보니 오늘 안에 파크가 첫 번째 여행을 중단한 지점까지 갈 수 있을 것 같다. 그는 "이틀만 더 가면" 젠네에 닿을 수 있는 코아 근처 어디에서 멈췄다. 그렇다면 파크가 사라져 버린 곳에 이른다는 얘긴데, 어쩐지 섬뜩한 기분이 든다.

아이들이 손을 흔들며 반갑게 맞아 주던 이전의 정다운 마을들이 떠올라, 사람들의 반응이 달라진 게 단순히 지리적인 변화 때문일까 궁금해진다. 여하튼 이제부터 마주칠 마을에 대해서는 정확한 판단을 내릴 수 없다는 사실만은 분명하다. 불안한 일이다. 여행하며 만나는 사람들은 매우 극단적이어서 사소한 것이라도 예측할 수 있는 게 좋다. 판단의 근거로 삼을 만한 의미 있는 그 무엇을 찾으려 해도 날마다 전혀 예측하지 못한 일들이 벌어지니 계속해서 혼란에 빠질 뿐이다. 기온이 훨씬 높고, 햇빛이 더욱 강렬한 미지의 세계로 점점 더 깊이 노를 저어 들어가는 기분이다. 멍고 파크도 같은 경험을 했으리라. 그도 서아프리카라는 세계에서 믿을 만한 것을 찾지 못해 혼란스러웠을 것이다. 하지만 모르는 것에 대한 불편함에 순응하게 되는 시점이 있을 테고, 나도 그 시점에 거의 근접했다. 모든 저항의 끝, 굴복에 불가피하게 선행하는 극도의 피로를 느낀다.

찢어진 팔 근육이 고동치지만 반대쪽 팔이 그 자리를 대신해 주었는지 이제는 전만큼 아프지 않다. 계속 악화될 것이라고 생각했기 때문에 기대하지 않았던 축복이다. 견디지 못할 만큼 통증이 심하거나 팔을 완전히 못 쓰게 되었다면 여행을 중단해야 했을 것이다. 하지만 아무리 불평해도 주인이 멈추지 않을 것을 알아차렸는지, 몸은 스스로 문제를 해결하기 위해 약해진 팔 대신 다른 쪽 팔을 강화하고, 알 수 없는 힘으로 상처를 치유했다.

레미가 코아에서 만나자고 한 것은 강가에 있는 웅장한 모스크 때문이다. 니제르 강의 은빛 수면 위에 뾰족뾰족한 탑들이 가공되지 않은 아름다움을 드리운 그곳은 모든 사진작가에게 '꿈의 장소'다. 마을을 통과하는 강 양편에 흙벽돌집들이 늘어서 있고, 강 위에는 야자수 줄기와 널빤지로 만든 둥근 다리가 걸려 있다. 우기가 절정에 달하면 강물이 넘치면서 코아는 완전히 두 개로 분리된다. 코아를 바라보면 순수한 상상 속으로, 어린 시절 꿈꾸던 환상의 나라로 들어가게 된다. 너무나 아득하고 낯설어서 현실에는 도저히 존재할 것 같지 않은 곳이다. 니제르 강의 파도가 야트막한 진흙둑을 향해 구부렸던 몸을 편다. 그랜드 부부를 입은 남자들이 성큼성큼 걷고, 금고리를 끼워 머리를 땋은 여자들이 강렬한 색상의 파뉴와 머릿수건을 두른 채 강물 위로 몸을 구부리고 있다.

노를 저어 다가가자 강가에 있던 사람들이 나를 발견하고 마침내 익숙한 광경이 펼쳐진다. 환호성, 눈앞의 광경에 어리둥절해진 사람들 표정, 자세히 보려고 강가로 달려 내려오는 여자와 아이들. 남자들이 손질하던 그물을 내던진다. 염소들이 높이 울며 길 밖으로 비켜난다. 닭들이 숨을 곳을 찾아 달린다. 이 대소동의 원인은 오로지 '나'다.

카약을 기슭으로 끌어올리면서 사람들을 바라보고 웃는다. 하지만 사람들이 너무 바짝 다가와서 옴짝달싹할 수 없는 데다가, 손으로 더듬고 큰 소리로 질문을 해대는 바람에 어쩔 줄 모르고 서 있다. 한 노인이 기다란 막대기를 들고 무리 뒤에서 나와, 믿기 어려운 일이지만 사람들 등을 세게 후려치기 시작한다. 순식간에 사람들이 흩어지고 앞으로 나아갈 수 있는 좁은 통로가 생긴다.

"추장이 어디 있죠?"

내가 밤바라 말에 이어 불어로 묻는다. 늙은 남자가 오래 묵은 나무 밑을 가리키는데, 이제는 나도 말리에서 추장을 찾으려면 바로 그런 곳을 봐야 한다는 것쯤은 알게 되었다.

나는 추장에게 다가가 인사한다. 그가 나를 보고 찡그린다. 이미 익숙해진 절차다. 나는 선물로 지폐를 몇 장 꺼내어 추장 손에 놓고 묵어갈 수 있는지 묻는다. 그가 돈을 받아 세어 보고 냄새를 맡더니 조직의 보스처럼 무심한 표정으로 주머니에 집어넣는다. 추장의 얼굴은 웃음을 보일 기미가 없다. 기다란 막대기를 든 노인이 앞으로 나와 '세쿠 마얀 타와'라고 자신을 소개하면서 오늘 밤 나를 재워 주겠다고 말한다. 나는 제안을 받아들인다.

카얄에서 배낭을 끄집어 내고, 앞서 가며 구경꾼을 쫓는 세쿠 뒤를 따라 그의 집에 이르렀다. 흙벽돌집 몇 채가 넓은 마당을 둘러싼 집이다. 그가 베란다 밑에 거적을 깔고 내게 앉으라고 권한다. 어린아이 몇 명이 카얄을 머리에 지고 뛰어 들어와 내 옆에 떨어트린다. 강가에 나왔던 사람들보다 더 많은 군중이 그 뒤를 따라 들어와서는 나를 둘러싸고 뚫어지게 바라보며 환호성을 지른다. 앞줄에 있는 사람은 뒷사람이 잘 볼 수 있도록 자리에 앉는다. 사람들은 당분간 꿈쩍도 하지 않을 눈치다.

세쿠에게 선물로 돈을 조금 주면서 그가 사람들을 죄다 쫓아주기를 마음속으로 바란다. 세쿠의 아내 중 한 명이 사람들을 헤치고 나와 저녁으로 무엇을 먹겠냐고 묻는다. 닭과 국수가 어떠냐는 말을 들으니 식욕이 당긴다. 고마운 마음에 집에서 가져온 커다란 은화 한 닢을 내밀자, 여자는 은화를 가슴에 대고 꼭 누르면서 감사하다고 말한다. 더 많은 사람이 마당으로 밀고 들어와서 이제는 다들 옴짝달싹못한다.

이 여행의 골칫거리인 익숙하면서도 참으로 난처한 문제가 생겼다. 볼일이 급한데 사람들이 에워싸고 있는 것이다. 멍고 파크도 이 문제에 대해서는 언급하지 않았는데, 이처럼 별난 곳에서 어떻게 문제를 해결했는지 궁금하기 짝이 없다. 에드먼드 힐러리 경(Sir Edmund Hillary, 최초로 에베레스트 등반에 성공한 탐험가로 정상에 올라 경의를 표한 뒤 소변을 보았다는 일화로 유명하다—옮긴이)이 에베레스트 산 꼭대기에서 잽싸게 볼일을 보면서 경험했을, 위험은 말할 것도 없는 어려움. 바로 그런 것이다.

나는 자리에 앉아 나를 바라보는 사람들을 하나하나 둘러본다. 여러 가닥으로 공들여 머리를 땋은 여자들, 모호크 족처럼 머리에 모양을 낸 남자 아이들이 눈에 들어온다. 바람 빠진 축구공을 든 아이에게 공을 달라고 해서 카약에 바람을 넣는 펌프를 꺼내 공에 바람을 넣고, 헐거운 밸브를 배관 감는 테이프로 붙여 주었다. 사람들은 펌프와 테이프, 내가 가져온 요술 가방에 놀라 이제는 코앞까지 몰려와서 고쳐 놓은 축구공을 내려다본다. 내가 가볍게 던진 공이 아이 가슴을 맞고 튕겨져 나간다. 아이는 깜짝 놀라 나를 쳐다본다.

"싸 바(안녕)?"

내가 웃으며 말한다. 아이가 그저 나를 바라보고 있는 사이 다른 아이가 공을 들고 달아난다. 한 남자가 사람들을 밀치고 내게 다가와 인사한다. 잘난 체하는 태도와 깨끗한 흰 셔츠를 입은 것으로 보아 코아에서 중요한 인물인 모양이다. 그는 악수하면서 불쾌할 정도로 오랫동안 손을 잡고 있다. 나는 손을 잡아 빼고 메모하기 시작한다.

"작가입니까?" 그가 완벽한 불어로 묻는다.

"네."

"결혼했습니까?"

"그런 일은 없기를 바랍니다."

"무슨 소린지 모르겠군요."

그가 내 쪽으로 가까이 몸을 기울이며 웃는다.

"결혼했습니까?"

"제가 알기로는 안 했는데요."

그가 눈을 맞춘다. 시선이 지나치게 친밀하다. 나는 남자가 가 버리기를 바라며 세쿠에게 코아에는 사람이 얼마나 사느냐고 묻는다.

"1,500명." 세쿠가 대답한다.

"무슨 부족입니까?"

"보조."

보조 마을에서 묵기는 오늘이 처음인데, 벌써부터 느낌이 별로 좋지 않다. 주변에 소들이 어슬렁거리고, 따뜻한 소젖이 든 바가지를 건네주고, 집처럼 편안한 마음이 들도록 상냥하게 대해 주었던 풀라니 마을이 그립다. 이곳에서는 바짝 붙어 서서 입을 벌리고 쳐다보는 사람들 때문에 정신병원 같은 느낌이 든다. 200여 년 전 파크가 겪었던 경험이 똑같이 되풀이된다.

입을 떡 벌리고 바라보는 사람들에게 뺑 둘러싸여서 도저히 배에서 내릴 엄두를 내지 못했다. (중략) 한 심부름꾼이 내게 거처를 마련해 주고 사람들이 나를 괴롭히지 않는지 살펴보라는 명령을 가지고 왔다. 그는 나를 안마당으로 안내하고는 대문 앞에 한 남자를 세워 막대기로 사람들을 쫓아 버리게 했다. 그리고 내가 묵을 널찍한 오두막을 보여 주었다. 미처 자리에 앉기도 전에 사람들이 들이닥쳤고, 그들을 쫓아내는 건 불가능하다는 것을 깨달았다. 나는 오두막이 수용할 수 있을 만큼의 사람들에게 둘러싸였다. 하지만 첫 번째 무리가 나를 살펴보고 몇 가지 질문을 한 후 물러나자 다음 사람들이 빈 공간을 채웠다. 이런 식으로 사람들은 오두막을 13번이나 채웠다가 비웠다.

흰 셔츠를 입은 사내가 아직도 얼쩡거린다. 나는 '군중들'에게 13번이나 방문을 받을 수는 없다고 생각하면서 마을을 둘러보기 위해 일어선다. 운이 좋아 잠시라도 혼자 있게 되면 세쿠의 집 뒤에 있는 그다지 얌전하다고는 할 수 없는 진흙구덩이에 볼일을 볼 수도 있을 것이다. 나는 마을을 가로지르는 사람들의 물결을 헤치고 나가, 오사마 빈 라덴의 그림이 벽에 매달린 가게 앞을 지나간다. 한 줄기 두려움이 내 몸을 관통한다. 사람들이 돌아가는 것이 아니라 기다랗게 행렬을 지어 내 뒤를 따라오고 있다. 혼자 있기는 도저히 불가능하다.

나는 안마당으로 되돌아간다. 누군가 내 잠자리로 폼매트리스를 펴놓았다. 건물 안에서 자기는 너무 덥기 때문이다. 세쿠의 아내가 식사 준비를 마칠 때까지 그 위에 앉아서 글을 끼적거리는데 사람들이 다시 내 주위로 모여든다. 내가 못 본 체하자 근처에 쭈그리고 앉아서 수군거린다. 그중 한 사람이 서툰 불어로 말한다. "도네 무와 생 상 프랑(500프랑만 줘)." 새로운 구경꾼이 도착해 저녁밥 먹으러 집으로 돌아간 사람들의 자리를 메운다. 다들 내가 대단히 신기한 동물원 짐승이라도 되는 것처럼 쳐다볼 뿐 아무것도 하지 않는다.

겨우겨우 글쓰기를 마친다. 날이 저물고 세쿠가 내게 등유 램프를 가져다준다. 날벌레들이 램프 주위에서 맴돌다 나를 향해 돌진한다. 사람들은 내가 뭔가 할 때마다, 예를 들어 머리카락에 붙은 벌레를 떼어내거나, 닭다리를 뜯거나, 일기장 페이지를 넘길 때마다 뭐라고 중얼거린다. 어릴 때 동물원에 갔던 일이 떠오른다. 나는 침팬지들이 바나나를 벗기거나, 팔에서 벌레를 집어내는 모습을 보며 소리를 질렀었다. 코아에서는 내가 털 달린 유인원이다. 하루 종일 노를 저어 지친 몸을 잠자리에 누이고 싶어서, 세쿠의 몽둥이를 빌리지 않고도 사람들을 쫓아 보낼 방법이 없을까 궁리한다. 사실 현재로서는 몽둥이가 말리 사람들을 쫓아 버리는 데 가장 효과적인 방법인 듯하다. 글을 쓰면서 사람들을 못 본 체하기는 쉽지만, 100명에 가까운 사람들이 밤새도록 나를 둘러싸고 내가 코 고는 소리에 귀 기울이도록 놓아 둔 채 잠을 잘 수는 없다.

그래! 폼매트리스 위에 텐트를 치자. 하지만 텐트를 친다고 수선을 피우면 보나마나 더 많은 사람들이 구경하려고 마당으로 몰려들 것이다. 다행히 내게는 손쉽게 펼 수 있는 산악용 천막이 있다. 나는 텐트 위에다 방수포를 덮어 아무도 들여다볼 수 없게 하고는 안으로 기어들어가 코아에 도착한 이래 최초로 갖는 혼자만의 시간을 만끽한다. 방수포를 덮어서 바람이 안 통하기 때문에 안은 말도 못하게 덥다. 36도에 달하던 낮의 열기가 아직도 공기 중에 두텁게 남아 있다. 나는 앉아서 땀으로 목욕을 하며 밖에 있는 사람들이 지루해진 나머지 집으로 돌아가기를 기다린다. 계획은 효과가 있었다. 사람들이 흩어지기 시작한다. 불쌍한 파크에게도 나와 같은 텐트가 있었다면 좋았을 것을. 계속해서 밖을 엿보며 마지막 한 사람까지 떠나기를 기다린다. 마침내 자유다. 텐트 밖으로 기어 나와 오랫동안 참았던 볼일을 보기 위해 세쿠네 집 뒤의 진흙구덩이로 달려간다.

니제르 강가의 마을에 묵을 일이 있다면, 흙벽돌집 옥상이야말로 잠을 자기에 가장 좋은 장소다. 나는 텐트를 접고, 세쿠 집의 옥상을 향해 살금살금 진흙 계단을 밟아 올라간다. 이제 코아에서 이 옥상보다 높은 곳은 모스크뿐이다. 나는 옥상의 단단한 진흙 바닥에 침낭을 편다. 눈부시게 찬란한 별들이 머리 위에 펼쳐져 있고, 가벼운 산들바람이 땀에 젖은 옷을 말려 준다. 누워서 잠시 별들을 살펴보며 카시오페이아와 페가수스를 찾아낸다. 동편의 오두막 위로 달이 떠오르는 모습도 보인다. 나를 성가시게 하는 사람은 아무도 없다. 아무도 내가 여기 있다는 것을 모른다. 그때 발소리가 들려온다. 바스락거리는 흰 셔츠를 입고, 지나치게 오래 악수를 하던 남자가 나선 모양으로 감긴 계단을 올라 나를 향해 다가온다.

"봉수와, 마드모아젤(안녕하세요. 아가씨)." 그가 웃음 띤 얼굴로 말한다.

"봉수와." 내가 말한다.

"결혼 안 하셨죠, 그렇죠? 반지가 보이지 않습니다."

"네." 영어로 대답하고, 이어 불어로 말한다. "이제 자야겠어요."

"네, 그러셔야죠. 그런데 애인 있습니까?"

"미국에요." 나는 거짓말을 한다.

"하지만 그 사람은 미국에 있고, 당신은 여기 있습니다."

머리가 잘도 돌아간다. 나는 우리 대화가 어디로 흘러갈지 짐작하고는 잠자리를 준비한다.

"말리 애인이 필요하지 않습니까?"

"그런 질문은 하지 않을 줄 알았는데요."

"네?"

"저는 애인이 필요 없어요. 이제 자야겠습니다."

나는 그 사람 눈을 똑바로 쳐다보며 나를 방어해야 할 경우에는 재빨리 일어날 수 있도록 태세를 갖춘다.

"주소를 알려 주십시오. 제가 편지하겠습니다."

"내일이요. 지금은 자야겠어요."

"여기서 당신과 함께 자도 되겠습니까?"

나는 일어서서 계단 쪽을 가리키며 소리친다. "가! 어서!"

"왜 당신과 함께 잘 수 없습니까?"

"가만두지 않겠어."

옥상 난간을 넘어다보니 은화를 주었던 여자가 보인다. 여자를 큰 소리로 부른다.

"싸 바(괜찮아요)?" 여자가 소리친다.

남자는 잘못을 저지른 아이처럼 황급히 계단을 내려가고 있다. 나는 남자가 마당을 가로지르는 모습을 난간 너머로 지켜본다. 남자의 흰 셔츠가 어둠 속에서 빛난다. 여자가 눈으로 남자를 뒤쫓더니 다시 나를 바라본다.

"싸 바, 맹뜨낭(괜찮아요, 이제)." 이제 아무 문제도 없다.

"거정 말아요." 여자는 남자가 나가자 대문을 닫고 빗장을 지른다.

나는 눕는다. 아까와 똑같은 별이 나를 맞아 주지만 쳐다보기가 힘들다. 심장이 가슴속에서 쿵쾅거린다.

레미는 정오가 다 되어서 도착했다. 배가 보이기 한참 전부터 소리가 들린다. 거대한 엔진이 통통거리며 길게 뻗은 니제르 강 위로 그를 실어 오고 있다. 커다란 거룻배를 탄 방문객이 코아를 찾아오는 일은 흔하지 않기 때문에 마을 사람들 대부분이 강가로 향한다. 나는 사람들을 피하려고 최대한 오랫동안 옥상에 머문다.

레미가 마을로 가까이 다가올 때쯤 짐을 꾸려 은신처를 떠난다. 강으로 걸어가자 사람들이 잽싸게 나를 둘러싼다. 진흙둑에 무릎을 꿇고 앉아서 기다리는데, 사방에서 사람들이 밀려들면서 내 머리 위로 배를 가리키며 열심히 손짓한다. 나는 레미의 사진 촬영이 어떤 결과를 불러올지 끔찍해서 당장이라도 코아를 떠나고만 싶다. 오늘은 신경이 날카롭다. 어젯밤에 제대로 잠을 자지 못했다. 흰 옷 입은 남자 때문에 불안해서 계속 잠을 설쳤다. 어젯밤 같은 일이 일어나면 말리 여자들은 어떻게 할까? 소리를 지르면서 냅다 급소를 찰까? 다행히 오늘 아침에는 그 남자가 보이지 않는다. 어쨌든 레미가 오고 있다. 레미를 내 애인이라고, 그것도 성질이 더럽고 대단히 질투심이 많은 애인이라고 소개하는 최악의 시나리오도 짜 두었었다.

한숨을 쉬면서 기다리는데, 곧 커다란 배가 기슭으로 미끄러져 들어온다. 혹시라도 인파에 묻힌 나를 알아보지 못할까 봐 일어서서 손을 흔든다. 그는 카메라 하나는 손에 들고, 또 하나는 목에 건 채 뱃전에서 몸을 내밀고 있다. 흥분한 아이들이 열광적으로 입을 모아 외치기 시작한다.

"싸 바! 싸 바! 싸 바!"

"위, 위. 오케이. 싸 바 메장팡. 싸 바, 싸 바(그래, 그래. 좋아. 안녕, 애들아. 안녕, 안녕)." 레미가 아이들을 조용히 시키려고 해 보지만 불가능하다.

"봉수와, 키라." 그가 할 수 없이 내게 말한다.

우리는 다 안다는 듯한 표정으로 서로를 바라본다. 이런 군중 속에 파묻힌다는 것이, 수백 개의 눈동자가 바라본다는 것이 어떤 것인지 우리는 안다. 레미가 배에서 내리고 헤더가 뒤따라온다. 나는 헤더에게 다가간다. "여긴 정신병원이에요." 헤더에게 경고한다.

큐 사인을 받은 것처럼 은인 세쿠가 강기슭으로 성큼성큼 걸어온다. 밀짚모자를 쓰고 막대기를 들었다. 그가 앞길을 가로막는 사람을 후려치기 시작한다. 아이들이 비명을 지르며 도망치고, 젊은 남자들이 멀찌감치 비킨다. 세쿠는 곧 우리가 지나갈 길을 낸다.

레미는 마을을 돌며 내가 무엇을 바라보거나 적는 모습을 찍겠다고 한다. 고분고분 따라가니 커다란 야자수 줄기로 만든 다리 끝에 펜과 공책을 들고 앉아 있으란다. 나는 모스크를 바라보고, 강을 내려다보고, 공책을 쳐다보며 생각에 잠긴 듯한 표정을 짓는다. 이전에 한 번도 해본 적이 없는 일이라 정말이지 어색하기 짝이 없다.

우리는 사진을 더 찍기 위해 좁은 골목으로 들어선다. 세쿠가 따라와서 막대기를 휘둘러, 레미가 사진 찍는 근처에서 얼쩡거리는 아이들을 쫓는다. 내가 긴 골목길 끝에 앉아서 공책에 무엇인가 적는 척하는 사이, 레미가 여러 각도에서 다양한 렌즈로 사진을 찍는다. 특히 사진이 잘 나올 것 같은 곳에서는 카메라가 펑펑 터지는 동안 세쿠와 나란히 서서 대화를 나누는 척해야 한다. 이렇게 1시간이 흐른다. 레미의 필름은 끝도 없이 자꾸 나온다.

세쿠의 안내로 커다란 모스크를 찾아가 옥상에서 틀에 박힌 사진을 찍는다. 말리에서 비무슬림인 백인이 모스크 안으로 들어가는 특권을 누리기는 대단히 어려운데, 세쿠는 아이들을 세게 후려치기는 해도 좋은 사람이다. 모스크 안은 연단만 덩그러니 놓인 채 텅 비어 있다. 절이나 교회 같은 곳에서 볼 수 있는 실내장식을 기대했지만 안에는 그림이나 금조각상, 정교한 금세공 제단 따위는 없고 흰 벽뿐이다. 나는 어두침침하고 텅 빈 공간에서 한 줄기 햇살을 받으며 기둥을 등지고 앉아서 레미의 촬영을 위해 심각한 표정을 짓는다. 세심한 헤더가 앞으로 달려 나와 내 브래지어 끈을 가려 준다. 레미는 번갈아가며 빠르게 지시하고, 내 자세나 머리 각도를 칭찬한다. 〈보그 *Vogue*〉 같은 여성지 화보 촬영이라도 하는 것 같다. 세쿠가 전혀 모르겠다는 표정으로 한쪽에 비켜서서 바라보고 있다.

레미에게 후한 점수를 주고 싶다. 느닷없이 나타나서 손에 카메라를 들고 마을을 휩쓸면서 사람들이 무슨 일인지 알아차리기도 전에 작업을 마무리할 줄 안다. 이 모든 일을 한심하고 괴상한 짓거리로 생각하는 나 같은 작가를 다루어야 하고, 사진을 찍기 위해 근처에서 얼쩡거리는 아이들을 몰아내야 하고, 마을 관리들을 달래야 하고, 그 많은 원주민들 손에 쥐어 줄 잔돈을 모자라지 않게 준비해야 한다. 레미의 말씨와 태도에는 공손함이 깃들어 있고, 공치사와 설득을 교묘하게 섞어 이야기하는 데 능숙해서 잡지 업계에서 인정받는 사진을 얻어내곤 한다. 레미는 나를 포함해 사람들이 흔쾌히 요구에 따르도록 만드는 능력이 있다.

우리는 모스크 옥상으로 올라간다. 뾰족뾰족한 진흙 첨탑이 성 꼭대기처럼 우리를 둘러싸고 있다. 니제르 강이 오른쪽으로 멀리 흐르고, 왼쪽으로는 마을 경계 너머 푸른 경작지가 펼쳐져 있다. 레미는 나와 세쿠를 나란히 앉혀 놓고 다시 대화를 나누라고 지시한다.

"좋아, 키라. 세쿠를 봐요. 고개를 돌리고. 이제 날 봐요. 아주 좋아. 완벽해. 이제 다시 세쿠를 보고 말을 해 봐요."

나는 세쿠의 늙고 쭈글쭈글한 얼굴을 바라본다.

"번거롭게 해드려서 죄송해요." 내가 불어로 속삭인다.

세쿠가 괜찮다고 말한다. 우스꽝스러운 작업을 함께한 내 동지. 마침내 레미의 작업이 끝났다. 코아에서 필요하다고 생각한 사진은 모두 찍었다며 잘 따라 줘서 고맙다고 말한다. 마지막으로 니제르 강을 떠나는 장면을 찍고 나면 나는 다시 내 갈 길을 갈 것이다.

내가 강으로 향하자 모호크 족 머리 모양을 한 꼬마 몇 명이 세쿠의 집에서 카약을 날라 온다. 나는 카약에 짐을 싣고 올라탄다. 레미가 시킨 대로 기슭을 따라 노를 앞으로 저었다, 뒤로 저었다 하면서 몇 번씩이나 떠나는 척을 한다. 몇 번씩이나 사람들에게 손을 흔들고, 사람들도 나를 따라 내게 손을 흔든다.

마침내 이별이다. 사람들 사이에서 세쿠를 발견하고 그에게 손을 흔들며 작별을 고한다. 이제는 거대한 니제르 강을 따라 노를 젓기만 하면 된다. 레미가 '몹티Mopti'에 있는 호텔 이름을 알려 주며, 그곳에서 만나자고 한다. 그가 탄 커다란 배가 요란한 소리를 내며 천천히 북동쪽으로 움직인다. 다시 강은 몽땅 내 차지다.

Chapter
6

외롭게 뻗은 니제르 강을 따라 노를 저으며, 이따금 오두막이
나 흙벽돌집들이 아지랑이 속에 가물거리는 작은 마을
을 지나간다. 야단스러운 소동이 일어나지 않도록 강가에 나온 사람들
과 적당한 거리를 유지하면서 강 한가운데로 노를 젓고 있다. 나는 '외
향적'이라고 하기 어려운 성격인데도 이런 여행을 하고 있다는 사실이
가끔씩 놀랍게 느껴진다. 언제나 고독과 익명성을 소중하게 생각하는
내가 이곳에서는 틈만 나면 주의를 끌곤 한다. 나로서는 팀북투를 향해
계속해서 노를 젓는 것보다 잘 곳을 찾아 마을로 들어가는 것이 훨씬
어려운 도전이다. 여행을 떠나기 전 친구들이 강에서 혼자 여행하기가
겁나지 않느냐고 물었을 때 낯선 마을로 들어가는 것이 훨씬 불안하다
고 얘기했지만 친구들은 잘 이해하지 못했다. 이 여행은 내가 편안함을
느낄 수 있는 영역 밖으로, 홀로 있기 위해 튼튼하게 벽을 쌓은 공간 밖
으로 나를 끌어낸다.

　강가에서 아이들 몇 명이 내 카약을 보고 소리지른다. 아이들은 마을

을 나와 진흙둑을 따라 뛰면서 소리치고 손짓한다. 아이들에게는 손을 흔들어 주지만 마을에 들러 사람들에게 부대끼는 위험을 무릅쓸 생각은 없다. 아이들은 꾸밈이 없고 남에게 해를 끼치지 않는다. 호기심이 많을 뿐이지 악의는 없다. 내가 두려운 것은 '어른'이다. 그중에서도 나를 해칠 수 있는 남자. 특히 몹티 근처에서 혼자 카약을 탈 때는 각별히 주의해야 한다는 얘기를 들었다. 이 도시에는 불만 세력이 많아서, 젊은 남자들이 배를 타고 다니며 '부유한 투밥'을 상대로 강도짓을 일삼는다고 한다. 강에서는 언제나 내가 약자라는 사실을 잊지 않지만, 사실 두려움은 가려움증처럼 나를 떠나지 않는다. 그렇다고 하던 일을 중단할 수는 없다. 그냥 버티고 적응할 것이다. 보통은 그런 두려움이 크게 문제되지 않는다. 지금과 같은 순간이 닥치지만 않는다면.

젊은 남자 네 명이 고속 모터보트를 타고 나를 향해 다가온다. 이 강에서 모터를 장착한 배는 찾아보기 힘들다. 여행을 시작한 후 두 번째로 만난 모터보트다. 말리의 극심한 빈곤은 물길에까지 이어져, 형편이 나은 사람이라도 속도를 높이기 위해 할 수 있는 일이 기껏해야 돛을 다는 정도다. 도로가 제대로 나 있지 않은 나라에서 모터를 장착한 배를 부리는 데 필요한 휘발유를 얻는다는 건 니제르 강가에 사는 최고 부유층만 누릴 수 있는 사치다. 그러나 내 안전을 위해서는 결코 반가운 소식이 아니다. 통나무 카누를 타고 쫓아오는 사람은 아무리 끈질기게 따라와도 가볍고 날랜 카약으로 쉽게 따돌릴 수 있다. 하지만 방향을 자유자재로 바꾸는 데다 속도까지 빠른 고속 모터보트라면 나를 보호할 길이 없다. 이 사람들이 나를 해치지 않기만을 바랄 뿐이다.

나는 최루가스 캔을 무릎 위에 놓고 최대한 손을 빠르게 움직여 기슭으로 다가간다. 모터보트가 바로 내 곁에서 급히 멈춘다. 나는 배에 탄 사람들이 내 카약이나 짐을 건드리지 못하도록 열심히 노를 젓는다. 하지만 너무 늦었다. 한 남자가 내 카약의 끌줄을 붙잡았다. 손에 줄을 여러 번 감더니 카약을 모터보트 쪽으로 끌어당긴다. 모터가 통통거리며 잿빛 강물에 침을 뱉는다.

"봉수와." 남자가 나를 굽어보며 말한다. 여러 가지 가능성이 머릿속을 스쳐 지나간다. 남자들은 수가 얼마 되지 않지만 무시무시하게 생겼다. 강 한가운데서 '뛰어서 도망칠' 탈출구는 있을 수 없다. 1킬로미터가량 앞쪽 왼편 기슭에 마을이 하나 보인다. 기슭으로 배를 댈 테니 놓아 달라고 부탁한 후, 카약에서 내려 마을로 도망치는 방법이 있겠다.

"봉수와." 나는 선글라스를 낀 채 눈을 마주치지 않으면서 짜증스러운 목소리로 대답한다. 그리고 반드시 나올 돈 요구를 기다린다. 두려움을 들키지 말아야 한다. 두려움보다는 짜증이나 화가 낫다. '상대방에게 아랫수나 먹잇감으로 비치지 말 것.', '언제나 자신감을 갖고 자신 있는 태도를 보일 것.' 나는 무예 훈련을 하며 이 교훈을 뼛속 깊이 새겼다.

"돈 내놔, 투밥." 남자가 불어로 말한다. 다른 남자들이 손바닥을 내밀며 똑같은 말을 한다. 나는 꼼짝도 하지 않는다. "투밥!" 남자가 제 말이 들리지 않느냐는 듯 더 큰 목소리로 말한다. "투밥! 돈 내놔." 그가 손등에 감은 줄을 잡아당긴다.

나는 뒤로 기대앉아서 노에 팔꿈치를 걸치고 기다린다. 이런 일이 닥치다니, 제기랄. 여차하면 오후 내내라도 자리에 앉아서 버틸 태세를 갖춘다. 다행히 오늘은 돈과 여권을 넣은 배낭을 좌석 뒤에 안전하게 감춰 두었다. 배낭을 뺏으려면 나를 카약에서 끌어내려야 할 것이다.

남자가 다시 소리를 지르고, 나는 세 번째로 묵묵부답. 남자들이 부족 언어로 뭐라고 서로 속삭인다.

"불어 몰라?" 남자가 갑자기 불어로 묻는다. 나는 대답하지 않는다. 물병을 들어 천천히 홀짝홀짝 마시고는 다리 사이에 끼운다.

"돈!" 남자가 이번에는 서툰 영어로 말한다. "제기랄, 투밥!" 남자들이 다시 저희들끼리 지껄인다. 나는 손톱 밑의 때를 파내기 시작한다.

"돈!" 남자는 내 주의를 끌려고 밧줄을 홱 잡아당긴다. "투밥! 선물!"

조금 전 지나온 마을 아이들이 카약을 따라잡으려고 지금까지 달려온 모양인지 근처 강둑에 모습을 드러낸다. 나를 향해 소리 지르는 아이들을 보자 퍼뜩 좋은 생각이 떠오른다. 나는 힘차게 손을 흔들어 아이들을 부른다. 아이들이 서로 얼굴을 쳐다보며 잠시 머뭇거리더니 곧 풍덩 강물 속으로 뛰어든다. 숙련된 수영 선수들이 서로 카약에 먼저 닿으려고 겨룬다. 아이들이 숨을 헐떡이며 카약 옆구리를 붙들고는 승리를 거둔 것처럼 나를 바라보며 환하게 웃는다.

"싸 바! 싸 바!" 아이들이 외친다.

"싸 바!" 나도 외친다.

내 카약은 아이들이 모두 붙잡고 있기에는 너무 작다. 일부가 모터보트로 기어오르기 시작한다. 남자들이 성난 목소리로 저리 가라고 소리치지만, 아이들은 이제 모터보트에 오르기 시합을 벌이는 중이다. 작은 몸뚱이가 뱃전 너머로 뛰어오른다. 운전을 맡은 남자가 속도를 올려 배를 앞으로 움직여 보지만 어린 침입자들은 개의치 않는다. 남자가 성난 목소리로 소리치더니 카약을 놓아 주라고 외치고는 힘차게 시동을 건다. 눈 깜짝할 사이에 배가 앞으로 내달린다. 아이들이 뱃전에서 뛰어내려 선헤엄을 치면서 소리도 요란하게 사라지는 배를 바라본다. 나는 안도의 한숨을 쉬며, 꼬마 구원자들에게 말린 살구를 나누어 준다. 우리는 얼굴을 쳐다보고 웃으며, 니제르 강 위에 떠 있다.

이런 일이 닥치기 전까지는 사실 어떻게 대응해야 할지 몰랐다. 혼자 여행하는 여자에게 이런 일은 니제르 강의 날씨가 변하는 것만큼이나 불가피하다. 여자라는 사실 때문에 더욱 만만한 상대로 비치곤 한다. 하지만 두려움 때문에 아무데도 못 가거나, 어디에 가더라도 조심하느라 꼼짝 않고 앉아 있는 것은 심리적 속박에 가깝다. 나는 그런 힘에 굴복하고 싶지 않다.

◆◆◆

니제르 강이 세찬 바람 속에서 심하게 출렁이며 흐른다. 바람을 안고 노를 저어 보지만 제자리걸음 수준이고, 철썩이는 파도가 이리저리 배를 휘돌려 높은 파도 속으로 밀어 넣는다. 하지만 폭풍우는 아니다. 비가 없다. 그저 잿빛 하늘과 앞으로 나아가려는 모든 시도를 비웃는 성난 강뿐이다. 모래톱에 배를 대고 쉬며 스니커즈 초코바를 먹는다.

나는 쉬지 않고 몇 시간 동안 꾸준히 노를 저을 수 있는 적당한 속도를 알아냈다. 팔과 상체의 근육이 그 어느 때보다 선명하게 드러난다. 또 하루 종일 노를 저어야 한다는 데 대한 심리적인 저항감을 극복하고 나니, 내 몸은 노질의 규칙적인 상하운동에 자연스럽게 적응한다. 매일같이 육상 훈련을 하던 때와 흡사하게 체력이 크게 향상되었다. 또 노질이 내 몸의 자연스러운 표현처럼, 나 자신의 연장처럼 느껴진다.

오늘 몹티에 닿기를 바랐지만, 역시나 강과 날씨가 협조를 해 주지 않는다. 어딘가 가야겠다고 마음을 먹자마자 모든 힘들이 일렬횡대로 모여들며 막으려고 달려드는 것은 우연만은 아닌 듯하다. 원주민들이 강의 신을 믿는 이유를, 강 위에서 음식을 먹을 때면 일부를 강에 던져 주는 이유를 알 것도 같다. 직접 노를 저어야 할 때, 그 일을 대신할 모터가 배에 장착되지 않았을 때, 오로지 자연환경과 자신의 신체적인 능력에 의존하여 정해진 목적지까지 가야 할 때, 니제르 강은 단순한 하천이 아니라 '인격체'가 된다. 내 마음대로 할 수 없는 힘에 의존할 수밖에 없게 되자 '자연과 하나가 된다'는 것이 무엇을 의미하는지 알 듯하다. 지금까지 여행하며 경험한 가장 기이한 계시이고, 내면에서 발생한 의외의 변화다. 나는 이 강과 어떤 관계를 맺게 된 것 같다. 노질에 감정이 실린다. 니제르 강은 끊임없이 무언가를 요구하면서 내 계획을 모조리 엎어 놓는 변덕스러운 부모님 같다.

몹티는 목표의 절반에 해당하는 지점이다. 내 정신은 선진국의 호사에 물든 모양인지 뜨거운 샤워, 배부른 식사, 벼룩 없는 잠자리 등 그곳에서 누리게 될 것들이 애타게 기다려진다. 몹티까지 얼마나 남았느냐고 물으면 어부들은 절대 킬로미터로 대답하지 않는다. 사실 그런 식의 거리 측정은 직접 노를 지으며 예측할 수 없는 상황에 맞서야 할 경우에는 소용이 없다. 어부들은 하나같이 태양을 바라보고는 노 젓는 시간으로 답한다. '10시간 정도.' '날씨가 좋지 않으면 12시간.' '강이 도와주고, 노를 빨리 젓는다면 8시간쯤.'

다시 카약에 올라타고 그 어느 때보다 빠르게 노를 젓지만, 도무지 몹티 근처라도 갈 수 있을 것 같지 않다. 해가 지기 시작하고, 물굽이를 돌 때마다 멀리, 큰 마을이 나타나기 전에 반드시 눈에 띄는 라디오 송신탑이 보이지 않을까 두 눈을 가늘게 뜬다. 조바심과 신경질이 최고조에 달한다. 하지만 아무것도 보이지 않는다. 이제는 몹티와 그곳에서 누릴 수 있는 안락함에 도달하기는 틀렸다는 사실을 받아들이고 마음을 편히 먹는 수밖에 없다.

진흙둑 위에 갈대로 엮은 거적으로 지어 놓은 오두막 한 채를 지나친다. 한 남자가 오두막 옆에 서서 유창한 불어로 소리친다.

"어디 가세요?" 남자가 묻는다.

"몹티요." 내가 소리친다. 이번에도 조급증을 드러내며 여러 번 했던 질문을 또 던진다. "얼마나 걸릴까요?"

남자가 지는 해의 위치를 가늠한다. "새벽 한 시쯤 도착할 겁니다." 단호한 어조로 대답한다. 강을 잘 아는 사람의 확신에 찬 대답이라면 믿어야 한다. 고집부려 봐야 소용없다.

"우리 집에서 하루 묵고 가셔도 됩니다." 남자가 말한다. 그리고 웃음 띤 얼굴로 다정하게 고개를 끄덕인다. 아이들이 아빠 옆에 와 서서 손가락을 입에 물고 나를 바라본다. 그의 제안을 받아들이기로 한다. 물살을 거슬러 뒤로 노를 저어 가서 진흙 기슭에 놓인 그의 카누 옆에 배를 댄다.

이름은 '블라바시 타푸', 소모노 인이라고 했다. 소모노 족은 니제르 강의 솜씨 좋은 어부들로, 10세기 이전 사하라를 건너 이주한 나일 강 어부들의 자손으로 알려져 있다. 멍고 파크는 소모노 족에 대해 자주 언급했는데, 죽은 대원들의 매장은 항상 그들에게 부탁했다고 한다. 고기 잡는 기술이 뛰어난 사람들에 대해 묘사한 부분이 있는데, 솜씨로 미루어볼 때 소모노가 틀림없다.

어부가 기슭으로 카누를 저어 와서 옷을 벗고는 물속으로 뛰어들어 한참 동안 나타나지 않기에 물에 빠져 죽은 줄만 알았다. 어부의 아내는 대수롭지 않게 여기는 듯해서 의아하게 생각하던 중, 어부가 카누의 고물 쪽에서 머리를 쑥 내밀고 밧줄을 달라고 외쳐 내 두려움도 끝이 났다. 마침내 어부가 직경이 3미터나 되어 보이는 거대한 바구니를 가져왔는데, 안에는 커다란 물고기 두 마리가 들어 있었다.

블라바시의 카누에도 커다란 바구니들이 있는데, 나무 껍질과 꼰 실을 이용해 손으로 만든 것이다. 이 전통은 수백 년 동안 변하지 않았다. 블라바시가 카약을 묶고 나를 작은 오두막으로 데려간다. 마당과 집을 합해 폭과 길이가 각각 6미터 정도의 크기의 공간이 야자잎 울타리로 둘러싸여 있다. 닭들이 이리저리 돌아다니며 음식 찌꺼기를 쪼아 먹다가 다가오는 아이들을 피해 달아난다. 높다란 땔감 무더기가 쓸 수 있는 공간의 절반을 차지했다. 나무 더미 위에는 어망과 물고기 잡는 바구니들이 놓여 있다. 수수와 쌀을 담아둔 질항아리와 거적 짜는 재료를 말아 둔 두루마리도 보인다. 식구들이 살기에 딱 맞는 아담한 직사각형 오두막에는 삶의 정직함과 단순함이 고스란히 드러나 있다. 강둑에서 퍼온 진흙으로 커다란 조리용 화덕도 솜씨 좋게 빚어 놓았다. 서양 제품은 없다. 서양 제품을 쓸 필요도 없다. 기본적인 필요는 모두 충족된다. 모두가 만족스러운 얼굴이다. 볼일을 보려면 풀숲으로 들어가면 그만이고 목욕을 하고 싶으면 니제르 강이 코앞이다.

고마움의 표시로 돈을 조금 내밀자 블라바시가 수줍음과 놀라움이 뒤섞인 얼굴로 지폐를 내려다본다. 그는 무엇을 바라고 호의를 베푼 것이 아니었다. 블라바시의 두 아내를 소개받았다. 나이 든 쪽은 '니아미'이고, 언뜻 보고 딸인 줄 알았던 젊은 여인은 겨우 16살이나 되었을까 싶다. 하지만 이곳에서는 결혼을 일찍 한다. 문신하고 치장하는 풀라니 여자들과 달리 소모노 여자들은 양쪽 귀에 작은 금귀고리를 했을 뿐 별로 꾸미지 않는다. 둘 다 젖먹이가 있다. 블라바시는 아이들이 7명이나 되는 게 자랑스럽다고 말한다. 큰 아이 둘은 근처 아사와나^{Asawana} 마을의 누이에게 가 있단다. 두 아내에게 다정하게 말을 건네고, 어린 딸을 데려다 무릎 위에서 껑충껑충 놀리는 모습이 좋은 남편이고 좋은 아빠인 듯하다. 아내가 한 사람이 아니라는 사실은 새삼스러울 것이 없다. 말리에서는 당연한 일이다. 이슬람법에 따르면 남자는 부양만 할 수 있다면 아내를 네 명까지 두어도 된다. 지금까지 들렀던 마을에서는 두 명이 보통이었다.

블라바시가 보기 드물게 친절하고 싹싹한 데다 불어까지 잘해서 아내가 두 명인 것을 어떻게 생각하는지 의견을 들어 보고 싶다. 사실 여자들에게 직접 물어보고 싶지만, 말리 어디서나 그렇듯이 교육을 받지 않아 불어의 비읍 자도 모르는 형편이다.

"아내가 둘이라 좋으세요?" 블라바시에게 묻는다. 어리석은 질문이지만 그가 어떻게 대답할지 궁금하다.

블라바시는 내 질문에 답한다는 것이 기쁘고 우쭐한 기분마저 드는 모양이지만, 나는 너무 솔직한 대답에 조금 당황스럽다. "한 사람이 임신 중이면 다른 아내와 잘 수 있죠." 블라바시가 젊은 아내를 가리킨다. "둘 다 임신하지 않았으면 번갈아서 자요. 하루는 이 사람하고, 하루는 저 사람하고." 블라바시가 환하게 웃는다. "정말 좋습니다."

"시샘하지 않나요?"

"아뇨, 아뇨. 두 사람한테 다 잘해 주거든요."

아내들은 이런 식의 조정을 어떻게 생각할지 궁금했지만, 두 아내가 재잘대며 요리를 하는 모습이 행복해 보인다.

블라바시가 아이들에게 저녁에 먹을 닭 두 마리를 잡아 오라고 이르자, 잠시 후 두 아이가 꽥꽥 비명을 지르는 닭을 한 마리씩 들고 들어온다. 블라바시가 닭대가리를 잘라야겠다고 예의 바르게 양해를 구한다. 그는 1분도 지나지 않아 돌아와서는 움찔거리는 닭 몸뚱이를 두 아내에게 건넨다. 다시 어린 딸을 안고 무릎에서 껑충껑충 놀리며 어른다. 아내들이 요리하는 동안 아기 돌보는 일을 맡은 모양이다.

"아내가 더 있으면 좋겠어요?"

블라바시가 싱긋 웃는다. "네. 하지만 고기를 더 많이 잡아 부자가 될 때까지 기다려야 합니다."

블라바시는 내지에 있는 아사와나 마을 대신 강둑의 외딴 오두막에 임시 거처를 마련한 것은 물고기를 잡고 팔기가 더 편리하기 때문이라고 설명한다. 이제 막 우기에 접어들었기 때문에 큰 수확은 몇 달 후에나 가능하다.

"12월쯤이면 부자가 될 겁니다."

"그때까진 뭘 하실 건가요?"

"하루에 한두 마리씩 고기를 잡는 일 말고는 별로 할 일이 없습니다."

블라바시는 크게 웃으면서 벌러덩 드러누워 깔깔거리는 아이들을 배 위에 올려 놓는다. 두 아내가 닭털을 뽑다가 흘끗 쳐다보고는 따라 웃는다. 블라바시는 확실히 자상한 남자다.

우리는 닭고기와 밥으로 성대한 식사를 한다. 게다가 블라바시의 누이가 아사와나 마을에서 갓 짜낸 소젖을 바가지에 담아 왔다. 사람들은 닭의 힘줄과 껍데기까지 알뜰하게 먹고 뼈만 그릇에 발라 놓는다. 집에서는 이것저것 가려 먹었기 때문에 버리는 것이 많았다. 그래서 나도 흉내를 내보려고 애쓴다. 이곳에서는 귀한 손님이 오거나 특별한 날에만 닭을 잡는다. 닭 요리는 사치다.

몹티에 가지 못한 것이 다행스러울 정도로 이들과 함께 있는 것이 즐겁다. 블라바시가 진흙둑 위의 외딴 오두막에서 나를 소리쳐 불렀을 때만 해도 이런 대접은 상상도 하지 못했다.

블라바시가 트랜지스터 라디오를 켜자 서아프리카 음악이 밤을 가득 채운다. 그가 자신의 폼매트리스를 내게 내준다. 아무리 사양을 해도 말을 듣지 않는다. 나는 블라바시와 아이들 옆에 나란히 앉아서 비탈 아래로 니제르 강이 은백색 달빛 아래 흘러가는 모습을 내려다본다. 진흙둑 아래서 벌컥벌컥 물을 마시는 두 여자의 머리 위에서 별이 빛난다. 두 아내가 오두막 옆에 앉아 아이에게 젖을 물리고는 어둠 속에서 희미하게 윤곽을 드러낸 반대편 강기슭을 바라본다. 트랜지스터 라디오가 이 모든 광막함을 뚫고 들어 달라는 듯이 희미하고 단조로운 소리를 낸다.

해 뜰 무렵은 서아프리카에서 노를 젓기에 가장 좋은 시간이다. 한낮의 열기가 찾아들기 전이고, 아직 마을 사람들이 깨어나기 전이다. 야생동물들도 하루 중 이때를 가장 즐긴다. 1미터가 넘는 왕도마뱀들이 물에서 기어 나와 풀숲 뒤로 숨어든다. 물고기가 수면에 앉은 벌레를 톡 잡아챈다. 수천 마리 새가 조밀한 구름처럼 떼를 지어 물결치듯 수면을 차고 날아오른다. 전문가의 솜씨로 대열을 짠 것처럼 이탈하는 새가 단 한 마리도 없고, 비행에서는 신중하고도 대담한 정확성이 엿보인다. 이윽고 구름 같은 새떼구름(구름이라고밖에 달리 표현할 말이 없다)이 머리 위로 이동하더니 거대한 뱀 모양으로 구부러지며 말려 올라가 해를 완전히 가리면서 그늘을 드리운다. 나는 노질을 멈추고 기이한 불협

화음으로 눈을 돌린다. 무리와 보조를 맞추어 미끄러지듯 날아가는 새들 중에는 달아나거나 뒤처지는 새가 한 마리도 없다. 새떼구름이 나무 한 그루로 급강하해 일시에 내려앉자 가지는 온통 퍼덕이는 몸뚱이들로 뒤덮여 일순간 노랫소리로 가득 찬다. 이런 경이로운 광경을 머리로 이해하려 애쓴다는 것이 허사임을 깨닫고, 그저 아이처럼 잠시 입을 떡 벌리고 쳐다본다.

아침 내내 노를 저었지만 눈앞에 펼쳐진 기다란 강의 흐름을 끊는 카누는 한 척도 보이지 않는다. 폭풍이 다가오고 있기 때문일 것이다. 그 전에 몹티까지 최대한 가까이 가기 위해 열심히 노를 젓는다. 폭풍은 보통 북서쪽에서 출현하며 불길한 어둠으로 하늘을 뒤덮기까지는 몇 시간이 걸린다. 폭풍이 빗줄기로 나를 후려칠지, 아니면 나를 덮치는 데 실패할지 알아맞히기 놀이를 해볼 생각이다. 이따금 위협이라도 하듯 번개가 번쩍이고 멀리서 천둥소리가 들려온다. 어떤 때는 기가 죽어 가벼운 빗방울을 뿌리면서 머리 위로 지나가는 것이 그냥 가기는 서운한 모양이다.

하지만 이번에는 다르다. 이미 세찬 바람이 다가올 큰 일을 예고하면서 정면으로 불어 닥쳐 카약은 제자리걸음을 하고 있다. 먹구름이 우르릉 우는 사이 거대한 사하라의 바람이 휘저어 올린 붉은 토사가 핏빛 꼬리를 끌며 허공을 가로지른다. 나는 강 한가운데 붙들려 있다가 기슭 쪽으로 허둥지둥 노를 젓는다. 바람이 더욱 심해지고, 강이 1미터 높이의 거품 파도로 출렁거린다. 쥐죽은 듯 고요하던 수면이 돌연 파도와 급류를 토해내는, 니제르 강의 '지킬 박사와 하이드 현상'이다. 다시 변덕의 제물이 되어 아픈 팔로 카약을 움직여서 간신히 파도를 뚫고 최악의 폭풍이 닥치기 전에 이곳을 벗어나려고 버둥거린다.

몸을 앞으로 기울여 짐을 단단히 간수하는 동안 옆구리를 친 파도에 카약이 뒤집힌다. 물속으로 빠졌다가 수면으로 헤엄쳐 올라오니 뒤집힌 카약이 떠내려가는 모습이 보인다. 몸을 던져 간신히 꼬리를 움켜잡고 뒤집은 뒤 노를 건지고 나니, 여권과 돈과 일기장이 든 작은 배낭이 얼마 떨어지지 않은 곳에서 가라앉고 있다.

가장 두려워했던 일들이 하나씩 꼬리를 물고 이어지는 가운데 카약을 붙들고 선헤엄을 쳐서 겨우 배낭을 건져 올린다. 카약으로 몸을 밀어 넣고 파도 한가운데서 방향을 더듬어 찾은 뒤 온 힘을 다해 기슭 쪽으로 노를 젓는다. 천둥이 울리고 번개가 번쩍인다. 기슭에 닿자마자 살갗이 따가울 정도로 세찬 빗줄기가 하늘에서 내리꽂힌다. 나는 흥분으로 덜덜 떨면서 몸을 움츠리고 무엇이 없어졌는지 살펴본다. 물병 두 개와 말린 과일 몇 봉지, 다행히도 그 이상은 아니다. 나는 니제르 강에 복종하기로 한다.

멀리 라디오 송신탑이 보인다. 감사합니다. 몹티, 여행의 중간 지점에 도착했다. 하지만 카약이 뒤집어지는 바람에 모든 게 흠뻑 젖었고, 나도 아직 회복하지 못한 상태라 승리라고 부르기는 좀 뭣하다. 육체적으로는 완전히 지쳤다. 정신적으로는 니제르 강의 분노에 대해 새로운 외경심을 갖게 되었다. 어떤 곳에 이토록 간절하게 가고 싶었던 적은 없다. 팀북투말고는. 하루 종일 노를 저어 팔이 몹시 아픈데, 나는 또 조바심과 싸우고 있다. 상황이 상황인 만큼 몹티는 냉방장치와 입에 맞는 식사, 그리고 무엇보다도 문이 잠기는 방이 있는 '성채'처럼 느껴진다.

이번 니제르 강 여행에서 나는 필연적으로 겸손을 배운다. 내 몸은 아주 기본적인 음식으로도 지탱할 수 있으며, 시끄러운 위를 잠재우고 영양을 공급하는 임무를 수행하는 데에 음식이 맛있거나 맛있어 보일 필요는 없다는 사실을 깨달았다. 그동안 당연하게 생각하며 살아왔던 아주 작은 것들, 이를테면 세면장, 전화, 혼자서 볼일 볼 수 있는 공간을 확보하는 것도 니제르 강가에서는 사치에 가깝다. 한동안 '없이 살다' 보니 나는 내가 살던 세상을 모두 내주고 딱 한 가지를 얻게 되었다. 눈이 부실 정도로 선명한 한 가지 사실을. 실제로 내게 필요한 것은 정말 적은데, 세상은 그게 아니라고 열심히 날 설득한다는 사실이다.

디자이너가 만든 옷이나 향기 나는 화장지 따위에 대한 그 많은 광고와 선전, 홈쇼핑 카탈로그 등. 어떤 물건이 있어야만 편안하고, 안전하고, 행복할 수 있다는 생각이 우리 머릿속에 주입된다. 결국 이 모두가 두려움의 문제다. '맞는' 것이 아니라 '틀린' 것을 갖게 될까 봐, 다른 사람보다 많이 갖지 못할까 봐, 이상하게 보일까 봐, 이상하게 들릴까 봐. 두려움에는 끝이 없다. 그리고 정말 솔직히 얘기해서 내 작은 카약 안에는 식량, 물, 여벌 옷, 텐트, 약품 등 내게 필요한 모든 것이 다 들어 있다. 내가 지닌 몇 가지 사치품은 불필요한 것이고, 결국 집으로 향할 때까지 배낭 맨 밑바닥에 깊숙이 묻힌 채 햇빛을 보지 못할 것이다. 이를테면 디지털 테이프 레코더, CD 플레이어, 포크너의 소설 같은 것들 말이다. 그중 이곳에서 쓸모 있는 것은 하나도 없다.

다가갈수록 몹티의 규모가 드러난다. 니제르 강둑을 따라 큰 마을들이 줄지어 있고, 양편 기슭에서 사람들이 가까이 다가와서 돈을 달라고 고래고래 소리 지른다. 나는 시 중심부를 향해 니제르 강을 가로지른다. 배들이 거의 다 중앙 부두로 향하고 있다. 강가에는 수십 명이 늘어서서 물건을 판다. 사하라에서 온 어마어마하게 큰 잿빛 소금덩어리, 망고, 바나나, 튀긴 떡, 콜라 열매, 항아리와 냄비, 발가락 사이에 끼워 신는 납작한 샌들, 필기용품 등 장사꾼마다 취급 품목이 따로 있다. 상상할 수 있는 것은 무엇이든 다 판다.

나는 부두에 몰린 사람들을 피해 시 북부 지역으로 들어가기로 한다. 분뇨 냄새가 지독한 갈색 진흙 속에 발목까지 담그고 강에서 빨래하는 여자들 근처에 카약을 댄다. 도시의 전형적인 쓰레기인 과자 봉지, 깨진 병, 버려진 신발짝들이 강가에 흩어져 있다. 쓰레기 사이에서 카약을 끌어낸 뒤 단단한 땅에 발을 디디고 서서 숨을 깊이 들이쉰다. 드디어 몹티다. 이곳에 있다는 사실이 기적 같다. 머나먼 팀북투가 그다지 멀게 느껴지지 않는다.

올드 세고우를 떠난 이후 처음으로 카약에서 바람을 뺀다. 카약은 그저 한 점의 고무 제품으로 쪼그라든다. 이 고무가 놀랍게도 나와 내 짐들을 싣고 폭풍과 더위와 군중 속을 헤쳐, 이 먼 몹티까지 데려다 주었다. 도무지 믿을 수가 없다.

아이들이 하도 바짝 붙어 있어서 움직이려면 계속 "잠깐만"이라고 외쳐야 한다. 카약을 접어 가방에 넣는다. 두 팔과 배낭, 노에 묻은 진흙에서 고약한 냄새가 난다. 강에서 흙을 씻어 내리려고 했지만 발이 정강이까지 오물 속에 푹 빠지는 바람에 그만두었다. '카난가 호텔'에서 레미를 만나기로 되어 있기 때문에 가방들을 어깨에 둘러메고 근처 길가로 나가 택시를 기다린다. 잠시 기다리다가 고개를 들어 보니 길 건너편에 호텔이 있다. 이런 행운이!

알고 보니 카난가는 몹티의 최고급 호텔이다. 로비로 들어서자 등나무 의자에 앉아 칵테일을 홀짝거리던 프랑스 인 한 쌍이 황당하다는 표정으로 나를 바라본다. 출입문에 가방이 걸려 잡아 뺐더니 유리문에 진흙이 묻는다. 내 꼴이 어떤지 나도 알 수 없다. 이제는 외모에 대한 생각 같은 건 모조리 잊어버렸다. 온몸을 뒤덮은 진흙과 더러운 샌들, 젖은 치마, 땀에 전 티셔츠가 당연하게 느껴진다. 몇 날 며칠 동안 니제르 강에서 카약을 탔다면 이런 모습일 수밖에 없다.

식당에서 나오던 프랑스 인 가족이 나를 보고 얼굴을 찡그린다. 금발 아이들이 입을 떡 벌리고 손가락질한다. 이제는 사람들이 입을 벌리고 쳐다보아도 아무렇지 않다. 다행히 말리 인 접객원은 내 모습에 당황하는 기색이 없다. 다른 손님을 대할 때와 똑같이 내게도 웃어 주는데, 표정에 위선은 없어 보인다. 나처럼 접객원도 이 고급스러운 호텔이 안락하다는 점만 빼면 또 하나의 세상일 뿐이라고 생각하는 모양이다.

진흙투성이 배낭에서 축축하고 두툼한 말리 지폐 다발을 꺼내자 접객원의 얼굴에 놀란 빛이 떠오른다. 마치 불법 무기 도매상이라도 된 기분이다. 근처에 있던 프랑스 인 한 쌍도 이 부조화를 알아차린다. 머리에는 기름이 줄줄 흐르고, 강에서 금방 나온 것처럼 온몸이 진흙투성이인 지저분한 여자가 두툼한 지폐 다발을 들고 있으니 어울리지 않을 법도 하다. 바로 객실이 제공된다. 뜨거운 목욕을 하고 이제 늘어지게 한잠 잘 생각이다.

Chapter

7

호텔 직원이 추천해 준 현지인 '아쏘우'는 시내의 평화봉사단 사람들과 대단히 친하고, 몹티에서 팀북투에 이르는 니제르 강 유역의 사정을 잘 안다는 사람이다. 아쏘우가 무늬가 요란한 빨간색 실크 셔츠와 선글라스를 뽐내며 호텔 로비로 들어선다. 악수를 마치고 안경을 벗자 예민하고 총명한 두 눈과 수줍은 표정이 드러난다. 아쏘우 한테서는 천재 분위기가 느껴진다. 영어를 구사하는 능력이 예사롭지 않다. 이제 겨우 28살이라는데 지금까지 말리에서 이야기를 나눈 사람들 중에 가장 훌륭한 구어를 구사한다. 게다가 독일어, 프랑스어, 스페인어에 약간의 일본어까지 할 줄 안다. 말주변도 좋아서 아주 간단한 질문을 던져도 20분은 떠들어댄다.

잠시 앉아서 아쏘우는 말하고, 나는 듣는다. 서아프리카에서 휴가를 보낸 탐 로빈스(Tom Robbins, 미국의 작가―옮긴이)의 가이드를 맡은 덕분에 유명해졌다고 얘기를 시작한다. 그는 작가 로빈스가 어쩌다가 하필이면 도곤 족을 방문하게 되었는지부터 노른자까지 확실하게 익힌 삶은 달걀을 매우 좋아한다는 것까지 궁금하지도 않은 얘기를 줄줄이 늘어놓는다.

"그는 굉장히 유명한 미국 작가예요. 그렇죠?" 30분 동안 떠든 끝에 다짐하듯 묻는다.

"그런 편이죠." 내가 대답한다.

"제게 편지를 보내셨답니다. 정말이에요. 보여 드릴게요." 그는 지금 당장 사무실로 가서 편지를 보여 주겠다며 택시를 잡으려 한다. 로빈스와 친한 사이라는 사실을 증명하는 것이 그에게는 그토록 중요하다. 나는 나중에 꼭 보겠다고 약속한다. 까먹지 않는다면.

니제르 강을 따라 여행하며 지금까지 겪은 일들을 들려주자 아쏘우는 강에 사는 마신에 대해 말리 인들은 다 아는데 나는 모르는 게 분명하다고, 그래서 그토록 고생을 한 것이라고 말한다. 강을 여행하다가 실종되는 경우도 드물지 않단다. 노련한 뱃사공들조차 흔적도 없이 사라지곤 하는데, 마신이 시체를 가져가기 때문이란다. 마신은 강의 여울이나 소용돌이 속에 살면서 바람과 강의 흐름을 관장하는데, 강을 지나갈 수 있을지 여부는 오로지 이들의 결정에 달렸다. 그는 팀북투에 이르기 위해서는 반드시 마신들의 도움을 받아야 하며, 그렇지 않으면 어떤 끔찍한 일을 당할지 모른다고 말한다.

아쏘우가 부추기는 바람에 저녁에 무당을 찾아가 여행에 대해 물어보기로 한다. 무슬림이든 아니든 서아프리카 인이라면 무당을 찾아가 점을 보는 것이 일상생활이다. 애니미즘과 미신은 파크가 살았던 시대와 마찬가지로 21세기에도 왕성해서, 무수한 일에서 악귀를 물리치고 성공을 거두기 위해 부적을 갖고 다니지 않는 사람이 없을 정도다. 파크도 부적에 대해 언급을 했다. "부적은 코란에 나오는 기도나 문장을 적은 것이다. 무하마드의 성직자들은 종잇조각에 글씨를 적고 그 종이에 특별한 힘이 있다고 믿는 순진한 원주민들에게 판다. 이런 부적들의 영험을 믿지 않는 사람은 한 명도 만나지 못했다."코란 구절을 적은 부적은 작은 가죽 주머니 안쪽에 꿰매어 보관한다. 이 일을 하는 수공업자들은 밀려드는 주문 덕택에 수백 년 동안 부를 누려 왔다. 불가지론자를 자처하는 아쏘우도 자신의 행운이 셔츠 밑에 감추어 둔 부적 덕택이라고 믿는다. 아쏘우가 어색하게 웃으면서 어깨를 으쓱하더니 부적을 보여 준다. 아무것도 하지 않는 것보다는 낫지 않을까?

애니미즘은 서아프리카 문화의 한 부분으로 파크가 살던 시대와 크게 달라지지 않았다. 아쏘우는 무당이 두렵다고 말한다. 큰 마을에는 모두 주물 시장이 있는데 몹티도 예외가 아니다. 말리 사람들은 산 짐승을 제물로 바치거나, 털이든 가죽이든 이빨이든 뼈든 어느 한 부분을 써서 제사를 드리면 효과가 있다고 믿는다. 제물을 들고 무당집을 찾아가면 무당이 손님을 위해 굿을 한다. 죽은 카멜레온의 신을 불러내면 아이에게 행운이 온다. 산 염소를 바치면 사업이 번창한다. 동물만 제물로 쓰는 것이 아니다. 때로는 흑마술을 위해 사람이 살해되기도 한다. 몹티 거리에서 가슴이 모두 도려내진 채 시체로 발견된 여자들도 이런 목적으로 희생당한 사람들이었다. 정치가가 되려는 사람이 선거에서 확실히 이긴다는 보장을 받기 위해 제물로 바칠 알비노(멜라닌 색소 결핍으로 온몸이 흰색으로 변하는 질병에 걸린 사람—옮긴이)를 찾기도 했다. 나는 이 얘기를 서아프리카의 유명한 음악가 살리프 케이타(Salif Keita, 1970년대 이래 말리에서 최고로 평가받는 음악가—옮긴이)가 만든 음악에 대한 아쏘우의 설명을 들은 뒤에야 믿을 수 있었다. 케이타도 알비노였는데, 알비노는 악령과 교신한다는 미신을 믿는 아버지에게 버림 받고 바마코 거리를 전전하며 지냈다. 그때 겪은 고생을 노래로 만들었는데, 그중에는 제물로 쓸 알비노를 구하러 다니는 남자들에게 쫓긴 이야기도 들어 있다. 국회의원 선거 기간에는 상황이 더욱 심각해져서 그는 말리에서 달아날 수밖에 없었다.

나는 아쏘우와 헤어져 잠시 몹티를 둘러보기로 한다. 다양한 편의시설이 가까운 거리에 모여 있어서 이 나라에서 들렀던 곳 중에 가장 편안하다. 아랍 인이 운영하는 옷가게 두어 군데서는 인터넷도 쓸 수 있다. 빵가게에서 파는 얼린 케이크는 진짜 케이크와 놀라우리만치 맛이 흡사하다. 관광객을 위한 시장은 바마코보다 훨씬 규모가 작지만, 비싸게 값을 매긴 오래된 아프리카 비즈(화려하게 색을 입힌 유리, 돌, 뿔, 나무 구슬로 꿰어서 여러 가지 장신구를 만듦—옮긴이)를 멋지게 배열한 판매대가 즐비하다. 얼룩말 가죽으로 만든 샌들이나 지갑, 소가죽으로 만든 북, 구두약으로 색을 어둡게 한 저렴한 영양 조각 등 아프리카 관광지 어딜 가나 볼 수 있는 조악한 예술품들도 나와 있다. 가끔 흥미로운 물건이 보이기도 한다. 투아레그 족이 쓰는 은으로 만든 코란 받침대나 도곤의 부적, 오래된 청동상 같은 것들이다. 여러 부족의 가면도 흔하게 볼 수 있는데, 판매대에서 찾아볼 수 있는 원형은 8가지 정도다. 이 정도로 갖추면 대다수 여행객을 만족시킬 수 있지만, 가끔 '진짜 골동품'을 찾는 전문가들이 나타나기도 한다. 그런 사람은 자기 나라의 아프리카 예술품 화랑을 찾아가는 편이 나을 것이다. 말리에서 가장 능력 있는 장사꾼도 '정말 사용한 물건'이라는 미심쩍은 주장을 하며 30년 된 가면을 들어 보이는 것이 고작이다.

이곳 판매대에서는 무엇이든 만지거나 오래 쳐다보면 안 된다. 관심을 보이면 행상이 몹티 반 바퀴 정도는 너끈히 따라오기 때문이다. 내가 돈이 별로 없다고 하면 그들은 기분 나빠하거나 짜증을 낸다. 굳이 변명하자면, 나는 성인이 된 후로 미국 정부가 정의한 빈곤선 위로 올라가 본 적이 별로 없다. 대학원생 신분으로 강의나 잡지 투고를 하고 때로는 매혈(자신의 피를 빼어 파는 일)로 번 쥐꼬리만한 돈으로 살아왔다. 이곳 장사꾼들은 14년 된 내 도요타 코롤라보다 훨씬 좋은 차를 타고, 진귀한 아프리카 비즈를 산더미처럼 쌓아 두고 있으며, 서양 제품으로 가득 찬 커다란 집에 산다. 하지만 내가 미국인이라고 말하는 순간, 나는 그들 눈앞에서 돈을 아무리 펑펑 써도 바닥이 나지 않는 부유한 백인으로 변신한다. 무슨 말을 해도 이런 이미지는 바꿀 수 없다. 싸워 봐야 소용없다.

'평화봉사단 바바'를 찾아가 아프리카 최고의 예술품들을 구경하기로 한다. 바바의 본명은 '우마르 키쎄'라는데, 몹티 사람들은 그가 마을의 평화봉사단 사람들과 친하기 때문에 그런 별명으로 부른다. 바바는 론리 플래닛 서아프리카 가이드북의 첫 장에 실린 말리의 명사다. 그는 도곤 족의 전통 문짝을 몇 년 전 아프리카 여행 도중 말리에 들렀던 헨리 루이 게이즈 주니어(Henry Louis Gates, Jr., 하버드 대학에서 아프리카계 미국인의 문화와 역사를 연구하는 저명한 학자―옮긴이)에게 판 사람이다. 택시 운전사들도 '평화봉사단 바바'라고 하면 모두 알아들었고, 그를 만나지 않고는 몹티를 여행했다고 할 수 없을 정도다.

나는 바바네 집을 찾아간다. 그는 2층 건물 옥상에서 나이 지긋한 프랑스 인 부부와 십대로 보이는 딸에게 진수성찬을 대접하고 있다. 바바가 함께 식사하자고 부른다. 보아하니 아이는 토하기 일보직전이다. 배를 움켜쥐고 음식 맛이 어쩌고저쩌고 모기만한 소리로 불평을 늘어놓는데, 바바는 들은 척도 하지 않고 자기가 방문한 유럽 나라들을 죄다

들먹이며 자랑을 늘어놓는다. 그는 말리 제일의 아프리카 비즈 수출업자로 대단한 부자다. 이제는 전 세계에서 열리는 보석과 비즈 쇼를 찾아다니며 여행으로 대부분의 시간을 보내고 있다. 추운 날씨는 견딜 수가 없어서 미국은 여름에만 간다고 한다. 눈과 가까운 곳이라면 어디라도 절대 사양이란다. 그러고는 두 팔로 몸을 감싸며 고개를 흔든다.

"코트나 방한용 파카를 입으시면 어떨까요?" 내가 제안한다.

바바가 빅맥과 뚱뚱한 여자들 얘기를 꺼내기에 양해를 구하고 자리에서 일어난다. 바바의 소장품은 나중에 구경하는 게 좋겠다.

몹티의 강변 지대를 어슬렁거린다. 오늘 니제르 강에 있었다면 세찬 바람과 파도를 뚫고 나아가느라고 꽤나 애를 먹었을 텐데 다행이다. 게다가 여기는 좀더 머무르고 싶을 만큼 쾌적하고 기분 좋게 쉴 수 있는 곳이다. 몹티는 4만 명이나 되는 인구가 니제르 강을 따라 2킬로미터, 내륙 쪽으로는 사바나까지 이어진 지역에 고루 퍼져 살고 있는 번화한 도시다. 지금처럼 북적거리는 몹티를 세운 것은 프랑스 인들이었기 때문에 이곳에는 식민지 시대의 회칠한 시멘트 건물과 여기저기 구멍이 팬 포장도로가 많다. 그리고 건강한 평화봉사단 사람들이 손을 씻어야 한다고 가르치는 곳이기도 하다. 몹티에는 말리에서 잘 나가는 여행사와 관광회사들이 모두 모여 있다. 그 덕분에 몇 걸음도 못 가 관광 예약을 해 주겠다는 가이드의 습격을 받곤 한다.

"그러면, 니제르 강 보트 관광은 어떠세요?"

"전 필요 없습니다." 마지막 제안을 한 젊은 남자에게 말한다.

하지만 내가 입을 뗐다는 사실 자체에 고무된 그가 식당에서 생선과 감자튀김을 주문하는 사이 앞자리에 와 앉는다. 식사가 곧 나오고 나는 감자튀김을 케첩에 찍어 먹으며 그의 장황한 질문에 간단하게 대답한다. '이름은?' '어디서 오셨나요?' '말리에 얼마나 계십니까?' 몹티 관광 권유에 반드시 선행하는 지루한 질문들이다.

"그냥 본론으로 들어가세요." 내가 한숨을 쉬며 말한다.

"종일 보트 관광해요. 배 타고 니제르 강 봅니다. 니제르 강 아주 멋있어요." 그가 서툰 영어로 말한다.

"믿지 않겠지만, 나는 벌써 니제르 강을 봤어요."

"우리 회사 배 타세요. 아주 편합니다. 멋진 배예요."

"저는 제 배가 있어요."

"뭐라고요? 어떻게 그럴 수 있죠?"

내가 어깨를 으쓱한다. "집에서 가져왔죠. 지금 호텔 방에 있어요."

"아프리카에서 거짓말하는 것 좋지 않습니다." 그가 말한다.

"거짓말 아니에요. 빨간 고무보트가 내 호텔 방에 있다고요."

그가 일어선다. 정말 화가 난 모양이다.

"당신이 멋진 보트 관광하기 바랍니다. 근데 당신은 나한테 거짓말해요. 아세요? 니제르 강은 아주 아름다운 강입니다."

"네, 맞아요." 내가 말한다.

팀북투 너머에 있는 유명한 관광지를 보지 않고는 말리 여행이 완성되지 않는다. 바로 '젠네 대사원'이다. 유네스코가 세계문화유산으로 지정한 곳으로, 세계에서 가장 큰 진흙 건축물이다. 젠네는 몹티에서 남서쪽으로 150킬로미터 가량 떨어진, 바니 강Bani River의 작은 섬에 있다. 말리에서 가장 인기 있고 저렴한 여행 수단인 '공용 택시'를 이용해 젠네까지 갈 생각이다. 공용 택시라야 사실 별 게 아니다. 작고 낡은 도요타 트럭의 짐칸에 나무 벤치를 설치하고, 그 위에 금속 뼈대를 세운 뒤 방수포로 덮은 것이다. 이런 차 수백 대가 시 외곽의 넓은 비포장 주차장에 모인다. 차를 타려는 승객들은 항시 대기하고 있다가 주차장으로 들어오는 첫 번째 빈 트럭을 둘러싼다. 운전사가 목적지를 외치면 사람들이 차들을 타넘고 우르르 안으로 밀고 들어오면서 밀치고 짜부라지고 엉망진창이 된다.

나는 구석 자리를 먼저 맡을 속셈으로 아침 일찍 도착한다. 계획은 제대로 들어맞는다. 내 뒤를 이어 곧 사람들이 자리를 채운다. 공용택시는 '만원'이 될 때까지 출발하지 않는다. 만원에 대한 생각은 사람마다 다르겠지만 말이다. 운전사들은 겨우 질식하지 않을 정도로 최대한 많은 몸뚱이를 밀어 넣는다. 허벅지를 의자에 딱 붙이고 내 소중한 영역으로 밀고 들어오려는 힘들에 온몸으로 저항하면서 차지한 자리를 뺏기지 않으려고 무진 애를 써보지만 소용없다. 얼마 지나지 않아 내 오른쪽 허벅지는 다른 사람 허벅지 위에 얹히고, 두 발은 어떤 여자 무릎 위에 가 있고, 어깨에는 아기가 올라앉아 있다. 고작 폭 1.5미터, 길이 1.8미터 크기의 짐칸에 무려 32명이 들어앉아 있고, 밖에는 남자 두 명이 매달려 있다.

밀어 넣고 밀리기를 1시간, 마침내 트럭이 떠날 차비를 한다. 이러고도 움직일 수 있다는 게 기적이다. 어쨌든 부르릉 주차장을 벗어나서 털털거리며 가다가, 도로에 올라서자 제법 힘이 붙더니 이윽고 무시무시한 속도로 날아간다. 이 나라에서 벌어질 수 있는 너무도 흔한 시나리오, 통조림처럼 **빽빽하게** 승객을 태운 우리 택시가 모퉁이를 돌다가 과속으로 전복되어, 트럭과 승객들이 우그러진 금속 사이에 고기가 끼여 햄버거 무더기가 된다는 이야기를 상상하지 않으려고 애쓴다.

건너편에 벨기에 배낭여행객 두 사람이 앉아 있는데, 여자가 남자의 무릎 위에 어색한 자세로 올라앉은 채 두 발을 바닥에 웅크린 남자 아이 얼굴 앞에서 달랑거리고 있다.

"말리는 무슨 일로 오셨어요?" 여자가 머리통 몇 개 너머로 내게 묻는다.

"글을 쓰려고요."

"글 쓰는 게 직업이세요?" 남자가 놀란 듯이 묻는다.

나는 손을 뻗어 눈가의 땀을 훔치며 말한다. "네."

"저라면 그런 일은 안 하겠는데." 여자가 찡그리며 말한다.

젠네까지 150킬로미터를 가는 데 무려 6시간이 걸린다. 마침내 트럭이 바니 강가에 멈추어 서고, 눈앞에 젠네를 포근히 감싸 안은 섬이 보인다. 이렇게 시간이 많이 걸린 것은 사람들을 태우고 내리느라고 여러 차례 섰기 때문이다. 그것은 짐칸에 들어찬 몸뚱이를 포갰다가 다시 포개는 지루한 작업을 해야 했다는 뜻이다.

운전사가 진창을 건너 페리로 가야 하니 모두 내리라고 한다. 우리는 다른 사람의 팔다리를 밟지 않도록 조심스럽게 몸뚱이를 뽑아낸다. 다리에 감각이 사라진 지 오래라 일어서자마자 저린 다리를 풀기 위해 온몸을 흔든다. 어깨 위에 얹혀 있던 아기가 없어진 것이 특히 기쁘다. 몹티를 떠나자마자 아기가 똥을 쌌는데 도저히 기저귀를 갈아 줄 형편이 아니었다. 불쌍한 아기는 사하라의 열기 속에서 몇 시간 동안 더러운 기저귀를 차고 있어야 했고, 트럭 안의 모든 사람들은 지독한 똥 냄새를 고스란히 맡아야 했다. 이런 고생을 겪은 끝이라 젠네가 몇 배는 더 반갑다. 몹티로 돌아갈 때는 돈이 얼마가 들든지 반드시 차를 전세 내겠다고 다짐한다.

페리가 도착하기까지 또 1시간이 걸린다. 구름이 비를 쏟아 놓자 발밑이 온통 깊은 수렁으로 변한다. 마침내 도착한 페리를 타고 우리는 바니 강을 건넌다. 이제 시내로 가기 위해 마지막으로 트럭에 오른다. 그런데 벨기에 인 둘과 나는 '투밥'이라는 이유로 터무니없이 비싼 입장료를 내야 한다. 파크가 이곳에 왔던 시기를 포함해 수백 년 동안 외국인은 이 나라 어디를 가든 요금을 내야 했고, 특히 젠네는 들어갈 수조차 없었다는 사실이 떠오른다. 서양인은 반드시 변장을 해야 젠네와 모스크를 볼 수 있었다. 성스러운 이슬람 도시는 비무슬림에게는 출입 금지였기 때문이다.

젠네가 세상 빛을 본 지는 벌써 수백 년이다. 서기 800년에 세워진, 사하라 이남 아프리카에서는 가장 오래된 도시다. 젠네는 사하라의 주요 무역길이 만나는 지점에 있기 때문에 오랫동안 팀북투만큼이나 중요한 대접을 받았다. 금, 소금, 상아가 젠네의 성문을 통과했다. 물론 제일 중요하고 이윤이 많이 남는 상품인 노예도 마찬가지였다. 아직도 젠네에는 부모에게 물려받은 노예를 소유하고 있는 가문이 있다.

하지만 젠네가 특별한 것은 무엇보다도 옛날 모습 그대로를 간직했기 때문이다. 수백 년 동안 이 마을은 변한 것이 거의 없다. 염소치기가 염소 떼를 몰고 내려오는 좁은 골목 양편에는 고대의 2층짜리 흙벽돌 집들이 줄지어 서 있다. 입 주변에 짙푸른 문신을 하고 콧구멍 사이의 격벽에 금고리를 매단 풀라니 여자들이 조용히 시내를 거닌다. 모든 것의 중심인 대사원에는 뾰족탑 세 개가 하늘을 향해 솟아 있고, 그 위에는 다산과 정절의 상징인 타조알이 얹혀 있다. 이 엄청난 규모의 건축물은 축구장만한 크기의 흙벽돌 토대 위에 세워져 있다. 둘레를 빙 돌면서 건물의 크기와 우아함에 감탄한다. 아프리카 무슬림은 해마다 이곳으로 순례를 와서 모스크 안에 들어가 기도하거나, 근처의 코란 학교 '마드라사'에서 공부한다.

젠네 대사원은 메카에 버금가는 곳이다. 현재의 대사원이 완성된 것은 1907년이고, 원래 모스크는 젠네 최초의 무슬림 통치자인 술탄 '코이 콘보로'가 13세기에 지었다. 나는 다가가서 토담을 손으로 쓰다듬어 본다. 60센티미터 두께의 벽돌이 건물의 엄청난 하중을 지탱하고, 태양열을 막아 준다. 해마다 폭우에 모스크 담이 허물어지면, 봄이 되자마자 마을 사람들이 모두 모여 외벽에 진흙을 바르면서 성대한 지역 축제를 연다.

1996년부터 비무슬림은 출입이 금지되었기 때문에 안으로 들어가 볼 수는 없다. 사람마다 이야기가 다르지만, 유럽의 어떤 패션 사진작가가 모스크 안에서 비키니 입은 모델을 세워 놓고 사진을 찍었다고 한다. 어떤 이는 그게 아니라 포르노 영화를 찍은 것이라고 넌지시 말하고, 또 어떤 이는 외국인들이 허락 없이 모스크 안에서 사진을 찍은 것뿐이라고 말한다. 어쨌든 모스크 앞에 세워진 커다란 표지판에는 비무슬림 출입 금지라고 적혀 있다.

장터에 앉아서 망고를 먹으며 파크가 살던 시대에 이 도시는 어땠을까 상상해 본다. 1907년에 확장된 모스크를 제외하고는 지금과 거의 다르지 않았을 것이다. 파크는 젠네를 보고 싶어 했지만 결국은 너무 위험하다고 판단해 포기했다. 모로코 왕들이 다스리고 무어 인이 많이 사는 도시라는 이유로 그는 첫 번째 강 여행을 포기하고 1797년 영국으로 돌아갔다. 바니 강과 현재의 몹티가 만나는 지점을 지난다는 생각만으로도 파크는 불안해 했다. 젠네와 니제르 강은 수로로 연결되어 있었다. 파크가 겁을 낸 것은 당연한 일이다. 무어 인들의 잔인한 감금을 피해 사하라에서 간신히 탈출한 직후였기 때문이다. 파크의 일기에는 다시 붙잡힐 가능성에 대한 공포가 여러 곳에 언급되어 있다.

무어 인이 득세한 나라에서 자선에 의지해 지탱해 나갈 가능성은 없는 것이나 마찬가지였다. 하지만 무엇보다도 세고우와 산산딩에서 받은 환대를 뒤로하고 그 무자비한 광신자들의 영향력 안으로 자꾸만 들어가고 있다는 느낌이 들었다. 젠네로 가려고 시도하다가 헛되이 목숨을 버리게 될까 봐 두려웠다. 그들 중 힘 있는 자의 보호가 없다면 불가능한 일인데, 나는 그런 보호를 얻을 도리가 없었다. 내 발견은 나와 함께 소멸할 것이기에 (중략) 동쪽으로 나아가려는 시도에서 나는 불가피하게 파멸을 보았다.

몹티로 돌아가 아쏘우를 만나서 그가 추천하는 무당을 만나 보기로 한다. 무당의 이름은 '살라'다. 니제르 강의 신을 달래 팀북투에 도착하는 방법을 일러 줄 수 있을 것이라 한다. 점과 무당은 서아프리카 사회에서 없어서는 안 될 부분인데, 나는 점술가와 그들의 점괘가 말리 인들의 삶에서 그토록 중요한 이유가 무엇인지 무척이나 궁금하다.

아쏘우와 함께 몹티 중심가의 진창길을 걸어간다. 우리는 마당으로 들어서서 텔레비전 불빛말고는 조명이 없는 어두침침한 방을 지나간다. 많은 식구들이 바닥에 깐 폼매트리스 위에서 뒹굴며 아프리카 뮤직 비디오가 나오는 텔레비전 화면에 두 눈을 고정한 채 우리가 들어가든 말든 아는 척도 하지 않는다. 우리는 낡은 나선형 흙계단을 따라 2층으로 올라간다. 살라는 뒷방에서 자고 있다. 아쏘우가 발로 쿡 찔러 깨운다. 살라가 일어나 앉더니 때에 절은 그랜드 부부 사이로 손을 넣어 가슴을 벅벅 긁고는 머리에 얹힌 흰 빵떡모자를 바로잡는다. 그리고 어두침침한 방을 등유 램프로 밝힌 뒤 바닥에 깔린 카펫에 앉으라고 한다.

무당이 어떤 모습일 거라고 생각했는지 나도 모르겠다. 어쩌면 은빛 수염을 기르고, 얼굴이 쭈글쭈글하며, 알 수 없는 마법 도구를 휘두르는 노인을 상상했는지도 모른다. 살라는 태어나서 처음 보는 무당이지만 그다지 인상적이지는 않았다. 그가 눈을 비벼 잠을 털어 내고서 하품을 하더니 아쏘우에게 귀찮은 듯이 중얼거린다.

"돈을 달랍니다." 아쏘우가 설명한다.

"네." 나는 살라가 내민 손에 지폐를 몇 장 얹는다. 남자가 밝아진 안색으로 말한다.

"이름을 말하래요." 아쏘우가 말한다.

내가 이름을 말하자 그는 발음이 나는 대로 아랍어로 받아 적는다. 살라가 밤바라 말을 써서 투라부 베라델라(애니미즘과 이슬람 전통을 접목하여 조개껍데기와 코란을 써서 점괘를 내는 것)를 할 것이라고 아쏘우가 말한다. 서아프리카에서 행해지는 무수한 점술 가운데 하나인 이 방법은 신들려 받아 적은 것으로 미래를 읽고, 문제에 대한 답을 구한다. 살라가 얕은 바구니에 조개껍데기를 던지고 자세히 살펴본 후 공책 위로 몸을 구부리고 아랍어를 미친 듯이 써나간다.

"내가 알고 싶은 게 뭔지 묻지도 않았잖아요." 내가 아쏘우에게 속삭인다.

"말할 필요 없어요. 이름만 쓰면 문제가 뭔지 다 나옵니다."

"정말이에요?"

아쏘우가 나를 보며 눈알을 굴린다. "당연하죠. 이 사람은 몹티에서 제일 유명한 점쟁이라고요."

이곳으로 오는 차 안에서 살라의 능력을 말하며 아쏘우가 보여 준 의기양양함을 떠올리고는 잠자코 기다려 보기로 한다. 글자를 쓰는 속도가 점점 빨라지더니 마침내 무아지경에 빠진 것처럼 정신없이 휘갈겨 쓴다. 이윽고 글쓰기를 마친 살라가 대단원의 막을 내리는 것처럼 펜을 툭 떨어트리더니 입을 오므리고 나를 올려다본다. 아쏘우는 살라를 무한히 신뢰하는데, 문제가 있어 찾아올 때마다 그의 미래를 정확하게 읽어냈다는 것이다. 아쏘우의 칭찬 덕분에 나는 이 남자에게 큰 기대를 갖게 되었다.

"키라라는 이름이 재미있어. 밤바라 말로 예언자라는 뜻이지. 권좌에 앉아 백수를 누리겠어." 살라가 그의 부족어로 말하고, 아쏘우가 통역한다.

점괘가 마음에 든다.

"그 남자에 대해 무슨 생각을 하는지 알겠는데, 그건 그다지 좋은 방법이 아니야." 살라가 휘갈겨 쓴 글씨를 바라보며 덧붙인다.

"무슨 소리예요?" 아쏘우에게 묻는다.

"그 남자에 대한 당신 생각은 문제가 있어." 살라가 강조한다.

"남자에 대한 생각은 전혀 없는데요."

살라가 엄숙하게 이어 말한다. "자식은 넷을 낳겠어."

"말도 안 돼." 살라에게 말한다.

자존심이 상한 살라가 불어로 대답한다. "이봐, 나는 틀리는 법이 없어." 그가 나를 노려보더니 도움을 구하듯 아쏘우를 바라본다. 아쏘우가 어깨를 으쓱한다.

살라가 휘갈겨 쓴 글자를 응시한다. 그리고 손가락을 신경질적으로 내 얼굴 앞에서 흔들며 말한다. "당신이 생각하는 남자는…… 어디 보자, 내 남자로 만들려면 굿을 해야 해. 뿔닭 세 마리를 사서 잡아가지고 요리를 해서 날개하고 목만 먹어. 그러면 내 남자로 만들 수 있어." 그가 공책을 덮고 깍지를 낀다.

"닭 다리는 먹으면 안 되나 보죠?" 아쏘우에게 묻는다.

아쏘우가 어깨를 으쓱한다. 살라가 다 끝났다고 말한다. 강 여행에 대한 얘기는 하나도 없다. 팀북투에 닿을지에 대해서도 아무 얘기가 없다.

"당신네 선생님은 공부를 좀더 하셔야겠어요." 아쏘우에게 말한다.

아쏘우가 미안한 듯이 제안한다. "필요하시면 뿔닭은 시장에서 살 수 있는데요."

아쏘우에게 이번에는 좀 제대로 된 사람을 보여 달라고 부탁한다. 이를테면 명품 무당 같은 사람. 아쏘우는 내게 무속인에 대한 신뢰를 심어 주고 싶어서 몹티 외곽의 '와일리드Wailirde'라는 마을에 사는 도곤 족 무당 '빈타'에게 안내한다. 가는 길에 아쏘우의 친구 '바로우'를 태운다. 그는 우연히도 평화봉사단 바바의 동생이다. 바로우는 현지 가이드로서 도곤 족 태생이라 도곤 말을 알아들을 수 있다. 조용하고 수줍음을 타는 성격이라 마을까지 가는 내내 아쏘우가 기쁜 마음으로 우리가 할 말을 모두 대신해 준다. 마침내 와일리드에 도착했을 때는 해가 진 다음이라 서쪽 지평선이 희미한 오렌지빛으로 물들어 있다. 땅에 어둠이 깔리면서 얼마 남지 않은 빛마저 가려 움집들의 형태가 흐려진다. 마을에는 불빛이 없다. 밥 짓는 불빛조차 없다. 당나귀 한 마리가 어두운 허공을 향해 밴시(가족 중 죽을 사람이 있다는 것을 울음으로 알린다는 여자 유령—옮긴이)처럼 울어댈 뿐 이상하게도 마을은 텅 빈 것 같다.

"다들 어디 갔나요?" 내가 묻는다.

"모르겠습니다. 여긴 어째 좀 으스스하네요." 바로우가 대답한다.

나는 아쏘우와 바로우를 따라 빈타가 사는 동그란 움집으로 들어간다. 눈앞이 제대로 분간이 되지 않는다. 우리는 어두운 문간을 바라보고 있는 긴 나무의자에 앉는다. 홀연히 어린 여자아이가 나타나 아무 말 없이 등유 램프에 불을 붙이더니 근처 못에 걸고는 사라진다. 램프가 지직 소리를 내며 던지는 미약한 빛은 어둠을 제대로 밝히지 못한다.

"빈타는 어디 있어요?" 내가 바로우에게 묻는다. 도곤 족이기 때문에 상황을 좀 알 거라고 생각한다. 그런데 그렇지가 않다. 고개를 흔들고는 불안한 표정으로 주변을 둘러볼 뿐이다.

아쏘우도 불안한 미소를 짓고는 밤바라 말로 바로우에게 농담을 지껄인다. 두 사람의 웃음이 일시에 멈춘다. 한 여자가 오두막 안으로 슬그머니 들어온다.

"빈타예요." 아쏘우가 내게 속삭인다.

여자의 어두운 실루엣밖에 보이지 않는다. 어둠 속에서 쑥 내민 손말고는 여자의 모습을 전혀 알아볼 수 없다. 여자가 우리를 향해 목소리를 내자 바로우가 점을 보려면 돈을 내라는 얘기라고 말해 준다. 세 사람 모두 여자 손에 지폐를 떨어트리고, 여자는 눈앞에 있는 깜깜한 방으로 사라진다. 바로우의 말에 따르면 방 안에는 조상님의 조각상이 있는데, 마법의 힘이 깃든 대단히 신성한 물건이라 빈타와 수제자 말고는 아무도 볼 수 없다고 한다.

호리병박이 덜그럭거리며 흔들리는 소리가 들린다. 빈타가 우렁차고 단조로운 목소리로 똑같은 도곤 말 어구를 계속해서 외운다. 강력한 최면 효과. 나는 아쏘우를, 그리고 바로우를 바라본다.

"지금 뭘 하는 거죠?" 내가 묻는다.

바로우는 빈타가 접신 중인 것 같다고 말한다. 아쏘우가 불안하게 웃으면서 무릎 위의 선글라스를 만지작거린다.

달그락 소리가 멈춘다. 갑자기 어둠 속에서 째지는 목소리가 울린다. 너무도 날카롭고 성난 목소리라 아쏘우와 나는 겁에 질려 벌떡 일어선다. 바로우가 진정하라고 손짓한다. 이어 지금 들리는 소리는 '비누binu' 신의 목소리라고 설명한다. 겁낼 필요는 없다. 그 목소리는 우리 세 사람의 삶에서 사악한 귀신을 몰아내고, 행운을 얻기 위해 우리가 해야 할 일을 빈타에게 말해 주고 있다. 수많은 악귀가 사람을 괴롭히려고 호시탐탐 노린다고 한다. 귀신이 자꾸 주변에 들러붙기 때문에 기름을 갈듯이 정기적으로 귀신을 쫓아 버려야 한단다.

이 '비누'라는 신이 째지는 목소리로 호통을 치는 것으로 보아 우리들은 모두 퍽이나 잘못된 삶을 살고 있나 보다. 한 음절씩 똑똑 끊어지는 목소리는 마치 완전한 별개의 인격체가 방안에 출현한 것처럼 빈타의 목소리와 전혀 달라서 놀랍기만 하다. 빈타가 비누에게 제 목소리로 질문하자 비누는 새되고 성마른 목소리로 쏘아붙인다. 나는 눈에 힘을 주고 앞쪽의 어두운 방 안을 응시하면서 안에서 일어나는 일을 조금이라도 엿보려고 애쓴다. 칠흑 같은 어둠 속에서 나를 향해 외치는 악마의 목소리를 듣고 있자니 공포 영화의 한 장면 속에 갇힌 기분이다.

이번에는 새로운 비누가 출현했는지 바리톤처럼 굵은 남자 목소리가 오두막 안에 왕왕 울려 퍼진다. 이전과 마찬가지로 빈타의 목소리와는 완전히 별개의 것처럼 들린다. 목소리가 밤바라 말로 성내고 호통치는 사이사이 빈타가 끼어들어 질문한다. 목소리가 빈타에게 불같이 성내며 불쾌감을 쏟아 놓는데 그 크고 사나운 소리에 귀가 먹먹하다.

"이번에는 어떤 비누죠?" 바로우에게 묻는다.

그가 고개를 흔든다. 입이 벌어져 있다. 우리 셋은 목소리가 나오는 곳을 응시한다. 빈타가 차분하게 제 질문에 대답해 달라고 끈질기게 목소리들을 달래고, 목소리들은 고함치고 꾸짖는다. 신기하게도 첫 번째 비누는 도곤 말을, 두 번째 비누는 밤바라 말을 한다. 빈타는 목소리가 원하는 언어로 대답하고, 바로우는 빈타의 말을 우리에게 통역해 준다. 그는 귀신들이 우리 세 사람에 대해 아직도 불평하고 있다고 말한다.

마침내 목소리들이 잦아든다. 빈타는 어두운 방에 그대로 앉아서 목소리들이 한 말을 우리에게 전한다. 우리 셋은 모두 '희생'해야 한다. 이는 동물을 죽이는 것과는 상관없고, 무엇인가 가치 있는 것을 다른 사람에게 나눠주는 '희생'을 말한다. 희생의 크기는 갖고 있는 문제의 정도와 성나게 한 귀신의 수에 따라 달라진다. 바로우는 콜라 열매 10개를 나눠 주어야 한다. 아쏘우는 소젖을 사서 흰개미 집에 부어야 한다.

나는 사실 그들에 비해 해야 할 일이 좀 있다. 빈타가 잠시 바로우에게 이야기하고, 바로우를 통해 그 이야기를 듣다 보니 모노폴리 게임 (재산을 사고 팔고 빌리면서 최고 부자가 되는 사람이 이기는 보드 게임 — 옮긴이) 에서 진 기분이 든다. 나는 대추야자 50개와 튀긴 떡 100개를 사서 어린아이나 거지들에게 나누어 주어야 한다. 반드시 어린아이나 거지들에게만 주어야 한다. 그리고 어린아이는 12살 미만이어야 한다.

빈타가 질문도 받는지 바로우에게 물으니 고개를 흔든다. 빈타는 비누에게 질문을 전달하지 않는다. 그들은 우리가 알아야 할 성난 귀신과 사악한 기운을 물리칠 수 있는 방법을 말해 줄 뿐이다. 현실적인 답을 얻고 싶으면 예언의 힘이 있는 이름 높은 무슬림 도사를 찾아가야 한다. 바로우는 그를 '대부'라고 부른다.

대부는 몹티 동쪽의 '마나코Manako'에 산다. 마나코는 억센 덤불과 말라빠진 나무 사이로 먼지가 풀풀 이는 사바나 지대 한가운데 있는 전형적인 흙벽돌집 마을이다. 남사하라 사헬 지역은 최근 비가 점점 늦어지고 양도 적어져서 한때 비옥했던 농경지가 급속히 사막으로 바뀌고 있다. 그 때문에 몹티의 농산물 값이 하늘 높이 치솟으면서 닭 한 마리 값이 두 배, 쌀값이 세 배로 뛰어 이곳 사람들은 높은 물가와 가뭄 속에서 얼마나 버틸 수 있을지 걱정이 태산이다.

오늘은 아쏘우에게 사정이 생겨서, 바로우와 함께 그의 차로 간다. 우리가 도착했을 때 마나코에는 마침 주말 장이 열렸다. 야채와 과일, 쌀을 실은 당나귀 수레가 진흙탕 길에서 붐빈다. 허물어진 흙벽돌집도, 누더기를 걸치고 뛰어다니는 아이들도 보이지 않는 것을 보니, 여기까지 운전해 오면서 지나친 여러 마을에 비해 마나코는 꽤 부유한 마을인가 보다. 하지만 마을 주변의 목초지는 흙구덩이가 되었다.

오사마 빈 라덴이 조지 부시를 쳐다보는 모습 아래 '전쟁 말고 정치로'라는 영어 문구가 인쇄된 티셔츠를 입은 남자가 지나간다.

"여기 사람들은 빈 라덴을 좋아하나요?" 바로우에게 묻는다.

바로우가 고개를 끄덕인다. 바로우는 말리 인들은 빈 라덴을 신처럼 숭배하며, 거리낌 없이 미국에 대한 공격을 찬양하고, 희생자들의 죽음을 예찬한다고 말한다.

"어리석은 사람들이에요." 바로우가 고개를 흔들며 말한다. 같은 주제로 얘기를 나누었던 다른 말리 인들은 빈 라덴에 대한 비난이 훨씬 미지근했다. 내가 9·11 사건에 대해 어떻게 생각하느냐고 물으면, 대부분은 "이스라엘 인들이 팔레스타인 인들에게 저지른 일을 보세요."라고 대답했다. 여느 말리 인들과 달리 바로우는 스스로 '친미파'라고 생각한다. 바로우가 무슬림이 아닌 애니미즘을 신봉하는 도곤 족이라서가 아니다. 바로우와 평화봉사단 바바 형제는 미국의 무역업자들에게 아프리카 비즈와 말리의 부족 미술품을 팔아 큰돈을 벌고 있다. 그러므로 축적한 부의 상당 부분을 미국인들과 쌓은 친분 덕택으로 돌릴 수 있기 때문이다.

그러나 보통 말리 인들은 미국인을 직접 만나 본 일이 없다. 이곳에서 미국인은 신화와 풍문의 조합으로 존재한다. 싸구려 할리우드 영화에서 미국인들은 아놀드 슈왈제네거와 함께 나쁜 놈들에게 기관총을 쏴대거나, 캘리포니아의 뜨거운 해변에서 아슬아슬한 수영복을 입고 흥청거린다. 지금까지 미국이 말리에 가장 크게 기여한 것은 갱스터 랩 정도다.

바로우가 차를 세운다. 우리는 내려서 흙벽돌집들을 지나 마을의 아담한 중앙 광장으로 들어선다. 어떤 집 앞 나무 그늘 아래 사람들이 모여 잡담을 하고 있는데, 시선은 모두 흰 수염을 길게 기르고 순백색의 윗옷을 입은 늙은 남자에게 가 있다. 둘러싼 사람들보다 피부색이 훨씬 밝아서 아랍 혈통임을 알 수 있다. 우리가 다가가자 대부는 온화하고 그윽한 눈으로 우리를 응시한다. 유독 눈길을 끄는 차분한 풍모에 사로잡힌다. 바로우 말에 따르면 대부의 나이는 82살인데, 남성 평균 수명이 51살에 불과한 말리에서는 대단히 드문 일이라고 한다. 이 사람에게는 정말 특별한 무엇이 있겠다는 느낌이 든다.

도사들은 대부와 마찬가지로 아랍어와 코란에 정통한 남자들이다. 이들은 사실상 무슬림의 무당으로서 부적을 써 주고, 미래를 예언하며, 성난 마신을 달래고, 주문을 통해 행운을 불러온다. 도사들은 초자연적인 영역과 관련된 일을 도사에게 일임한 코란의 지지를 받아 코란의 테두리 안에서 일한다. 이들은 점괘를 부탁하면 이슬람의 교육과 관습을 기초로 대답해 준다.

대부는 도사이면서 마을 모스크에서 기도를 이끄는 이맘이기도 한데, 이런 겸직은 흔한 일이다. 바로우는 일부 부도덕한 이맘은 미래를 예언하는 수지맞는 장사로 돈을 벌려고 도사가 되지만, 점괘를 봐주는 과정은 기부 방식으로 운영되기 때문에 정직하고 능력 있는 도사에게 신도가 많이 몰리고, 따라서 돈도 제일 많이 들어온다고 설명한다. 대부가 바로 그런 도사로 정직하고 정확하게 점을 보아주는 것으로 몹티 전역에 소문이 자자하다고 한다.

대부의 안내로 오두막으로 들어가 대부를 마주보고 자리에 앉는다. 우리는 잠시 서로를 바라본다. 혹시 비무슬림은 돕기 싫은 것이 아닐까 생각했지만, 대부의 두 눈에는 정직함과 관대함이 깃들어 있다. 나는 그가 매우 덕망 있는 사람이라는 인상을 받는다. 기부금을 후하게 내놓자 고개를 끄덕이고는 겸손하게 받는다.

142

바로우의 설명을 들으니 오늘은 답을 얻지 못한다고 한다. 대부는 내 질문을 받고 밤까지 기다렸다가 깊숙한 기도실로 들어가 몽환 상태에 빠진다. 필요하다면 밤을 꼬박 새워서 내 문제에 대한 답을 얻을 것이다. 대부의 능력이 최고조에 달하고 신과 가장 밀접한 영적 교류를 나누는 것은 보통 이른 새벽인데, 그때 바람을 실현하기 위해 내가 해야 할 일을 듣게 된다. 도사들은 모두 해가 진 뒤 일하며, 그들의 직분은 보통 세습된다고 바로우가 말한다. 도사는 긴 역사를 지닌 신성한 직업이다.

바로우가 먼저 대부에게 자기 문제 몇 가지를 묻는다. 볼일이 끝나자 나더러 질문하라고 하고는 옆에서 통역해 준다. 나는 "팀북투까지 갈 수 있을까요?"라고 물은 뒤 바로우에게 내가 혼자서 카약을 타고 니제르 강을 여행 중인데 지금까지는 힘든 일이 많았다고 설명하라고 한다. 대부가 진드근히 통역해 주는 말에 귀를 기울이면서 가끔씩 내게 눈길을 돌린다. 바로우가 말을 마치자 고개를 끄덕인다. 내 질문을 이해했으니 오늘 밤 그 문제를 물어볼 것이다.

대부가 무슨 말인가 더 하고, 바로우가 통역한다. "문제가 더 있을 텐데요."

"제가요?" 내가 말한다.

대부가 말하고 바로우가 통역한다. "괴로운 일이 있으면 말해 보라십니다."

나는 다른 질문을 하리라고는 생각하지 않았다. 내 앞에 앉은 나이 지긋한 존경스러운 노인에게 개인적인 질문을 한다는 것은 너무 한심한 짓이 아닌가 싶다. 나는 한숨을 쉰다. "모르겠어요. 한 가지 재미 삼아 물어본다면, 내가 가까운 미래에 남자를 만날 수 있을까요? 뭐, 이건 그냥 묻는 거예요." 이런 건 말리 인 도사가 아니라 점쟁이가 개설한 상

담전화에나 물어볼 질문이다. 바보 같다는 생각이 든다. 하지만 나도
다른 이들처럼 그런 게 궁금하다.

대부가 고개를 끄덕이고 다시 기다린다.

"그리고 제 일도……." 이제 뭔가 좀 되어 가는 것 같다. "어떻게 하면
돈을 더 많이 벌 수 있을까요? 뭘 하면 될까요? 일은 열심히 하거든요.
도대체 뭐가 문젠지 모르겠어요."

바로우가 통역하는 동안 대부가 다정하고 상냥한 두 눈을 반짝이며
나를 응시한다.

"이상입니다." 내가 말한다.

대부가 고개를 끄덕인다. 그리고 내 이름을 묻는다. 내가 대답하자
종이쪽지에 아랍어로 적고는 직접 발음해 보이면서 제대로 적었는지
확인한다. 오늘 밤 나 대신 기도하면서 내 이름을 외울 것이라고 한다.
내일 찾아오면 대부는 내 질문에 대한 답을 갖고 있을 것이다.

다음날 다시 대부를 만나러 간다. 이번에는 대부가 하는 말을 좀더
정확하게 영어로 옮길 수 있게 아쏘우를 데리고 간다. 대부를 본 적이
없는 아쏘우는 아직도 내가 언젠가는 아이를 넷 낳을 것이라고 주장한
박수무당 살라 편이다.

대부는 어제 본 그 나무 그늘 아래서 신도 몇 명에게 동그랗게 둘러
싸여 있다. 우리가 가까이 가자 상냥한 미소를 띠고 올려다보며 자리에
서 일어선다. 대부의 뒤를 따라 오두막으로 들어가서 문간에 신발을 벗
어 놓는다. 대부는 우리 맞은편 자리에 앉아서, 아쏘우가 내게 하던 말

을 마저 끝내기를 참을성 있게 기다린다. 마침내 아쏘우가 입을 다물자 대부가 입을 뗀다. 그는 내 질문에 대해 받은 답을 아쏘우에게 전한다. 대부의 이야기가 한참 동안 이어지고, 아쏘우가 통역을 위해 몇 번씩 그의 말을 끊는다.

"팀북투에 닿을 수 있답니다. 당신을 지켜 줄 부적을 쓰고, 축복해 두었대요."

"이 부적이 날 지켜 준다고요?" 선뜻 믿기가 어렵다.

아쏘우가 웃으며 말한다. "물론이죠."

이번에는 아쏘우가 좀더 오랫동안 듣는다. "대부가 당신 직업이 이상하답니다. 여기저기 돌아다닌대요. 이런 식으로는 돈을 벌지 못한다는군요. 한 군데 머무르면서 여러 달 동안 일해야 돈을 벌 수 있대요. 그건 확실하답니다."

"제 직업에 대해 어떻게 알았죠?" 내가 묻는다. 카약을 타고 니제르 강을 여행한다는 말만 했지 작가라는 말은 바오우에게 하지 않았었다.

아쏘우가 묻자 대부가 고개를 끄덕이고 대답한다.

"그런 게 다 들린답니다." 아쏘우가 말한다.

갑자기 목이 따끔거린다. 이 사람은 어쩌면 대부분의 사람들이 닿지 못하는 곳에 닿을 수 있는 게 아닐까 하는 생각이 처음으로 들기 시작한다, 어쩌면.

"어젯밤 늦게 그 얘기를 들었답니다. 당신 질문을 묻고 오랫동안 기도했더니 목소리가 답을 주었대요."

대부가 다시 말한다. 아쏘우가 듣다가 웃기 시작한다.

"정말 재밌네요, 키라. 당신과 남자들에 대한 얘기를 하는데요."

"아, 아니에요. 그 얘기는 해 주지 않아도 된다고 말하세요."

"당신이 남자들과 어떻게 지냈는지 봤대요. 사귀었던 남자들을 모두 봤다는군요. 그중에는 당신한테 못되게 군 사람도 있었대요. 그래서 때로는 당신이, 그걸 뭐라고 하지, 편집증이라고 하나, 하여튼 그래서 도망친대요. 결혼은 한답니다. 하지만 얼마나 빨리 할지는 당신 하기 나름이래요."

아쏘우는 내 점괘가 재미있어 죽겠다는 표정이다. 말리 여자들은 보통 십대에 결혼하기 때문에 그는 왜 내가 결혼을 하지 않았는지가 신기하고 궁금한 눈치였다.

"대부가 남자를 만나면 겁내지 말고 인내심을 가지래요. 그러면 어울리는 짝이 당신 삶에 들어와서 당신에게 잘해 줄 거랍니다. 남자들을 그만 밀쳐 내래요. 이건 모두 당신에게 달려 있답니다."

"멋지군요." 내가 말한다.

이런 얘기를 서아프리카 평원에 앉아 톨킨(J.R. Tollein, 1892~1973. 영국의 영문학자이자 소설가. 대표작으로 《반지의 제왕》 시리즈가 있다—옮긴이)의 소설에서 막 빠져나온 듯이 늙고 수염이 허연 점술가에게 듣고 있자니 기분이 묘하다.

대부는 내가 어떤 '희생'을 치러야 하는지 알려 준다. 양 한 마리와 흰 천 17미터를 사가지고 와 축복을 받게 한 다음 가난한 여인에게 건네준다. 그렇게 하면 내가 그에게 물은 모든 문제에 대해, 나 대신 어떤 신성한 힘이 작용하게 할 수 있다. 그가 내민 조그맣게 접힌 종잇조각에는 코란에서 뽑은 구절이 적혀 있다. 팀북투까지 그리고 그 너머까지 여행하는 동안 나를 보호해 줄 부적이다. 대부는 행운을 위해 부적을 가죽 주머니 안에 꿰매어 몸에 지니고 다니라고 일러 준다.

나는 고맙다고 말한 뒤 선물로 돈을 조금 더 내민다. 그 모두가 정말 사람을 혹하게 하는 얘기들이다. 흰 천은 축복을 받으면 내 삶의 불규칙성을 바로잡아 준다. 양은 사랑과 번영과 안전을 가져다 준다. 부적은 마법의 말들로 사악함을 물리친다. 대추야자 50개를 여기서 나눠 주고, 떡 100개를 저기서 나눠 주면 악귀들이 물러난다. 삶이 그렇게 효율적으로 조절될 수만 있다면. 그렇게 쉽게 이해할 수만 있다면. 나는 부적을 손바닥에 올려놓고 바라본다. 이 종잇조각에 내가 머리로는 이해하지 못할 어떤 힘과 능력이 있다고 정말이지 믿고 싶다.

대부에게 감사드리고 자리에서 일어나 그의 축복을 받을 수 있게 흰 천과, 절대 죽이지 않겠다는 약속하에 양을 보내겠다고 말한다. 대부는 많은 것들이 내가 하기 나름이지만 모든 것이 다 잘 될 거라고 다짐하듯 말한다. 그리고 나를 위해 기도하겠다고, 팀북투가 내 마음에 들기를 바란다고 말한다.

Chapter
8

아쏘우가 혹시 관심이 있을지 몰라서 하는 얘기라며 말리
에서 제일 영험한 무당이 사는 곳을 알아냈다고
이야기를 꺼낸다. 이름이 '야타누'라는 무당은 몹티에서 남동쪽으로
서너 시간 거리에 있는 '반디아가라Bandiagara' 벼랑의 '니리Niry'라는 작
은 도곤 족 마을 한가운데 산다고 한다. 사실 무당이라면 이제 볼 만큼
봤다는 기분이었지만, 아쏘우가 이런 무당은 절대로 보지 못했을 거라
고 장담한다. 야타누가 10살 때 무당이었던 부모가 왼팔을 절개하고
이두근 사이에 풍뎅이를 집어넣은 뒤 절개한 자리를 다시 꿰맸다고 한
다. 풍뎅이는 필시 죽었겠지만 '데구루'라는 영이 살아남아 야타누에
게 사람들의 과거와 미래에 대해 이야기해 준다는 것이다. 야타누가 풍
뎅이 귀신의 힘을 빌려 어떤 일이든 일으킬 수 있기 때문에 도곤 족 사
람들은 이 무당을 대단히 무서워한다고 한다.

구미가 당긴다. 아쏘우에게 함께 가자고 말한다. 어떤 사람이 다른 사
람의 삶에 대해 독점적인 영향력을 행사한다는 사실이 흥미롭다.

벼랑 주변에 사는 도곤 족은 대부분 애니미즘을 신봉하는데 이슬람 군대의 침입에 맞서 믿음을 지키기 위해 말리 동부의 험악한 바위투성이 지대로 도망쳤다. 이곳에서 현대의 아나사지(미국 원주민으로 벼랑에 집을 짓고 사는 푸에블로 족의 조상―옮긴이)처럼 높은 벼랑 위에 흙벽돌집을 짓고 살며 전통을 고스란히 지켰다. 여전히 자존심이 강하고, 이방인에게 배타적인 이 부족은 불과 얼마 전까지 일상적으로 행했던 관습이기는 하지만 아직까지 인간을 제물로 바친다는 소문이 파다하다. 파크도 말리 동부 지역에 사는 식인종에 대해 언급했는데 도곤 족에 대한 이야기일 가능성이 크다. 파크는 이렇게 썼다. "내가 모을 수 있었던 최대한의 정보에 따르면 거주민들은 잔인하고 사나우며 적에 대한 적개심이 대단해서 절대 살려 주지 않을 뿐 아니라, 심지어 자연을 거스르는 혐오스러운 인육 연회를 벌일 정도라고 한다."

도곤 족이 사는 지역은 몹티 근방보다 비가 더 잦아서 보통은 건조하고 척박한 지형에 수목이 울창하게 우거져 있다. 땅딸막한 나무들이 모여 서 있고, 울퉁불퉁한 바오밥나무가 커다랗고 붉은 꽃을 태양을 향해 피운다. 반디아가라 벼랑의 먼 산들에 싱싱한 새순이 올라와 가물거린다. 아카시아와 사바나 평원, 날쎄게 덤불로 달아나는 원숭이를 볼 수 있는 경치는 아프리카의 사하라 이남 평야에서는 드물지 않다. 아직까지는 사하라가 이 울창함을 침범하지 못했지만, 불안스러울 만큼 사막은 북쪽으로 가까이 다가와 있다.

벼랑을 향해 흙길을 올라가다가 길가에 가난한 마을이나 아이들이 모인 것이 보이면 랜드로버 운전사에게 세워 달라고 해서 떡 100개와 대추야자 50개를 조금씩 나누어 준다. 무당 빈타가 시킨 대로 반드시 거지나 12살 미만 어린이들에게만 준다. 오늘 아침 아쏘우와 함께 길거리 떡장수들에게 떡을 사느라고 몇 시간을 잡아먹었다. 이 모든 '희생 업무'를 그만두어야 하는 게 아닐까 심각하게 고민했지만, 아쏘우가 귀신들의 뜻을 거슬러 성나게 하면 안 된다고 우겼다. 그 와중에 바로 우를 내려 주어 흰 천 17미터와 양 한 마리를 대부에게 전하도록 했다. 귀신을 달래고 축복을 얻는 데 바친 길고도 비싼 하루였다. 나는 내가 믿는 불교가 훨씬 좋다.

하지만 희생 업무를 완수하는 과정은 대단히 즐겁다는 사실을 알게 되었다. 거대한 빨래 보따리를 머리에 이고 걸어가는 어린 여자 아이와 먼지가 풀풀 이는 사바나에서 땔감을 줍는 남자 아이들에게 먹을 것을 나눠 준다. 말리처럼 가난한 나라에서 대추야자나 떡은 몹티 시에서나 볼 수 있는 사치품일 뿐, 이런 시골에서는 먹어 본 적이 없을 것이다. 우리는 뼈가 앙상하게 드러나고 영양이 결핍된 아이들이 염소 떼를 모는 들판을 지나간다. 차를 세워 달래서 아이들 팔에 떡을 한 아름 안겨 준다. 우리 운전수는 미식축구를 하면 딱 좋을 만큼 덩치가 크고 괄괄한 사람인데, 그런 사람이 차 밖으로 나와 소리쳐 부르면, 아이들은 놀라서 정신없이 달아나 바위 뒤에 숨는다. 운전수 대신 아쏘우를 보내자 아이들이 곧 차를 에워싸고 손을 뻗으며 내게 웃는 얼굴로 고맙다고 말한다. 가져온 것을 모두 나눠 주기까지는 오랜 시간이 걸리지 않았다. 이 행위의 명백한 미신성 뒤편, 내 회의주의와 좌뇌의 저항 뒤편에는, 행위 자체와 사람 사이의 기본적인 '인정'이 있다. 거기에 어리석거나 비합리적인 것은 아무것도 없다.

벼랑 가장자리에 자리잡은 큰 도곤 족 마을 '바니니^Banini'에서 밤을 보내기로 한다. 내일 아침에는 먼저 도곤 무당부터 만나 볼 것이다. 바니니는 날씨가 서늘한 겨울 몇 달 동안에 관광객이 굉장히 많이 찾아오는 곳인데, 수백 미터 아래 수풀이 우거진 비탈면으로 떨어져 내리는 장대한 폭포가 바로 옆에 있기 때문이다. 일 년 중 이맘때는 바니니를 찾는 사람이 거의 없지만, 한 군데 모여 있는 기념품 가게들은 사업상 문을 열어 두었다. 이곳에는 다산을 상징하는 조잡한 마스크나 밤바라 영양 조각, 나무 열쇠고리 등 조악한 예술품들이 가득하다. 이런 물건을 원주민들이 계속 만드는 것은 그만큼 많은 외국인이 사 가기 때문이다.

가게 주인들의 끈질긴 권유를 피할 수 없어서 상점마다 들어가 잠깐씩 둘러본다. 가장 많이 팔리는 물건은 도곤 족의 곳간 문을 본뜬 것이다. 아프리카 예술품 수집가들이 오랫동안 골동 문짝을 구한다고 열을 올렸기 때문에, 진짜배기를 찾으려면 이제는 도곤 마을이 아니라 서양의 아트 갤러리나 수집가의 저택을 방문하는 것이 더 확실하다. 문짝에는 보통 부족 조상의 모습이 새겨져 있는데, 모조품에 새겨진 조각이 더 정교한 편이다. 관광객이 돈을 쓰는 만큼 즐거움을 준다는 이론인 듯하다. 어느 도곤 족 오두막 뒤편 풀밭에 새로 조각한 문짝이 무더기로 쌓여 있는 것이 보인다. 나무가 뒤틀리고 곰팡이로 얼룩져서 고대의 신성한 분위기를 낼 수 있을 때까지 몇 달이고 태양과 빗줄기 속에 방치될 것이다.

아쏘우와 함께 바니니를 거닐며 벼랑 위편의 갈라진 틈 속에 있는 고대 텔렘 족Tellem의 유적을 바라본다. 텔렘 족은 이 땅의 옛 주인이었지만 도곤 족에게 쫓겨났다고 말았다. 정확히 어떤 일이 일어났는지 알려지지 않은 채 텔렘 족은 사라졌고, 허물어져 가는 벼랑 집들만 흩어져 있다. 도곤 족은 이 집들을 시체를 두는 곳으로 사용한다. 텔렘 관광은 여행객들에게 인기가 있는데, 관광의 하이라이트는 비교적 접근하기 쉬운 진흙집에 들어가 집 안에 안치된 인골을 구경하는 것이다.

텔렘 족의 문화유산으로는 오래된 청동상과 주물 인형, 수백 년 된 유리나 돌 구슬을 조잡한 철고리로 연결해 만든 매장용 목걸이 등이 있다. 이런 물건들은 현지에서 도곤 족 장사꾼에 의해 암암리에 관광객에게 판매된다. 물건을 공급하는 사람은 도굴꾼이다. 바오밥나무 껍질로 만든 원시적인 줄을 타고 벼랑으로 내려가 쓰러져 가는 흙집으로 들어가는 위험한 일을 감행해야 하지만, 큰돈을 벌 수 있기 때문에 주저하지 않는다고 한다. 다들 이런 식으로 여윳돈을 만드니까 새로운 유물 은닉처를 찾으려면 근방을 뒤지거나, 더욱 높고 위험한 벼랑으로 내려가야 한다. 한 마을이 바닥나면 벼랑에서 더 많이 내려간 다른 곳에서 무엇인가 발견하게 마련이다.

바니니는 벼랑의 바위 사이에 자리잡았고, 작달막한 흙벽돌집마다 작은 마당과 갈대로 원뿔 지붕을 엮은 원통형 곡물 창고가 딸렸다는 점에서 전형적인 도곤 족 마을이다. 보고 있으면 '귀엽다'는 단어가 떠오른다. 귀엽고 다정해 보이는 마을은 둥글고 커다란 돌 틈에 지어 놓은 다양한 크기의 곳간(높은 것은 남자 곳간, 낮은 것은 여자 곳간) 때문에 어떻게 보면 호빗족의 나라 같다. 마을 바로 옆에서 시작되는 높은 폭포가 곧장 바위 표면으로 떨어지고, 바위에 팬 웅덩이 옆에는 바오밥나무 몇 그루가 꽃을 활짝 피웠다. 선뜻 '에덴'이라는 말로 이곳을 설명하기는 조심스럽지만, 인간의 손길이 닿지 않은 대단히 순수하고 때묻지 않은 곳임은 틀림없다. 염소들이 발가숭이 아이들에게 쫓기며 단단하게 다져진 땅을 이리저리 누빈다. 아기 탯줄을 자를 때 배에서부터 몇 센티미터가량 남기고 자르기 때문에 아이들 배꼽은 싹이 튼 것처럼 삐죽 나와 있다.

야트막하게 수숫대 지붕을 덮은 야외 집회장인 '토구나roguna'에 늙은 추장이 앉아 있다. 지붕 모양은 마을에서 싸움이 벌어졌을 때 불을 지르거나, 올라서서 위험한 행동을 하지 못하도록 고안되었다. 해마다 원래 지붕 위에 새로운 수숫대 지붕을 올리기 때문에 토구나는 중국의 탑과 모양이 비슷하다.

함께 마을을 한 바퀴 도는 동안 아쏘우가 끊임없이 지껄여 댄다. 도곤 지역에 대해 아는 것이 많아서 도움을 주려는 생각에 그러는 것이겠지만, 계속 자기 말에 주의를 집중시키기 때문에 자꾸 풍경을 놓쳐 버리게 된다. 나는 제대로 주변을 감상할 기회를 갖지 못했다. 마침내 통나무 위에 앉아서 더는 아쏘우의 말에 마음을 뺏기지 않고, 폭포와 바오밥나무 가지에서 낙엽처럼 떨어지는 커다랗고 붉은 꽃의 아름다움을 한껏 받아들인다.

도곤 족은 모든 인간은 두 번 태어난다고 믿는다. 첫 번째 탄생은 역경과 분투로 가득한 인간적인 삶의 시작이다. 하지만 첫 번째 삶을 경험하는 동안 '봄sight'의 순간이 찾아오는데, 이때 '시기sigi'라는 두 번째 삶을 인식하게 된다. 시기의 탄생을 경험한 뒤에는 모든 것이 달라진다. 시간을 초월한 다른 세계를 보았기 때문이다. 초월적인 앎이 어떤 것인지, 모든 일의 원인이 무엇인지 알게 되므로 이전 상태로 돌아가는 것은 불가능하다. 도곤 족은 시기 탄생을 경험해야만 온전한 인간이 된다고 믿는다. 아껴 둘 시간은 없다. 빈둥거릴 시간도 없다. 그 길이 우리를 기다린다.

도곤 족은 '시기의 길'이 당연히 길고 어려운 과업이라고 믿는다. 따라서 이 지역 마을에서는 60년마다 5년 동안의 특별 의식 기간을 정해, 춤과 의식으로 사람들이 시기를 볼 수 있도록 돕는다. 자아를 뛰어넘는 큰 지혜를 깨닫는 것이 이렇게 중요하다.

다른 동서양 종교에서도 시기에 해당하는 것을 찾아볼 수 있다. 특히 신비주의 전통이 강한 기독교에서는 '아빌라의 성 테레사'가 묘사했듯이, 궁극적으로 신과 하나가 되기 위해 '아름다운 집들'을 지나가는 것이 시기에 해당한다. 유대교에서는 '신의 보좌'에 이르러 진실을 깨닫기 위해 짜딕(tzaddick, 도덕적인 인간)의 12단계를 밟아가는 카발라주의자(유대교의 신비주의인 카발라를 신봉하는 사람들—옮긴이)들의 수행이 시기에 해당한다. 불교와 힌두교에서는 둘이 아님, 자기 소멸, 모든 것의 덧없음을 서로 연관시켜 이해하는 것이 시기에 가깝다. 종교마다 '부활' 경험을 설명하는 방법은 다르지만 목표는 같아 보인다. 자아를 초월하여 우주적 진리와 결합하는 것이다.

잠시 혼자서 산책하고 싶다고 말하자 아쏘우는 우리가 머무는 숙소로 돌아간다. 침묵은 내게 음악과 같아서 혼자만의 시간이 필요하다. 멍고 파크도 상당히 말이 없는 사람이었는데, 여행기가 베스트셀러가 된 뒤로 런던에서 한다 하는 사람들이 죄다 이 유명한 탐험가를 식사에 초대하고 싶어 했다. 하지만 니제르 강의 위대한 발견자는 잡담을 혐오했고, 디너파티에 참석하거나 자신의 업적이 공개석상에서 인정받는 것에는 관심이 없었다. 파크한테 퇴짜를 맞은 런던의 명사들은 파크가 '니제르 왕의 위엄'을 갖추었다고 말했다고 한다. 파크에게는 다행스러운 일이다.

바위투성이 언덕에 올라 벼랑 뒤로 해가 지는 것을 바라본다. 고요 속에서 숨을 쉬면서, 일부러 찾지 않으면 말리에서는 누리기 힘든 평화가 내 몸에 스며드는 것을 느낀다. 강에서 노를 저을 때도 언제나 누군가가 주위에 있다. 카누를 탄 소모노 어부, 강기슭의 마을 사람들, 강둑 가장자리에서 나를 바라보는 양치기들이 있었다. 조용한 해질녘, 들려

오는 소리 말고는 어디에도 귀 기울일 필요 없이 잠시 혼자만의 시간을 갖는 사치를 누린다. 도곤 족의 두 번째 탄생에 대해 생각한다. 주변 세상을 더는 이전처럼 볼 수 없게 된다면 어떤 기분일까 상상해 본다.

숙소로 돌아가니 아쏘우가 찾아와 자기한테 화가 났느냐고 묻는다. 나는 아니라고 정색하며 설명한다. "사람은 다 다르잖아요. 나는 가끔 혼자 있고 싶을 때가 있어요."

사실 남들이 사교를 중요하게 생각하는 것만큼 나에게는 혼자 있는 시간이 중요하다고 설명하는 게 이제는 지겹다. 하지만 말리처럼 부족 전통이 강한 곳에서는 가족과 종교, 사회 질서가 사람들을 지탱하고 불만을 방지하는 핵심적인 구조를 제공하기 때문에 내 얘기는 전혀 이해할 수 없는 소리가 된다. 미국에서는 혼자 있는 것을 일종의 독립성으로 간주하지만 여기서는 '병'이다.

무당 야타누가 사는 니리 마을로 들어선다. 높은 바위투성이 고원에 야트막한 흙벽돌집과 갈대로 지붕을 엮은 높다란 곳간이 한데 모인 곳이다. 몸엣것이 마을을 더럽히지 않도록 도곤 족 여자들이 벌통처럼 생긴 초소형 달거리 오두막에 웅크리고 앉아 있다. 한 달에 한 번씩 뜨거운 오두막에 처박혀 여자라는 이유로 추방과 욕설을 견뎌야 한다면 어떤 심정일까 상상해 본다. 아쏘우가 제가 가는 길을 그대로 따라오라고 한다. 그러지 않고 마음대로 돌아다니다 금기 구역에 발을 디디면 귀신의 노여움을 살 수 있다고 이른다. 도곤 족 꼬맹이들이 우리를 보고 입을 딱 벌리는 것을 보니 관광객이 찾아온 적이 없는 마을인가 보다.

바위투성이 비탈을 기어올라가 꼭대기에 달랑 올라앉은 오두막들 사이에서 야타누의 집을 찾는다. 아쏘우는 야타누를 직접 만나 본 적은 없지만 들은 얘기는 있다고 한다. 야타누는 적어도 70살은 된 노인으

로 도곤 족 사이에서 가장 영험하고 무서운 무당이다. 야타누에게 점을
보기는 대단히 어려운데, 방문객이 오면 대부분 마음에 들지 않는다며
쫓아 버리기 때문이란다. 우리는 혹시 도움이 될까 싶어 마침 야타누와
친척이라는 마을의 관리와 동행했다.

움집 앞에 다다르자 한 남자가 안으로 들어간다. 금세 야타누가 우리
앞에 모습을 드러냈다. 이빨이 다 빠지고 쭈글쭈글한 얼굴에, 젖가슴은
몸통에 납작하게 달라붙었고, 뼈만 남아 앙상한 허리에 너저분한 쪽빛
사롱을 둘렀다. 야타누가 움집 그늘 안에 서서 나를 바라본다. 옆에서
아쏘우가 나를 점 보러 온 사람이라고 소개한다. 과연 무당이 내 점을
봐 줄까?

야타누가 햇빛 속으로 걸어 나와 쭈그리고 앉아서 나를 살펴본다. 나
는 불안하게 웃으며 무당의 백태 낀 두 눈을 들여다본다. 무당이 도곤
말로 마을 관리에게 뭐라고 말하자, 관리가 아쏘우에게 전달하고, 아쏘
우가 내게 전달한다.

"당신이 마음에 든대요."

모든 사람이 한숨을 내쉰다. 내가 감사의 뜻으로 지폐 다발을 건네자
무당이 갑자기 씩 웃는다.

"당신이 더욱 마음에 든대요." 아쏘우가 속삭인다.

나는 묻는다. "팀북투까지 갈 수 있을까요?" 통역된 질문을 듣더니
무당이 입술을 오므리고 고개를 끄덕인다. 그리고 왼팔을 가슴에 바짝
붙여 몸을 감싸고는 풍뎅이 귀신이 산다는 근육에다 대고 속삭인다. 별
안간 이두근에서 무엇이 볼록 올라오더니 톡톡 뛰며 돌아다닌다. 이런
광경을 본 적이 없기에 나도 아쏘우도 모두 입을 떡 벌리고 있다. 앞으
로 몸을 기울여 팔의 상처를 보려고 해 봤지만 아무것도 보이지 않는다.

"진짜 신기하네요." 내가 아쏘우에게 말하는 사이, 그 물체가 마치 달아나려는 것처럼 힘을 잔뜩 주고는 한쪽으로 휙 솟아오른다. 풍선껌보다 약간 큰 동그란 물체의 움직임이 하도 격렬해서 나도 모르게 흠칫 뒤로 물러섰다.

야타누가 들은 얘기를 내게 전한다. "넌 팀북투까지 갈 거야."

아쏘우가 한 개인적인 질문 몇 가지에 대해서도 전부 긍정적인 대답이 나오고, 그때마다 근육이 뛰어오르며 춤을 춘다.

"당신이 결혼할 수 있는지 물어볼게요." 아쏘우가 싱긋 웃으며 말한다.

"물어보지 마세요." 내가 말한다.

"이미 늦었어요. 당신은 결혼을 할 거래요. 남자는 당신 나라 사람이랍니다. 당신 결혼을 위해 '아마'에게 특별한 도움을 부탁하고 있대요."

아마가 누군지 물어보니, 도곤 신들의 우두머리로 야타누의 팔 안에 들어 있는 풍뎅이 귀신을 통해 이야기한다고 한다. 도곤 족은 애니미즘을 신봉하는 사람들이니 '판테온'을 제 나름대로 구성하는 것이야 당연한 일이다. 어쨌든 아마는 신들의 우두머리로서 끊임없이 달래야 하는 대단히 변덕스러운 신이다. 그 밑에 있는 신으로는 뱀의 형상으로 나타나는 땅의 신 '레웨'와 물의 신 '노모'가 있다. 등급이 더 낮은 신들은 셀 수 없이 많다. '예네우'는 사람 몸 속에 들어와 내장의 자리를 바꾸어 놓고, '아티우누'는 마을 주변의 덤불숲에 살면서 사람들을 공격한다. '예바' 귀신도 역시 마을 주변에 살지만 아티우누보다는 덜 위험하고, '지누'는 들판을 어슬렁거리다가 부주의한 여행자를 습격한다.

신은 물론이고 이런 귀신들에게까지 관심을 기울이며 받들어 모셔야 하므로, 이 귀신 나라에서 안전하고 행복하게 살기란 결코 쉬운 일이 아니다.

야타누가 내게 몇 가지 알아 두어야 할 것이 있다고 말한다. 첫째, 인간들 중에서는 자신이 아마의 최고 사자라는 사실이다. 야타누는 아마와 친밀한 관계이므로 나를 대신해 내 문제를 직접 물어보았는데, 팀북투에 도착하고, 결혼할 짝을 만나고, 모든 일에서 번창할 수 있게 도와주겠다고 했단다. 야타누는 아마와 그를 돕는 신들의 도움이 없으면 이런 일들이 절대 일어날 수 없다고 말한다. 한 가지가 실현될 때마다 자신에게 감사의 선물을 보내면 나를 대신해 신들에게 전달하겠다고 한다. 또한 자신에게도 돈이든 옷이든, 반드시 선물을 보내 신과 연결해 준 데 대해 감사를 표하는 것이 관례라고 한다. 결국 신들이 일을 도와주면 감사하는 마음을 표현해야 한다는 것이다. 그렇지 않으면 신들이 분노하여 모든 일을 그르치게 된다고 한다.

둘째, 점을 보는 것은 호의를 베푸는 행위라는 사실이다. 점을 봐 주면 무당의 수명은 며칠이나 몇 주, 심지어 몇 달이 줄어든다. 점괘를 볼 때마다 귀신들에게 수명을 조금씩 떼 주어야 하기 때문이다. 또한 점을 보면 고객의 미래뿐 아니라 자신의 미래, 그리고 죽음까지 보인다. 따라서 점을 본다는 것 자체가 두려운 일일 수 있지만, 야타누는 그것이 삶의 의무라고 생각하기 때문에 주어진 길을 따른다. 무당은 자신의 천직이 두렵지 않다고 다짐하듯 말한다.

아쏘우는 제 질문에 대한 야타누의 대답에 대단히 만족스러운 얼굴이 된다. "내가 돈을 아주 많이 벌 거라는군요." 아쏘우는 무당에게 등을 돌리고 환하게 웃으며 내게 말한다. 풍뎅이 귀신의 신통력이 얼마나 대단한지 궁금하다. 하지만 자꾸 질문을 해서 야타누의 수명을 단축하고 싶지는 않아 아쏘우에게 그만 일어나자고 한다. 아쏘우가 순순히 따른다. 그런데 약간 걱정스러운 얼굴이다.

"이제는 무당을 그만 찾아가는 것이 좋겠어요. 벌써 여러 번 봤으니까요." 아쏘우가 말한다.

"옳으신 말씀." 내가 말한다.

우리는 풍뎅이 귀신이 야타누의 팔에서 톡톡 튀며 돌아다니는 것을 바라본다.

"여러 무당이 신통력을 발휘해 우리를 도왔습니다. 많은 귀신을 불러냈죠. 이건 위험한 힘입니다. 이제 더는 무당을 보지 않는 것이 좋겠습니다. 그리고 절대로 잊지 말고 무당들에게 선물을 보내세요. 바라는 일이 이루어질 때마다 감사하는 마음을 표시해야 합니다. 정말 중요한 일이에요." 아쏘우가 말한다.

"알겠어요." 내가 말한다.

야타누가 잠시 움집 안으로 들어간다. 이윽고 조그만 나무 조각상을 들고 나와서 내게 건넨다. 이스터 섬(칠레 서쪽의 외딴 섬으로 화산 바위에 거대한 얼굴들이 새겨져 있다—옮긴이)에 새겨진 얼굴들과 다르지 않아 보인다.

야타누가 한 말을 도곤 남자를 통해 아쏘우가 전해 듣는다.

"이건 당신을 위한 행운의 부적이에요. 당신을 지켜 줄 겁니다. 어디를 여행하든 당신을 도와줄 거예요." 아쏘우가 말을 마치더니 씨익 웃는다. "야타누는 당신이 무척 마음에 든답니다. 도대체 뭘 한 거예요?"

이제 여행을 떠나야 할 때다. 죽기 아니면 살기다. 어림잡아 2주면 목적지에 도착할 것이다. 대략 550킬로미터 정도 노를 저어야 한다는 얘기다. 맙소사, 550킬로미터라니. 몹티에서 쉬는 동안 마음이 많이 약해졌는지, 내 앞에 놓인 모든 불확실성을 거부하고 도시에서 누렸던 안락함과 안전함에 자꾸 매달리는 나 자신을 느낀다.

이제는 앞으로 닥칠 일을 예측할 수 있는 정도는 되었다고 생각한다. 필시 대단히 높은 기온과 악어 떼, 힘겨운 데보 호 횡단이 기다리고 있을 것이다. 그리고 물론 니제르 강의 변덕이 있다. 멍고 파크가 남긴 구절이 머릿속에서 메아리친다. "이 모든 상황이 회상 속으로 한꺼번에 몰려들었고, 고백하건데 대번에 의기소침해지고 말았다." 나도 이런 생각들을 정리하지 않으면 의기소침해지고 말 것이다.

레미가 사진 찍기에 좋은 햇빛을 놓치지 않으려고 아침 일찍부터 호텔 로비에서 나를 기다리고 있다. 배불리 먹어서 기운이 넘치는 얼굴이다. 그에게는 오늘이 니제르 강 사파리를 재개하는 날이다. 바람 넣은 내 카약을 자기 배에 실어야 한다고 우긴다. 진짜 속셈은 마을 부두로 다시 나를 데려가 다채롭게 꾸민 사람들과 활기차게 북적거리는 시장을 배경으로 사진을 찍으려는 것이다. 내가 바라는 것은 떠나는 것, 내 여행을 다시 진행시키는 것이다.

출발선에 있는 달리기 선수처럼 신경이 예민해진다. 하지만 레미의 뜻에 따라 그의 배를 타고 2킬로미터가량 되돌아가 내가 카약을 탔던 지점으로 간다. 배를 타고 강가에 모여 선 사람들을 지나치며 앞으로 갔다, 뒤로 갔다 노를 젓는다. 노련한 카약 선수처럼, 온갖 역경을 다 겪은 탐험가처럼 보이려고 애쓴다. 그런 사람들이 어떤 모습일지는 사실 모르겠다. 어쨌든 전속력으로 카약을 저어 부두에 매인 통나무배들을 지나치면서 과일 장수와 어부와 소금 장수들에게 손을 흔들다 보니 어이없게도 친선 대사가 된 기분이다. 정말 마음에 안 든다.

레미가 피니스를 타고 내 뒤편에서 돌면서 몇 가지 다른 카메라로 사진을 찍는다. 레미는 저쪽으로 노를 저어라, 이쪽으로 노를 저어라, 저쪽 사람들 옆으로 노를 저어라, 하며 방향을 지시한다. 몇 번이고 그가 시키는 대로 했더니, 마침내 잡지에 실을 몹티 장면을 충분히 얻었다며 곧바로 작별 인사와 함께 니제르 강에서 행운이 함께하길 빈다고 말한다. 이제는 언제 어디서 다시 레미와 마주치게 될지 모르겠다.

몹티에서 닷새 동안 쉬고 난 뒤라 노 젓는 속도도 느리고, 체력도 이 도시에 처음 도착했을 때만큼 최고 상태는 아니지만 곧 바뀔 것이 분명하다. 날씨가 지금까지는 그런대로 순조로워서 사나운 바람과 싸울 일이 없다. 하지만 미처 생각지 못한 문제가 생겼다.

올드 세고우에서는 강이 상당히 넓어서 어부들이 매놓은 그물이 문제되지 않았지만, 몹티에 이르면 강폭이 3분의 1가량으로 좁아지기 때문에 사람들은 기슭에서 기슭까지 그물을 맨다. 아주 가끔 강 나룻배가 지나갈 때만 그물을 치워 주기 때문에 나는 만나는 그물마다 모두 넘어 가야 한다. 물밑으로 그물이 보이지 않을 때가 있는데, 그런 때는 방향 판이 그물에 걸려 카약이 뒤로 획 잡아당겨질 때에야 그물이 있다는 걸 알아차리게 된다. 그물은 툭하면 방향판 뒤편의 스크루에 걸려들기 때문에 강으로 뛰어 들어가 선헤엄을 치면서 얽힌 그물을 풀어야 한다. 몹시 성가신 일이지만, 사실은 그물 주인이 이 모습을 보고 화를 낼까 봐 그게 더 걱정스럽다. 어쩌면 어부가 아니라 하마가 나를 발견할 수도 있다. 내가 아직까지 하마에 대한 두려움을 떨쳐 버리지 못한 것은 어쩌면 이곳에서는 하마를 두려워하는 것이 지극히 당연한 일이기 때문인지도 모른다. 나는 고무보트가 2톤짜리 괴물로부터 나를 지켜 줄 수 있는 것처럼 잽싸게 얽힌 것을 풀고 보트에 올라타곤 한다.

노를 젓다 말고 그물에 얽힌 배를 빼내느라고 아침 시간을 허비했기 때문에 전진 속도가 가여울 만큼 느리다. 희미하지만 아직도 뒤편으로 몹티의 라디오 송신탑이 보인다. 속도를 내기 위해 방향판을 벗기자, 배가 날아가다시피 해서 조종이 불가능하다. 가벼운 산들바람에도 배가 소용돌이치며 도는 바람에 할 수 없이 방향판을 다시 채운다. 방향판이 없었으면 결코 이 여행을 하지 못했으리라는 사실을 새삼 깨닫는다. 팀 북투는 그저 지도상의 또 다른 신비한 이름으로 남았을 것이다.

좀더 천천히 노를 저어 가면서 그물이 나타나면, 노로 그물을 아래로 민 뒤 그 위로 넘어간다. 혹시 큰 그물일 경우에는 노를 저어서 돌아가는데, 그러느라고 강 전체를 가로지르기도 한다. 보통은 기슭 가까운 어딘가에서 카누에 앉아 있는 어부들이 재미있다는 듯이 내 모습을 바라본다. 하지만 커다란 나룻배가 물살을 헤치고 다가오면 잽싸게 달려

와 그물을 걷는다. 이런 식으로 하나씩 지나치는 마을 중에는 흙벽돌집
과 사람이 많은 곳도 있고, 오두막 한두 채가 고작인 곳도 있다.

사람들이 나와서 나를 바라본다. 나를 향해 손을 흔드는 친절하고 개
방적인 사람들도 있고, 내가 지나가는 것을 바라보다가 다가와서 돈이
나 선물을 내놓으라는 사람들도 있다. 후자는 상대적으로 새로운 반응
이다. 여행 초기에 사람들이 내게 보이는 반응은 질문을 하거나 인사
말을 외치는 것뿐이었다. 하지만 몹티 북쪽에서는 모터 달린 나룻배가
2~3일 거리에 있는 팀북투까지 뻔질나게 관광객을 실어 나른다. 그런
이유로 나는 그저 지나가는 또 한 명의 '부유한 관광객'이 되고 만다.

오후 3시가 다 될 무렵, 서쪽 하늘이 검붉게 변한다. 검은 구름이 태
양을 가려서 대낮인데도 해질녘 분위기가 난다. 사나운 바람이 니제르
강물을 휘젓자 거대한 파도가 와서 철썩 부딪힌다. 놀란 새들이 날카롭
게 울면서 날쌔게 강을 가로질러 난다. 염소 떼가 강기슭에서 우르르
뛰어 달아나고, 고깃배가 하나도 남김 없이 강을 떠난다. 세상의 종말
이라도 다가오는 모양이다. 이번 폭풍우는 틀림없이 지금까지 니제르
강에서 보았던 어떤 폭풍우보다 무서울 것이다. 이것은 많은 것을 의미
한다. 나는 이 강을 떠나야 한다, 서둘러.

멍고 파크는 이런 폭풍우를 '토네이도'라고 불렀는데, 과장이 아니
다. 우기가 한창일 때 두 번째 여행을 떠난 그는 병사들이 그토록 많이
죽은 것을 날씨 탓으로 돌렸다. 두 번째 여행 때 파크가 쓴 편지에는 맹
렬한 폭우를 만난 이야기가 군데군데 모습을 드러낸다.

우리는 격렬한 토네이도의 습격을 받아 흠뻑 젖었다. 주변 땅이 온통 물로 뒤덮였는데 물의 깊이는 8센티미터 정도였다. (중략) 토네이도는 병사들의 건강에 치명적인 영향을 미쳤고, 이는 불행의 시작이었다. 나는 우리가 손실을 거의 입지 않고 니제르 강에 도착하리라고 제멋대로 믿고 있었다. 하지만 비가 본격적으로 내리기 시작한 지금 아직 일정의 반밖에 오지 않았다고 생각하니 온몸이 떨린다. 비가 내린 지 3분도 지나지 않아 많은 대원들이 토하기 시작했고, 나머지 대원들도 반쯤 취한 듯이 잠에 곯아떨어졌다.

나는 파크가 쓴 구절 "이는 불행의 시작이었다."를 자꾸만 되새긴다. 파크는 그 말에 밑줄까지 쳤다. 파크가 느꼈을 두려움이 느껴지고, 하늘을 뒤덮은 구름 속에서 그 공포가 보인다. 기슭으로 나가려고 애쓰면서, 무방비 상태에서 큰 파도에 배가 뒤집히지 않도록 조심한다.

먹구름이 하늘을 가로지르며 퍼져 나가더니 마지막 남은 한 조각 햇살을 꺼버린다. 가장 가까운 마을로 향한다. 어느 마을에 들를까 찬찬히 살펴볼 여유가 없다. 사람들이 반갑게 맞아 주기만을 바랄 뿐이다. 마을은 규모가 상당히 크고 진흙 모스크까지 있다. 주위에 풀라니들의 소가 없는 것으로 보아 여기 사람들은 보조 인일 가능성이 크다. 마지막으로 들른 보조 마을 코아와 마을 한가운데 걸려 있던 오사마 빈 라덴의 포스터, 막대기로 맞아야만 물러나던 사람들이 떠오른다. 보조 마을이 겁난다.

노를 저어 카약을 기슭에 대자 아이들이 나를 둘러싸고, 어른들이 뛰어나와 살펴본다. 나는 곧 이 마을이 어딘지 특이하다는 느낌을, 뭔가 정상이 아니라는 느낌을 받는다.

"이 마을의 이름은 뭐죠?"

마을 이름을 묻자 사람들이 "와메나Wameena!"라고 외친다.

"추장은 어디 있습니까?"

사람들이 근처 나무를 가리킨다.

"이 배를 타고 어딜 갑니까?" 한 남자가 불어로 크게 묻는다.

"팀북투."

남자가 밤바라 말로 이 사실을 사람들에게 외치자 엄청난 소란이 일어난다.

"팀북투? 미쳤습니까?" 남자가 묻는다.

"어쩌면요."

이제야 이곳이 왜 이상하게 느껴졌는지 알 것 같다. 여기서는 모두 소리친다. 소리치는 마을이다. 정상적인 크기로 말하는 사람은 아무도 없다. 무슨 부족인지 묻자 '보조'라고 대답한다. 한숨이 나온다. 카약을 기슭으로 끌어당긴 뒤 배낭을 어깨에 둘러메고 사람들을 밀치고 나아가면서 추장을 만나게 해 달라고 외친다.

하늘이 한층 어두운 적갈색으로 변하면서 바람이 인다. 나는 불어를 할 줄 아는 남자를 따라 마을로 간다. 몇몇 아이들이 카약도 내 짐인 것처럼 카약을 들고 뒤따라 온다. 가는 내내 모여든 사람들에게 부딪히고 떠밀린다. 나는 마을에 온 곡마단 원숭이가 되었다. 아이들은 유일하게 아는 불어인 듯싶은 말을 계속해서 왼다. "도네 무와 라르장! 도네 무와 라르장!(돈 줘! 돈 줘!)" 이 마을 사람들은 필시 몹티에서 온 관광객을 볼 만큼은 보았구나, 짐작이 간다. 부모님이 나이지리아에 있는 이슬람 기숙학교에 보내 주셨다는 한 용감한 남자 아이는 영어로 돈을 달라고 말한다. 그리고 내가 원하든 원하지 않든 통역을 맡아 주겠다고 통보한다.

마을의 진흙 모스크 뒤편에 있는 작은 안마당에서 추장을 만난다. 그냥 보기에도 친절한 사람 같았는데, 선물로 돈을 건네자 더욱 친절해진다. 갑자기 환한 미소를 지으면서 즉시 내 배낭과 카약을 자신의 커다란 흙벽돌집 방에 가져다 두도록 하고는 나를 혼자 있게 내버려 두라고 사람들한테 이른다. 그러자 사람들 대부분 뒤로 물러선다. 하지만 마당을 떠나는 사람은 없다. 이제는 이런 일에 놀라지 않는다.

추장의 아내 중 한 명이 다가와 오늘 밤에 저녁을 먹을 건지, 밥이면 되겠는지, 소리치며 묻는다. 어째서 이곳에서는 모두들 소리를 지르는지 아직도 알 수가 없다. 보르네오나 뉴기니의 정글 깊숙이 숨은 마을이나 방글라데시의 논 사이에 자리잡은 마을처럼 나름대로 세상 구석구석까지 돌아다녀 봤지만 이런 사람들은 처음 본다. 나는 여자에게 고맙다고 말하고 돈을 조금 준다.

마당 너머로 다가오는 폭풍에 들판이 갈기갈기 찢어지고, 당나귀 갈기가 미친 듯이 휘날리고, 먼지 구름이 얼굴에 와 부딪친다. 붉은 구름이 서서히 마을을 집어삼키자 사람들은 나에 대한 호기심을 잃고 두려운 눈으로 하늘을 올려다본다.

갑자기 비가 형벌처럼 세차게 내린다. 빗방울이 피부를 연타하고 나를 뺀 모든 사람들이 가장 가까운 오두막으로 뛰어 들어간다. 나는 이 폭풍우를 보고 싶다. 마당을 나와 마을 옆의 넓게 트인 들판으로 간다. 이번엔 주위에 아무도 없고 아무도 다가오지 않는다. 폭풍은 내 응시의 고행을 잠시 쉬게 해 주려고 사람을 날려 보낼 듯한 바람을 내보낸다. 나는 소용돌이치는 흙먼지를 피해 두 눈을 가리고, 흙먼지는 살아난 마신처럼 마을 골목길을 휩쓸면서 회오리친다. 니제르 강이 거꾸로 흐르고, 거대한 흰 파도가 기슭을 강타하고, 묶어 둔 카누들이 텅텅 울리며 서로 부딪친다. 이렇게 무서운 폭풍은 본 적이 없다. 미국 중서부에서 자라면서도 본 적이 없다. 빗줄기가 살갗에 따갑게 꽂히며 이미 강물로 축축해진 내 옷을 흠뻑 적신다. 천둥은 이따금 쾅쾅 울리는 것이 아니라 온 하늘을 소리로 태워 버리고, 땅은 세상을 부숴 버릴 듯이 몸을 흔들며 전율한다.

"이야아—!" 모든 힘을 향해 소리친다. 폭풍의 힘에는, 그 장엄함에는 나를 채우는 무언가가 있다. 이제는 아무것도 괴롭지 않다. 아무것도 무섭지 않다. 나와 세상 단둘이 얼굴을 맞대고 만난다. 그리고 나는 소리친다. "헤이, 멍고! 멍고 파크!"

마을 사람들이 오두막에서 나를 내다본다. 사나운 바람이 마음껏 내 몸을 휘두르도록 내버려 둔다. 치마와 셔츠가 몸에서 찢겨져 나갈 듯이 펄럭거리고, 몸뚱이가 옆으로 쓰러지려 한다. 사람들이 손가락으로 가리키는 곳을 보니 강 건너편에서 무서운 바람이 흙먼지를 일으켜 니제르 강 속으로 뿌리고 있다. 맹렬한 바람이 나뭇가지를 잡아뗄 듯이 근처의 나무들을 뒤흔든다. 바람이 머리칼로 얼굴을 때리고, 무릎을 꿇린다. 나는 기다린다. 두려움은 사라지고 호기심만 남는다. 다음에는 어떤 일이 일어날지 궁금하다.

몇 분 후 폭풍이 위력을 잃고 바람의 손아귀에서 나를 풀어 준다. 다시 땅으로 돌아온 듯한 기분이 든다. 오두막을 향해 걸어가다가 마당 구석에 아무 말 없이 쭈그리고 앉아 있는 남자를 지나친다. 옷이 비에 흠뻑 젖어 있다. 통역사를 자처했던 아이가 다가와 그 남자는 '바보 미치광이'이며 마을의 부랑자라고 설명한다. 나는 남자를 다시 바라본다. 세상은 날려 버리겠다고 위협하지만 남자는 자기만의 세계에 있는 것처럼 평화로운 표정으로 앉아 있다.

폭풍이 다시 힘을 얻자 추장이 뛰어나와 미친 남자를 피신처로 끌어들여 내 옆에 세운다. 나는 그 동요 없는 얼굴이 부러워서 남자를 흘끗 바라본다. 우리는 모두 지켜보며 기다린다. 재난을? 죽음을? 아무도 말이 없다. 이곳에서 평생을 산 와메나 사람들에게도 이번 것은 무서운 폭풍인가 보다.

마침내 폭풍이 핏빛 하늘과 함께 동편으로 물러나 분노를 쏟아 놓는다. 흙벽돌집 벽들이 대부분 무너졌고, 그 진흙이 마을에서 쏟아져 나오는 물길에 조금씩 휩쓸려 내려간다. 여자들이 곧바로 마른 점토가 담긴 커다란 들통을 들고 나와 무너져 내린 부분에 진흙을 덧바른다. 추장이 나를 보고 또 하나의 폭풍일 뿐이라는 듯 빙그레 웃더니 어깨를 으쓱한다. 아이들이 다시 돈을 조른다. 정상으로 회복되었음을 알리는 가장 확실한 '신호'다.

추장의 아내들이 대가족이 먹을 식사를 준비하는 동안 마당에 있는 의자에 앉아서 주위를 둘러본다. 내면에서 변화가 일어나고 있음을 느끼지만 무엇이 어떤 식으로 변했는지 정확히 집어내기는 어렵다. 여러 생각이 머릿속에서 하나로 뒤엉켜 있고, 아직까지 폭풍의 위력에 감전된 듯한 기분이다.

오늘 배에 얽힌 그물을 푸느라고 몇 시간 동안 퍽 애를 먹었던 일이 떠오른다. 나는 어떤 지연도, 불운도, 실패도 없이 이 여행이 모두 내 뜻대로 되기를 바라고 있었다. 그런데 방금 전 폭풍 속에 섰을 때 신기한 일이 일어났다. 모든 두려움이 나를 떠났고, 그와 동시에 무엇이 어떻게 되어야 한다는 모든 요구도 나를 떠났다. 땅이 제가 지닌 가장 끔찍한 것을 모두 쏟아 놓을 때 나는 그곳에 서 있었다. 하지만 놀랍게도 쇼가 끝났다. 지나가 버렸다.

여행하다 보면 이처럼 모든 것이 지나간다는 사실을 잊을 때가 있다. 그럴 때는 오로지 눈앞에 닥친 어려움만 생각하기 때문에 소위 경험의 혜택이라는 것을 받지 못한다. 얼굴에서 땀이 흘러내려 눈이 따갑고, 태양열에 피부가 타고, 노를 젓느라고 몸이 아픈 상태에서 무엇을 감상하기는 당연히 힘들다. 더 빨리 목적지에 도착하기 위해 더욱더 빨리 다음 장소에 도착해야겠다는 바람뿐일 때 '경험'이 들어올 공간은 있을 수 없다.

주변에 보이는 말리를 응시한다. 닭들이 진흙을 쪼아대고, 발가숭이 아이들이 물웅덩이를 밟고 지나간다. 강둑에서 염소들이 내가 폭풍을 일으키기라도 한 것처럼 꾸짖는 눈으로 나를 바라본다. 사람들이 근처에 모여 나를 쳐다보고, 아이들이 작은 소리로 돈을 조른다. 돈을 주기에는 사람이 너무 많다. 그리고 무엇보다 잘못된 생각을 심어 주고 싶지 않다. 백인은 '돈'이라는, 다른 관광객들이 심어 준 인상을 확인시키고 싶지 않다.

만나는 사람들에게 그 이상이 되고 싶다는 건 어쩌면 어리석은 욕심일지도 모른다. 그렇지만 내가 그 이상이 되는 것, 우리가 서로를 이해하는 것, 서로의 공통점을 깨닫는 것, 서로 도와줄 방법을 알아내는 것은 중요한 일이다. 하지만 이곳 와메나에서 우리는 겨우 하룻밤을 함께 보낼 뿐이다. 이곳의 여자들은 집 수리와 요리에 바쁘고, 남자들은 크고 작은 일들을 계획하고 의논하느라 분주하다. 게다가 언어 장벽이 과거의 대륙보다 훨씬 더 쉽고 확실하게 우리를 갈라 놓는다. 여기서도 역시 받아들일 줄 아는 자세가 필요하다.

집 수리를 돕겠다고 나서자 여자들이 웃으며 손사래를 친다. 할 수 없이 앉아서 글을 쓴다. 여행을 하다 보면 미국에 두고 온 것, 내가 항상 생각했던 것, 내가 둔 무게만큼의 가치를 오롯이 지니고 있는 듯했던 것들을 떠올리게 된다. 꼬맹이들이 나를 둘러싸고 내 펜 끝에서 나오는 알 수 없는 긁적거림을 바라본다. 통역 소년이 시장에 가서 카메라를 사 달라며 조르고 있다.

나는 온갖 잡념에 빠져든다. 여행 중이기 때문에 가능한 일이다. 잠시 짬이 나면 생각이 끼어들어 내가 어디로 가는지가 아니라, 내가 어디에 있었는지를 일깨운다. 그리고 자연스럽게 내가 과거에 맺은 관계들과 사람들이 서로에게 느꼈던 감정이 어떻게 변해 버렸는지 돌아보게 된다. 잃어버린 사랑이 일종의 죽음처럼 느껴지는 이유는 뭘까? 하지만 그런 생각은 지금 여기, 와메나 마을에서 돈을 달라고 조르는 아이들과 소리치는 어른들 사이로 비집고 들어오지 못한다. 오늘 오후 니제르 강에 다녀간 폭풍우처럼 과거가 덧없게 느껴진다.

잠시 후 나는 흙벽돌집을 수리하는 마을 여자들과 어느새 밖으로 나와 웅크리고 앉아서 자신을 남겨두고 떠난 폭풍우를 찾는 미치광이 남자의 모습에 정신이 팔려 잡념을 잊는다. 나는 샌들 밑창에 두껍게 달라붙은 진흙과 입고 있는 축축한 셔츠와 해질녘을 새벽으로 잘못 알고는 다가오는 밤을 향해 울어대는 수탉을 바라본다.

추장의 아내들과 함께하는 식사는 찰싹 모기를 때리고, 밥 한 주먹 입에 넣고, 계속 이런 식이다. 말리 사람들은 전통적으로 손으로 밥을 먹기 때문에 식사 전에 항상 물이 담긴 사발에 손을 헹군다. 오른손은 음식을 입에 집어넣는 데 쓰고, 왼손은 위생 처리에만 쓰기 때문에 옆구리에 딱 붙인다. 화장지 따위는 필요 없고, 필수불가결한 왼손과 물항아리가 모든 위생 문제를 해결한다. 나는 왼손잡이라서 식사할 때마다 어떤 손을 써야 할지 헷갈리곤 한다. 덕분에 식사하는 내 모습을 보고 마을 사람들이 경악하거나 소란스러워지는 일이 흔하다.

나는 여자들이 밤바라 말로 떠드는 소리에 귀기울인다. 식사하는 사이 강 상류에서 'TV맨'이 온다. 그는 커다란 컬러 TV와 안테나와 휴대용 가스 발전기를 가지고 와서 추장 집 마당 한가운데 있는 탁자 위에 기계를 설치한다. 좀처럼 만나기 힘든 저녁 무렵의 오락을 감상하기 위해 온 마을 사람들이 마당에 꽉꽉 들어찬다. 사람들의 흥분은 손으로 만질 수 있을 정도다.

낡아빠진 고물 TV 장비를 설치하고 작동시키기까지 오랜 기다림이 필요하다. 마침내 TV가 켜진다. 사람들이 몸을 앞으로 기울이고 치직거리는 화면에서 형태를 구분하려고 애쓰는 사이 TV맨의 감동적인 최종 마무리 작업이 이루어지고, 그와 동시에 색과 소리가 TV에서 별빛 마을로 뛰쳐나온다.

영화는 방영되지 않는다. 세상을 주무르는 '브루스 리'나 '람보'도 없다. 와메나에서 볼 수 있는 것은 말리 광고와 공중보건 선전뿐이다. 화면 안에는 말리의 수도 바마코에 있는 고급 호텔 광고가 나온다. 청록색 물이 담긴 커다란 수영장과 환대하는 종업원, 양복을 입고 타이를 맨 흡족한 표정의 백인 고객이 등장하고, 카메라가 위에서 연회장을 비추면 말리 사업가들은 서로 잔을 부딪친다. 행복한 가족은 호화로운 복도를 가볍게 뛰어간다.

내 주변의 벌거숭이 꼬마들이 입을 벌린 채 이들에게는 너무도 환상적으로 보일 영상에 두 눈을 고정하고 있다. 사람들은 금발의 백인 여자가 화려한 드레스를 입고, 굽 높은 구두를 신고, 금과 보석으로 치장한 장면을 바라본다. 샹들리에가 매달린 현관 앞에 고급 승용차가 와서 멈추고 휴일을 맞은 말리 가족을 쏟아 놓는 장면을 바라본다.

마침내 광고가 끝나고 영화가 나오는 게 아니라, 말리 여자가 나와서 손 씻는 법을 알려 준다. 여자가 불어로 시청자들에게 감염성 질환의 확산을 방지하자고 촉구하면서 비누 한 개를 들어 보인 뒤 마을 펌프 아래서 격렬하게 손을 씻는다. 사람들은 광고를 보던 때와 똑같이 완전히 정신이 팔려서 TV를 본다. 영화가 나오지 않아도(영화가 있는지도 모르겠지만) TV를 본다는 것 자체가 핵심이라는 사실을 깨닫는다. 쳐다볼 화면이, 보고 놀랄 장면이 있으면 되는 것이다. 사람들은 나와 달리 어떤 장면이 나와도 대만족이다.

황폐한 강기슭의 무너진 움막 근처에 레미의 배가 정박해 있는 것이 보인다. 일어서서 손을 흔드는 레미를 향해 노를 저어간다. 레미와 헤더는 배에 친 캐노피 그늘 아래서 쿠션을 얹은 벤치에 앉아 느긋이 쉬고, 요리사는 저녁 식사를 준비하고 있다. 두 끼나 생선을 먹었기 때문에 닭을 사려고 강을 따라 마주치는 마을마다 들렀다고 한다. 소용없는 짓이다. 팔아치울 닭 같은 게 있을 턱이 없다. 나는 레미의 처지를 딱하게 여기기로 한다. 레미에게 고개를 흔들어 보인다.

"이건 프랑스 배예요. 무슨 소린지 아시죠? 요리가 대단히 중요합니다." 레미가 말한다.

내가 웃는다. "어련하시겠어요."

나는 레미의 배와 마주칠 때마다 문화적인 충격을 받는다. 배 안에 있는 사람들은 모두 굉장히 깨끗하다. 마른 옷을 입었고, 미네랄 생수를 마신다. 나는 땀에 전 옷과 요오드 맛이 나는 여과수를 담은 물병들이 진흙으로 얼룩진 꼴을 흘긋 본다.

내 마음을 읽기라도 했는지 레미가 물 한 병을 건네며 들어와 쉬라고 권한다. 올라가면서 그들의 물건을 적시거나, 배의 쿠션들을 더럽히지 않으려고 조심한다. 하지만 샌들은 강바닥의 진흙에 절망적으로 뒤덮였고, 옷은 땀을 식히려고 퍼부은 강물로 흠뻑 젖었다. 게다가 땀을 하도 흘려서 데이지 꽃 향기 같은 게 날 리 없다. 진흙으로 얼룩지고, 땀에 절고, 물에 젖는 것이 이 여행의 어쩌지 못할 일부가 되었기 때문에 그렇지 않은 것이 비정상적으로 느껴져야 할 텐데 갑자기 깔끔한 척 체면을 차리려 하다니 이상한 일이다.

샌들을 벗고 배 위의 벤치에 드러누워 눈을 감는다. 오늘 처음 태양을 피해 쉬면서 잠시 내가 어떤 세계에 있는지 잊는다. 미네랄 생수와 지글거리는 생선과 프렌치프라이가 차려진 저녁 식탁을 보니 내가 지금 어디에 있는지 도무지 감을 잡을 수가 없다. 어쨌거나 한 가지 확실하게 깨달은 것은 저녁 시간이 될 때까지 어떻게든 레미 주변에서 어슬렁거리면 한 끼 얻어먹을 가능성이 높다는 사실이다.

레미가 콜라를 마실지 환타를 마실지 묻는다. 환타는 오렌지 맛과 사과 맛이 있고 맥주도 있단다.

"환타가 있어요?" 믿을 수가 없다.

레미가 커다란 질항아리를 가리킨다. 차가운 물이 가득 담긴 항아리가 음료수를 시원하게 식히고 있다.

"오렌지? 아니면 사과?"

"음, 오렌지."

주문이 주방장에게 전달되자 조금도 의심할 필요 없는 진정한 오렌지 환타가 거대한 질항아리에서 나타나 내게 건네진다. 레미의 배에는 콜라와 환타, 맥주, 생수가 완벽하게 구비되어 있기 때문에 레미를 찾으면 남사하라 한가운데서 미니바를 만나는 것과 마찬가지다.

레미가 자신의 계획에 대해 설명한다. '야영' 사진 같은 것을 찍고 싶다는 얘기다. 텐트 옆에 선 키라, 강가에서 일지를 쓰는 키라, 또한 바라건대 날씨가 나빠지면 '걱정스러운 얼굴로 강을 바라보는 키라'도 찍고 싶다고 한다. 그는 근처의 허물어진 흙벽돌집이 마음에 들어 이 장소를 골랐다. 싫지 않다면 그 옆에 텐트를 세워보는 것이 어떻겠느냐고 제안한다. 나는 폐허를 살펴본다. 대단히 시적이지만 조금 음울하다. "을씨년스럽군요." 내가 말한다. 그러고 보니 '을씨년스러운'이란 형용사는 내 여행을 표현하기에 손색없다는 생각이 든다. 맞다. 을씨년스러운 여행을 즐기는 키라.

레미가 웃는다. 내가 어깨를 으쓱한다. 이게 다 무슨 짓이람. 레미에게는 나한테 얻어야 하는 타입의 사진들이, 일종의 체크 리스트가 있다는 걸 나도 안다. 장비 사진, 텐트 사진, 노 젓는 사진, 원주민과 대화하는 사진 그리고 을씨년스러운 사진 등등.

해가 지면서 적절한 조명을 비춰 줄 때까지 기다리는 동안 기슭으로 가서 '야영' 무대 장치를 한다. 폐허 바로 옆에 텐트를 박아 넣고, 젖은 옷가지를 옆구리에 걸쳐 말린다. 레미의 지시에 따라 강에 묶어 두었던 카약을 날라다가 텐트 옆에 놓고, 그가 보기에 사진이 잘 나올 수 있도록 배치한다. 레미가 이제 말리 지도를 꺼내라고 지시하고, 나는 '신중하게 지도를 살펴보는 키라'가 된다.

한 원주민 여자 아이가 근처에서 알짱거리자 레미는 초콜릿 과자와 달콤한 말로 살살 구슬려 내 카약의 노를 들고 있게 한다. 레미는 어린이 프로그램 진행자 못지않게 아이들을 잘 다룬다. 잔뜩 겁을 먹었던 아이가 어느새 내 노를 들고, 거창한 카메라를 들이대는 낯선 투밥을 향해 천진난만하게 웃기까지 한다. 나는 레미가 하라는 대로 아이 옆에 앉아서 자세를 이리저리 바꿔 가며 모험을 즐기는 사람처럼 보이려고 갖은 애를 쓴다.

마침내 레미가 "사진을 건졌다."고 선언하더니 촬영 종료를 선포한다. 그리고 셔츠 주머니에 손을 넣고 초콜릿 과자가 숨어 있나 찾는 척하다가 슬그머니 한 개를 꺼내 아이에게 이별 선물로 준다. 나는 잽싸게 도망쳐 글을 쓴다. 일지 작성은 여행 도중 휴식과 위안을 얻을 수 있는 언제나 즐거운 일이다.

어슬렁거리며 강가로 내려가니 진흙둑이 수면에서 3미터 가량이나 솟아 있어서 강 너머로 해가 지는 모습을 바라보기에 딱 좋다. 강둑에 조그맣게 움푹 들어간 자리를 발견한다. 그리고는 내 뒤쪽에 있는 배와 들판에 있는 다른 사람들 눈을 피하기에 좋겠다 싶어 안으로 몸을 들이민다. 그리고 한숨을 내쉬고 두 눈을 감는다. 6시인데도 태양이 타는 듯이 뜨겁다. 나는 머리에 모자를 푹 눌러쓰고 뒤로 기댄다. 일지는 무릎 위에 얹어 두고 아직 쓰지 않는다. 지금은 그냥 잠시 평화롭게 숨 쉬고 싶다.

오늘 일을 생각한다. 노를 무지하게 많이 저었다. 정말 한 번도 쉬지 않았다. 9시간 동안 노를 저었다. 다른 때처럼 똑같이 더웠다. 손과 팔이 아프다. 문득 이런 여행을 하기로 한 내가 어리석다는 생각이 든다. 그래도 보고 배울 수 있어 감사하다. 하지만 정말 온몸이 피곤하다. 레미는 나처럼 '육체적으로 고달픈' 여행을 하는 사람들을 찍은 적이 몇 번 있는데, 그런 여행자들도 주변의 아름다움을 감상할 수 있는지 궁금하다고 말했다. 나는 그 말에도 일리가 있다고 수긍하면서, 줄줄 흐르는 땀과 노 젓기로 인한 피로 때문에 아름다움을 볼 겨를이 없을 때가 있다고 말했다. 하지만 아름다움은 나를 잊지 않는다는 말은 하지 않았다.

'아름다움'은 보통 느리고 지루하게 진행되는 내 여행 한가운데로도 밀고 들어온다. 몹티 외곽의 새벽 하늘을 가로질러 날아가던 새떼구름 속에서 나는 아름다움의 습격을 받는다. 연약한 날개를 팔랑거리며 힘겹게 니제르 강을 건너던 흰나비한테서도 아름다움은 모습을 드러낸다. 갈대로 지붕을 엮은 오두막 마을에서 보낸 저녁 나절에도, 별빛에 눈이 어지러웠던 한밤중에도. 아름다움은 그 정도로도 충분하다. 때로는 감당하지 못해서 두 눈을 가려야 할 지경이다.

찰칵거리는 소리가 들린다. 많이 들어본 소리, 레미의 카메라다. 거대한 망원렌즈로 나를 찾아낸 레미는 어느 정도 거리를 두고 신중하게 몸을 웅크린 채 지금까지는 포착할 수 없었던 내 모습을 잡고 있다. 레미는 내가 지금 누구를 위한 무엇도 되려 하지 않는다는 사실을 알아챘을 것이다. 이것은 사실, 지금처럼 되지 않았더라면 내 삶의 가장 큰 소일거리가, 강에서 1,000킬로미터 노를 젓는 일보다 더 큰 소일거리가 되었을 것이다.

다른 사람을 만족시켜야 한다는 짐을 내려놓을 때, 나는 세상을 피해 몰래 숨어서 한껏 익명성을 즐기는 누군가가 된다.

Chapter
10

지난밤은 레미와 함께 야영했다. 날이 밝자 레미가 '바르가 Barga'라는 마을에서 만나자는 말을 남기고 강을 거슬러 올라간다. 바르가는 니제르 강이 광활한 데보 호로 들어가는 초입에 있으며, 호수를 건너는 모습을 찍기에 좋은 곳이라고 한다. 나는 데보 호를 건너는 것이 두렵다. 수백 년 전 파크도 틀림없이 그랬을 것이다. 여러 가지 면에서 데보 호 횡단은 이 여행에서 가장 부담스러운 구간이다. 건너는 데만 꼬박 하루가 걸리고 워낙 큰 호수라 내해를 건너는 것이나 마찬가지다. 호수 한가운데서 길을 잃을까 걱정이다. 게다가 폭풍우를 만나 배가 뒤집히기라도 하면 어느 방향으로든 수십 킬로미터는 가야 뭍을 만날 수 있기 때문에 익사할 위험도 크다.

이런 문제들 때문에 레미가 탄 배의 선장이 하는 제안을 무시할 수가 없다. 레미의 배를 따라서 호수를 건너라는 것이다. 길잡이가 없으면 망망대해나 다름없는 곳에서 방향을 잃어버려, 다시 어디서 니제르 강이 시작하는지 종잡을 수 없기 때문이다. 나는 그 제안을 받아들여 바르가에서 레미를 만나 하룻밤 보낸 다음, 그들 뒤를 따라 호수를 건너기로 했다.

계획이 서자 오늘 여행이 상쾌하리만큼 간단하고 쉽게 느껴진다. 선장 말로는 바르가까지 대여섯 시간 노를 저어 가고, 남은 시간은 마을에서 보낸 다음 이튿날 아침 데보 호 종일 횡단을 준비하면 된다는 것이다.

일이 단순하고 쉬울 때 나는 몹시 행복하다. 하지만 니제르 강이 계획이라면 치를 떤다는 걸 알기 때문에 그렇게 순조롭게 이루어질지는 의문이다. 그래도 용기를 내서 노를 젓는다. 6시간만 가면 데보 호다. 비가 내려 몸과 짐들이 흠뻑 젖지만 바람을 동반하지 않은 소심한 폭풍일 뿐이다. 나는 이런 폭풍이 제일 좋다. 구름이 강렬한 태양열을 가려 주고, 빗줄기가 몸을 식혀 주기 때문이다. 들판의 풀냄새가 은은하게 허공을 감돌고, 무거운 빗방울이 잔잔하게 펼쳐진 수면을 때려 동그란 물무늬를 만든다.

이윽고 큰비가 지나가고 태양이 다시 나타나면서 수면이 반짝거려 앞을 제대로 볼 수 없다. 다시 더위가 시작되고, 온도계는 36도를 넘어 계속 올라간다. 나는 쉬지 않고 노를 젓는다. 12시가 다가온다. 넘어간다. 1시 그리고 2시. 이제 3시. 강은 끝날 기미가 없다. 데보 호는 없다. 바르가도 없다.

노를 젓기 시작한 지 6시간이 넘었고, 강폭은 매우 좁아져 15미터 정도 밖에 되지 않아 보인다. 어디를 봐도 광활한 호수로 이어질 것 같지 않다. 새로운 물굽이를 돌 때마다 반드시 데보 호가 나타날 거라고 기대해 보지만 호수는 여전히 보이지 않는다. 멍고 파크가 왜 니제르 강이 '세상 끝까지' 흐른다고 말했는지 알겠다.

시계가 4시를 가리키자 더럭 겁이 난다. 나는 줄곧 레미의 배를 찾아면 곳을 응시한다. 6시간이 넘었는데도 내가 바르가에 나타나지 않으니, 레미도 지금쯤은 뭔가 잘못됐다는 걸 알 것이다. 하지만 불안은 방해만 될 뿐 도움이 되지 않는다. 생각을 바꿔 내가 처한 곤경을 그대로 받아들이기로 마음먹고 15분 정도 찬란한 휴식을 만끽한다. 노질을 멈추고 오늘의 첫 식사로 스니커즈 초코바를 먹으며 빠른 물살에 배가 떠내려가도록 내버려 둔다. 양편에 진흙둑이 높이 솟아 있어서 주변 들판이 보이지 않기 때문에 전에는 느끼지 못한 폐소공포증이 생기려고 한다. 하지만 있는 그대로 받아들이며 그저 물살을 따라 떠내려가면서 두 다리를 카약 양 옆구리에 걸치고 햇볕을 쬔다.

한 남자가 둑 위에 쭈그리고 앉아 나를 바라본다. 강폭이 무척 좁기 때문에 사람들을 피할 수가 없다. 우리는 서로 부르면 들릴 만한 거리에 있다. 내가 둥실둥실 떠내려가자 남자가 일어서더니 가까이 오라고 소리친다. 나는 반대로 노를 저어서 멀리멀리 간다. 마치 금지된 일을 하다가 들킨 기분인데, 그게 무슨 일인지는 나도 모르겠다. 남자가 거칠게 소리 지르면서 강둑을 따라 쫓아온다. 니제르 강은 누구의 소유도 아니다. 이 강에 통행요금 같은 건 없다. 적어도 이것만은 멍고 파크 시대 이후 크게 달라진 점이다. 이 남자가 도대체 왜 그렇게 무섭게 화를 내는지 아무리 생각해도 알 수가 없다. 나는 그 이유가 너무 궁금해서 잠시 속도를 늦추고 남자가 숨을 헐떡거리며 나를 따라잡을 때까지 기다린다.

남자가 멈춰 서서 엉터리 불어로 소리친다. "5,000프랑 내놔!" 말리인들의 일주일치 임금에 해당하는 돈이다. 자선은 가치 있는 일이지만, 소리 지르는 미치광이에게 돈을 주고 싶지는 않다. 남자는 그야말로 길

길이 뛰고 손을 흔들면서 같은 요구를 되풀이한다. 내가 불리하다는 사실을 깨닫는다. 내게서 돈을 뜯어내려고 날뛰는 사내 말고는 주변에 사람 그림자를 찾아볼 수 없다. 돈을 주지 않으면 어떻게 될까? 계속 나를 따라올까? 다른 사람을 시켜서 미리 기다리고 있다가 덮칠까? 이건 망상이 아니다. 그런 일이 일어날 가능성은 어쩌면 내가 생각하는 것보다 훨씬 더 높다.

남자를 무시하고 있는 힘껏 노를 젓는다. 남자가 잠시 뒤따라오다가 마침내 포기한다. 15분이라는 짧은 행복에 대한 대가로는 너무 비싸다. 두려움이 되살아나 잘못 먹고 체한 음식처럼 얹힌다. 물굽이를 돌 때마다 강은 점점 더 좁아지고, 나는 카누를 타고 기다리는 남자가 없는지 앞을 살핀다. 새삼스럽게 이 여행에 대한 두려움을 달고 살았다는 생각이 든다. 날씨가 나쁠까 봐, 배가 파도에 뒤집힐까 봐, 바람과 거친 폭우에 대한 걱정과 하마와 악어에 대한 공포. 지나가는 배에 탄 젊은 남자들이 나를 괴롭힐까 봐, 마을에 들르면 내 물건이 도둑맞을까 봐, 길을 잃을까 봐, 길을 잃었는데 아무도 찾지 못할까 봐, 끝이 없다. 맙소사. 나는 그 모든 불쾌함을 초월하는 무언가가 있어야 마땅하다고 고심 끝에 결론을 내린다.

니제르 강이 갑자기 하나는 북동쪽, 다른 하나는 서쪽으로 갈라진다. 분기점에 갈대로 지붕을 엮은 흙벽돌집 마을이 있다. 내 지도는 부정확해서 거의 쓸모가 없기 때문에 마을에 들러 데보 호로 가는 길을 물어볼 생각이다. 마을 사람들이 나를 발견하고는 강둑 위에 한 줄로 늘어서서 소리 지른다. 아무도 밤바라 말로 던지는 내 인사에 대답하지 않는다. 그들은 마냥 소리를 지르고 팔을 흔들면서 돈을 내놓으라고 한다. 도대체 이 근방은 왜 이런 것일까? 세고우를 비롯한 아래 지방에서는 사람들이 착하고 따뜻했는데, 북쪽 사람들은 왜 이렇게 거친 걸까? 이유가 뭘까?

파크의 안내원이자 두 번째 여행의 유일한 생존자인 아마디 파토우마의 증언에 따르면, 그들의 탐험은 당시 '시비Sibby'로 불렸던 데보 호 지역에서 심각한 문제에 직면했다고 한다. "시비를 지날 때 카누 세 척이 우리 뒤를 따라왔는데 창과 작살과 활과 화살 따위로 무장했을 뿐 화기는 없었다. 우리는 그들의 적대감을 확인하고 돌아가라고 했지만 말을 듣지 않아 결국 힘으로 격퇴할 수밖에 없었다."

내게는 누굴 격퇴할 만한 무엇이 없다. 집에서 비행기로 밀반입한 경찰 인증 최루가스가 있을 뿐이다. 인간부터 회색큰곰에 이르기까지 무엇에나 효과가 있다지만 직접 확인할 일은 없기를 바란다.

지도가 무용지물이라 방향을 찍기로 한다. 일이 꼬일 확률은 반반이지만, 지금까지 맞닥뜨린 최악의 확률은 아니다. 서쪽을 고른다. 마을 사람들이 지나가는 나를 향해 고함을 지르고, 이 소리는 물굽이를 다 돌아갈 때까지도 끝나지 않는다. 니제르 강은 세고우에서 강폭이 1,500미터를 넘었는데 이제는 9미터가 될까 말다. 문명의 흔적이 전혀 보이지 않아서 무척 당황스럽다. 큰 호수가 있고 바르가 마을이 있다면 다른 마을도 있어야 한다. 그리고 마을로 향하는 카누나 배가 있어야 한다. 불안하다. 배들은 모두 어디로 간 걸까?

도무지 알 수 없는 일들뿐인데 해가 지고, 공포감이 엄습한다. 몇 안 되는 마을은 모두 적대적인 것 같다. 강둑 위에서 혼자 야영할까 고민한다. 강둑 위에서라면 사람들이 다가오는지 감시할 수 있다. 하지만 오늘 밤을 무사히 보내고 아침이 된다고 해도 내가 데보 호로 향하고 있는지 알 길이 없는 건 마찬가지다.

내가 처한 상황을 최대한 이성적으로 생각해 보려고 애쓴다. 가장 좋은 방법은 배를 멈추고 누군가에게 데보 호와 바르가가 어디에 있는지 물어보는 것이다. 하지만 사람을 잘 골라야 한다. 선뜻 나를 도와줄 누군가와 마주치기를 바라며 노를 젓는다. 강둑에서 여자들 목소리가 아련하게 흘러내려 온다. 나는 배 댈 곳을 찾는다. 높은 진흙둑에 갈라진 틈을 발견하고 그 안으로 카약을 간신히 들여놓는다. 붙들고 움켜쥐면서 진흙 비탈을 기어올라가 꼭대기에 이르자 눈앞에 광활한 푸른 대지, 범람원이 보인다. 분명히 근처에 호수가 있다는 증거다. 하지만 아직 호수가 보이지는 않는다. 멀리 갈대 오두막 두 채가 있고, 여자 두 명이 오두막 앞에서 수다를 떨고 있다.

나는 팔에 묻은 진흙을 닦고 머리에 얹힌 모자를 편 뒤 그들을 향해 걸어간다. 여자들은 나를 보지 못하고 계속 떠든다. 윗옷을 걸치지 않아 둥근 유방이 그대로 드러난 여자가 돌확에 수수를 찧고 있다. 다른 여자는 근처에 앉아서 무릎에 아기를 눕히고 젖을 먹인다. 아무것도 입지 않고 양쪽 귀에 금귀고리만 단 여자애가 어른들보다 먼저 나를 발견하고 세상 끝까지 울릴 만한 목소리로 외친다.

"투우밥! 투우우우바아아압!"

여자들이 고개를 들고 내 모습을 발견한 순간 하던 일을 멈추고 문신한 입을 떡 벌린다. 유령이라도 본 듯한 얼굴들이다.

여자아이가 아직까지 공포에 질린 비명을 지른다.

"투우바압! 투우우우우바아아압!"

나는 웃으면서 여자들에게 가장 자신 있는 밤바라 말로 인사한다.

"다들 안녕하시죠?"

그들은 꿈쩍도 하지 않는다.

"바르가 베 미(바르가가 어디죠)?" 내가 묻는다.

아기에게 젖을 먹이던 여자가 갑자기 웃음을 터뜨리더니 내 눈을 바라보며 내가 한 말을 따라한다.

다시 묻는다. "바르가가 어디죠?"

여자가 이번에는 서툰 발음까지 그대로 흉내내어 내가 한 말을 똑같이 따라한다. 절구질하던 여자가 분노로 이글거리는 눈으로 나를 바라보며 격렬하게 공이를 돌확에 내리친다. 다시, 또다시 내리친다. 여자의 불거진 팔 근육이 흔들린다.

나는 공책 뒷면에 써둔 몇 가지 밤바라 단어와 문장을 참고해 다시 묻는다.

"이 마을 이름이 무엇입니까?" 최대한 또박또박 묻는다.

"투우밥! 투우우우우바압!" 여자애가 계속 울부짖는다.

젖 먹이던 여자가 깔깔거리며 내가 한 말을 또 따라한다. 이유가 뭔지는 알 수 없지만 이 사람들에게서는 답을 들을 수 있을 것 같지 않다. 하지만 이 지역은 분명히 밤바라 말을 사용한다.

"데보 호가 어디 있습니까?" 내가 묻는다.

"아이에에에!" 절구질하는 여자가 소리치면서 공이를 쿵 내리친다.

"저 너머에 데보 호가 있습니까?" 다시 묻는다.

"아이에에에!" 여자가 외친다.

"아, 만나서 반가웠습니다."

인사를 하고는 돌아서서 잽싸게 강으로 향하는데, 여자가 여전히 사납고 격렬하게 공이를 내리친다.

"아이에에에! 아이에에에!" 여자가 내 뒤통수에 대고 외친다.

오늘 일진이 더 나빠질 수 있을까 궁금하다. 진흙 비탈을 미끄러져 내려가 진흙 속에 박아 놓았던 카약의 방향판을 끄집어낸다. 카약에 올라타고 노를 젓기 시작한다. 세찬 물살이 카약을 움켜잡듯이 두 여자의 외침이 내 뒤를 따라온다. 그들은 이제 강둑 위에 서 있다. 나는 그들이 하는 말을 들으려고 목을 앞으로 쭉 뽑는다. 바르가로 가는 방향? 데보 호에 대한 정보? 그들의 말소리가 들린다.

"투밥, 아르장(백인, 돈)!"

이미 몇 시간 전에 도착했어야 할 목적지를 향해 거의 9시간 동안 그야말로 쉬지 않고 노를 젓고 있다. 아직까지도 맞는 방향으로 가고 있는지 알 수 없다. 여행 시작 이후 처음으로 빠른 물살이 힘차게 뒤에서 밀어 준다.

강이 굽이치면서 넓어진다. 마을이다! 마을이 양편 기슭을 따라 줄지어 서 있다. 끝끝내 모습을 보여 주지 않던 바르가도 이 마을들 중에 있을까? 하지만 어디에도 레미의 배는 보이지 않는다. 그리고 호수도 없다. 노를 저어 강기슭을 지나가자 사람들 수십 명이 갈대 오두막에서 달려 나와 내가 지나가는 모습을 바라본다.

"바르가가 어디죠?" 나는 사람들에게 밤바라 말과 불어로 묻는다.

누구도 내가 무슨 말을 하는지 알아듣는 것 같지 않다. 그저 하나같이 돈 달라는 소리들뿐이다. 강가에 서 있는 남자들을 발견하고 질문을 되풀이한다. 만나는 사람마다 바르가와 데보 호가 어디 있는지 묻지만 모두 고개를 흔든다.

어느 마을을 지나며 속도를 늦추자 한 젊은이가 말을 걸어온다. 젊은

이의 눈빛과 태도에는 사람을 안심시키는 온화함이 있고, 불어도 아주 잘 한다. 불안하지만 무시하고 배를 댄다.

젊은이의 이름은 '아보카'인데 '보스'로 불리는 걸 더 좋아한다고 소개한다. 주위에 온통 풀 뜯는 소들이니 풀라니일 거라고 짐작한다. 그가 주위를 에워싼 아이들에게 이야기가 잘 안 들리니 입 다물고 저리 가라고 꾸짖는다. 내가 미국인이라는 사실을 알고는 활짝 웃는다.

"나는 바마코에서 영어 공부를 합니다. 평화봉사단이 가르쳐 주죠."

나는 평화봉사단에 깊이 감사했다.

"바르가를 찾아야 해요." 나는 천천히 또박또박 발음한다.

"바르가? 네, 바로 저기 있어요." 그가 가리키는 강 아래쪽을 바라보니 그 끝에서 다시 지류가 뻗어나간다. 그가 왼쪽으로 가는 지류를 가리킨다. "바르가는 그 끝에 있습니다."

호수가 어디 있느냐고 묻자, 거의 다 왔다고 안심시킨다. 강이 끝나고 호수가 시작되는 지점의 작은 섬에 바르가가 있다고 알려 준다.

어느덧 수평선에 닿은 태양이 저녁 안개를 뒤로 늘어트린다. 하루가 끝날 무렵에는 태양이 숨을 곳을 찾아 허둥지둥 달려가기 때문에 언제나 시간이 빠르게 지나간다. 나는 보스에게 고맙다고 말하고 헤어져 급하게 노를 저어서 왼쪽 지류로 접어든다. 폭이 6미터밖에 되지 않고, 물살이 급해서 노를 저을 필요가 없다. 작은 물굽이를 돌자 마침내 광활한 데보 호가 마주 보인다. 망망대해를 만난 것 같다. 눈앞이 모두 물이다. 저 멀리 아득한 수평선 끝까지 사방이 물이다. 이런 물이 남사하라 한가운데 있다니 믿기 힘들다.

바르가도 코앞에 보인다. 동그랗고 납작한 갈대 오두막들이 니제르 강 하구의 좁은 섬에서 쉬고 있는 마을. 거주민이 많은 곳이다.

바르가 쪽으로 방향을 틀어 다가가자 사람들이 알아차린다. 순간 마을에 소동이 벌어진다. 수많은 군중이 기슭에 모여 나를 향해 손짓하며 돈을 요구한다. 어디에도 레미의 배는 보이지 않는다. 그렇게 큰 배를 못 보고 지나칠 리는 없다. 호수에서 배를 찾아봐도 보이지 않는다. 그는 몇 시간 전에 여기 도착했어야 한다. 나는 섬에 배를 대고 노를 진흙 속에 꽂아 카약을 고정시킨다. 뭔가 해 보기도 전에 사람들이 우르르 몰려 내려와 배낭과 카약에 있는 짐들로 손을 뻗친다. 사람들이 너무 바짝 붙어서 움직일 수가 없다. 여러 개의 손이 내 옷과 몸을 잡아당기고 움켜쥔다. 나는 물론이고 내가 소유한 모든 것이 금세 그들 손으로 넘어가려 한다.

"워! 비켜요!" 내가 외친다.

사람들이 잠시 주춤한다. 나는 노를 들고 내 가방들을 낚아챈다. 흥분이 피를 타고 몸 구석구석으로 흐른다.

갑자기 어떤 사람이 커다란 막대기를 들고 앞으로 나와 사람들을 위협한다. 남자는 불어를 좀 할 줄 안다. 나는 그에게 커다란 피니스를 탄 프랑스 남자를 보았는지 묻는다.

"아니요. 그런 사람은 보지 못했습니다. 하지만 추장에게 물어봐야 합니다."

내 물건들을 무방비 상태로 버려둔 채 배에서 내려 추장을 만나러 가고 싶지는 않다. 남자에게 내 생각을 전하자 그가 친구를 부른다. 찢어진 티셔츠와 진흙으로 얼룩진 바지를 입은 남자가 나타나자 내가 없는 동안 구경꾼들을 쫓아 버리라고 이른다. 친구라는 남자가 고개를 끄덕이더니 물로 걸어 들어가 내 카약 옆을 지킨다. 사람들이 접근하면 기다란 막대기를 위협적으로 휘두른다.

"좋았어." 그 모습을 보며 내가 한 말이다.

나는 마지막 여행을 하던 가엾은 멍고 파크의 마음을 이해할 수 있다. 그는 결코 마을에 들르거나 배에서 내리려 하지 않았다. 하지만 나는 파크의 원칙을 깨트리고 강기슭에 내린다. 사람들이 또다시 옆으로 바짝 다가들어서 도대체 움직일 수가 없다. 불어를 할 줄 아는 남자를 따라가는 동안 무수한 손들이 사방에서 나를 꼬집고, 잡아당기고, 찌른다. 거의 아무것도 먹지 못한 채 하루 종일 노를 저어서 녹초가 되었다. 사방을 에워싼 군중 때문에 신경이 날카로워졌고, 레미는 찾아도 없고, 이제 그나마 남아 있던 인내심과 제정신까지 잃어버릴 지경이다. 불이 붙으면 금세라도 폭발할 것만 같다.

사람들의 물결이 나를 마을 한가운데로 실어간다. 작디작은 섬에 갈대 오두막이 빽빽하게 들어차 있고, 짓뭉개진 진흙땅에는 푸른빛이 전혀 없다. 어딜 가나 분뇨 냄새가 진동한다. 사람들에게 떠밀려 커다란 초가집 앞에 서자 한 남자가 나와서 내게 인사한다. 머리칼이 희끗희끗한 중늙은이다. 추장이 기묘하게, 어떻게 보면 음탕하게 나를 보고 웃는다. 악수가 끝나고도 계속 손을 붙잡고 있기에 추장의 손아귀에서 내 손가락을 억지로 잡아 뺀다.

나는 밤바라 말로 인사한 뒤 가능하면 빨리 카약으로 돌아갈 생각에 바로 본론으로 들어간다. 추장에게 커다란 배를 탄 투밥 두 명을 보았느냐고 묻는다. 남자는 프랑스 인이고 이름은 레미, 여자는 미국인이고 헤더라고 알려 준다.

"어디서 왔어?" 내 질문은 못 들은 듯이 추장이 묻는다.

"미국. 프랑스 남자 봤어요?" 내가 말한다.

"미국? 이름이 뭐야?"

나는 이름을 말한다. 성까지 다 말한다. 그가 강요하는 바람에 공책을 꺼내 이름을 적어 준다.

"키라?" 그가 글자를 읽는다.

"네." 내가 다시 레미를 보았는지 묻는다.

"결혼했어?" 그가 묻는다.

인내심이 쉬익 소리를 내며 사라진다. 추장을 똑바로 쳐다보며 애원한다.

"이봐요, 이 두 사람을 봤는지 말씀해 주시겠어요?"

이건 결코 대답하기 어려운 질문이 아니다. 그 두 사람은 1년 사이 바르가에 발을 들여놓은 유일한 백인일 것이다.

"그 사람들 이름이 뭐야?"

다시 말해 준다. 써 보라고 해서 시키는 대로 한다. 나는 큰 글씨로 '레미'와 '헤더'라고 쓴다. 헤더의 이름은 거들어 주어야 겨우 읽는다. 올바르게 발음하기까지 여러 차례 되풀이한다. 나는 영어 선생이 된 것 같다.

"애인 있어?" 그가 묻는다.

한숨이 나온다. 강가를 죽 훑어보며 레미의 큰 배를 찾지만 아무것도 보이지 않는다.

추장이 헤더의 이름을 여러 차례 다시 반복하고 나를 올려다본다.

"본 적 없어." 추장이 선언한다.

"알겠습니다. 감사합니다." 말을 마치고 돌아서서 물살을 거슬러 오르는 것처럼 몸뚱이들의 물결을 밀치며 카약으로 돌아간다.

"마담! 마담!" 추장이 쫓아와 팔을 잡는다. 흥분한 얼굴이다.

"네?"

"돈, 마담." 추장이 웃으며 어깨를 으쓱한다.

나는 주머니를 뒤져 지폐 한 장을 꺼내 추장의 손바닥에 떨어트린다. 군중 속 다른 남자들도 앞으로 달려든다. "라르장, 마담! 마담! 마담! 라르장!" 그들이 팔을 잡고 나를 짓누른다.

나는 돈을 뿌리는 순간 사람들이 이성을 잃고 덤빌까 봐 두려웠다. 하지만 나도 마찬가지다. 이제 무엇으로도 감정을 통제하지 못하겠다. 금방이라도 미쳐 날뛸 것만 같다. 배로 달아나려고 몸부림치지만 손들이 뒷덜미를 잡는다. 순간 나는 폭발한다. 팔꿈치를 휘저으며 나를 붙잡은 손들을 거칠게 뿌리친다. 사람들이 놀라서 뒤로 물러서고, 나는 몸뚱이들을 옆으로 밀치며 뚫고 나아간다. 이제는 아무것도 발에 채지 않는다.

"비켜요! 비켜!" 내가 외치며 군중을 뚫고 달려간다. 놀란 사람들이 뒤로 물러서서 내가 배까지 가도록 내버려 둔다.

찢어진 티셔츠를 입고 기다란 막대기를 든 남자가 아직도 배 옆에서 사람들을 쫓고 있다. 도와준 대가로 돈을 조금 내밀자 웃으면서 지폐를 이마에 철썩 붙이고는 신이 나서 몽둥이를 휘두른다. 처음부터 끝까지 현실감이 전혀 느껴지지 않는 일들이다. 나는 짐들이 제자리에 있는지 얼른 살펴보고 꾹꾹 눌러 단단히 간수한다. 노를 들고 배를 강으로 잡아당겨 올라탄다. 사람들이 마지막으로 카약을 붙들자 내 은인이 앞으로 뛰어나와 얼굴을 찌푸리면서 소리를 질러 사람들을 쫓는다. 나는 얼른 어스름 속으로 노를 저어 나가 물살을 거슬러 오른다. 사람들이 뒤에서 소리친다.

보스가 있는 풀라니 마을로 향하며, 오늘 밤을 안전하게 보낼 수 있는 최선의 방책은 이것뿐이라고 생각한다. 거센 물살을 뚫고 기다시피 조금씩 나아간다. 몸에서 넘쳐흐르는 분노의 에너지가 아니라면 이처럼 격렬하게 노를 젓지 못할 것이다. 나는 미친 듯이 노를 저으며 레미가 어디에 있을까 생각한다. 사람들이 백인만 보면 광분하는 서아프리카 한가운데서 혼자 카약을 타고 노를 저으며 사람을 찾는 것이 얼마나 어려운지 그는 알기나 할까? 데보 호를 건너는 내 모습을 찍겠다고? 누구 맘대로? 그 잘난 짓거리들이 다 무슨 소용이야. 내일 호수 건너는 길을 안내해 줄 현지인을 고용할 테다.

마침내 보스가 사는 마을 '구로Guro'다. 카약을 둑으로 끌어올리는데 옷은 땀으로 흠뻑 젖었고, 몸은 덜덜 떨린다. 보스가 다가와 인사한다. 돌아와서 반갑다고 하더니 부모님과 함께 저녁을 먹고 하루 묵어가라고 권한다. 1킬로미터 남짓 떨어진 두 마을이 어쩌면 이렇게 다를까 신기해 하면서 고맙다고 말한다. 내가 카약을 묶자마자 보스가 갓 짜낸 소젖이 담긴 바가지를 건넨다. 거품이 뜬 소젖은 따뜻하다.

"잠깐만 앉아 계세요. 이거 마시고 쉬세요. 알겠죠?" 걱정스러운 눈빛으로 그가 말한다.

나는 시키는 대로 한다. 강둑에 앉아서 소젖을 마신다. 이 마을에서는 아무도 내 주위로 몰려들지 않는다. 아무도 돈을 달라지 않는다. 보스가 동생들을 데려와 내 배낭과 짐을 카약에서 내리고, 동생들은 카약을 마을로 옮기려고 다시 카약으로 돌아간다. 나는 세운 무릎에 머리를 얹고 앉아서 떨리는 두 손을 바라본다. 아직까지 니제르에서 노를 젓고 있는 것처럼 익숙한 강의 오르내림이 느껴진다. 내일 바르가를 다시 지나가야 한다고 생각하자 몸서리가 쳐진다.

소젖을 다 마시자 보스가 나를 마을로 안내한다. 갈대 오두막 사이에서 소들이 풀을 뜯다가 내가 지나가자 보초병처럼 나를 응시한다. 나는 보스의 부모님에게 안내된다. 연로한 아버지 '하마두나'가 파란색 그랜드 부부를 입고 위엄 있게 앉아서 옆에 앉으라고 권한다. 하마두나의 세 아내는 모두 식사 준비에 바쁘다. 나는 선물로 돈을 조금 내놓고 따뜻하게 맞아 주어 고맙다고 말한다. 하마두나가 공손한 태도로 고개를 흔든다.

"찾아 주셔서 오히려 제가 고맙습니다. 마른 옷으로 갈아입어야겠죠?" 완벽한 불어로 묻는다.

"예." 내가 대답한다.

하마두나는 아들 하나를 시켜 내 배낭을 갈대 오두막으로 가져오게 하고, 직접 거적으로 입구를 덮어 안을 가려 준다. 방안은 마른 풀처럼 따뜻하고 부드러운 냄새가 나고, 옷가지, 반닫이, 동글의자 등 몇 가지 살림살이가 반대편 벽을 따라 가지런히 정돈되어 있다. 나는 젖은 옷을 갈아입고, 마른 옷이 피부에 닿는 황송한 감촉을 즐긴다.

특별한 말리 차를 준비해 놓고 밖에서 나를 기다리는 하마두나에게 다가가 옆에 앉는다. 진한 민트 차는 걸쭉하고 달콤하다. 말리 풍습에 따라 내 잔을 모두 비운 뒤, 보스가 마실 수 있도록 그에게 건넨다. 우리는 해가 지고 어둠이 내리는 것을 함께 바라본다. 하마두나가 50살 생일을 맞아 얼마 전 파리에 다녀왔다는 이야기를 꺼낸다. 첫째 부인과 고급 호텔에 묵고, 보르도 와인을 마시고, 지하철을 탔단다. 내 옆자리에 앉은 남자, 갈대를 엮어 만든 오두막에서 소들에게 둘러싸여 있는 이 남자가 파리의 지하철을 타는 모습은 상상하기 힘들다. 하지만 하마두나는 말리에서 부자다. 하마두나는 소가 한 마리에 380달러 정도 나간다고 귀띔한다. 지금 100마리 가량 키우는데, 거기에 송아지 25마리까지 있단다.

"닭을 드시오?" 하마두나가 묻는다.

먹는다고 대답하자 하마두나는 아이들한테 닭을 잡아 오라고 이른다. 하마두나가 무슨 일로 이곳에 왔느냐고 묻는다. 바르가에서 친구를 만나기로 했는데 나타나지 않았다고 설명하자 몇 사람이냐, 어떤 배냐, 자세하게 묻더니 아들 두어 명에게 전한다. 남자 아이들이 레미를 본 사람이 없는지 알아 보기 위해 카누를 타고 다른 마을로 간다. 하마두나의 친절한 도움에 몸 둘 바를 모르겠다. 파크가 200년 전에 발견한 사실을 다시 한 번 확인한다. 말리에 똑같은 마을은 하나도 없고, 예측할 수 있는 일은 아무것도 없다.

하마두나의 아들들이 달려와 근처 강가에서 레미의 배를 보았다고 말한다. 배의 선장이 나를 찾으려고 어둠 속에 스포트라이트를 비추고 있다고 한다. 기슭으로 가 보니 틀림없는 레미의 배다. 레미가 내 이름을 크게 부르고 있다. 도대체 어떻게 된 일일까? 다른 니제르 지류로 갔던 것일까? 어디서 문제가 있었나? 데보 호에서 나를 찾았나?

내가 소리치자 레미가 뱃전으로 몸을 기울이고 인사한다. 바지선이 기슭으로 올라와 멈추자 땅으로 뛰어내린다.

"헬로!" 레미가 말한다.

"바르가에서 물어보고 다녔는데 찾지를 못했어요. 사람들이 당신이 오지 않았대요. 어떻게 해야 할지 난감했어요." 나는 급히 말한다.

"나는 저 언덕에 있었어요. 보이세요? 저쪽." 레미가 동쪽 멀리, 달빛에 꼭대기의 윤곽이 드러난 높은 언덕을 가리킨다. "키라, 정말 아름다웠어요. 언덕에 올라가 꼭대기에서 사진을 찍었죠. 아, 정말 믿을 수 없었어요. 해가 지는데…… 완벽했어요." 레미가 침을 튀기며 고개를 흔든다. "파르페(완벽해)."

Chapter
11

오늘은 데보 호다. 모든 것이 날씨에 달려 있다. 일찍 잠이 깨어 오늘 횡단을 생각하면서 불안한 마음으로 텐트에 누워 있다. 아직 해가 뜨지 않아 어두워서 폭풍이 다가오는지 알 수 없다. 지금은 폭풍이 없더라도 오후 늦게 올 수도 있다. 하마두나 말이 데보 호 한가운데서 폭풍우를 만나면 파도가 매우 높아진다고 한다. 지난 밤에 본 호수는 눈길 닿는 곳까지 끝없이 펼쳐진 물뿐이었다. 맞은편에 닿을 때까지 뭍은 없다. 데보 호 횡단의 가장 큰 어려움은 하루 안에 횡단을 끝내야 한다는 점이다. 지쳐도 멈추거나 쉴 수 없다.

마을의 소들이 텐트 주위로 모여들어 풀을 되새김질하면서 나를 바라본다. 일어나 앉으니 어제 하루 종일 산을 오른 것처럼 온몸이 아프다. 밖으로 나와서 텐트를 접는다. 골이 패는 소리로 사람을 깨워대는 수탉들만 아니면 구로는 조용하다. 일단 레미가 일어날 때까지 기다려야 한다. 기둥에 매인 송아지에게 다가가 목덜미를 긁어 준다. 송아지는 개처럼 앞다리를 쭉 펴고 꼬리를 흔들면서 흡족한 울음소리를 낸다.

서쪽으로 푸른 범람원 너머 아침 안개로 뒤덮인 데보 호가 보인다.

파크는 이곳을 건너면서 어떤 어려움을 겪었을까? 호수에서 공격을 당했다는 파토우마의 증언 외에는 알려진 것이 없다. 어쨌든 파크는 호수를 건넜고, 그가 성공했다는 사실이 새로이 결심을 다지게 한다.

보스가 근처 오두막에서 나와 내게 손을 흔든다.

"키라, 그 소를 미국으로 사 가져도 돼요." 내가 간질이는 송아지를 바라보며 소리친다.

"비행기에 태우기 어려울 거예요."

"싸게 드리죠."

"내셔널 지오그래픽 소사이어티가 송아지 값을 지불할 것 같지는 않은데요."

레미와 헤더가 근처에서 텐트 밖으로 나온다. 그들이 얼 그레이 차와 비스킷을 먹으러 배로 향하는 사이 말리 인 주방장이 텐트를 걷으러 온다. 마침내 수탉이 주둥이를 다물고 고개를 홱홱 돌리면서 오두막 사이로 점잔 빼며 걷는다. 나는 배낭을 메고 강가로 가서 무게 배분에 주의하여 카약 안의 짐들을 단단히 간수한다. 무게가 조금만 한쪽으로 기울어도 카약의 코가 그 방향으로 향하게 된다. 하루 종일 이 상태에서 노를 저어 배가 똑바로 나아가게 하려면 한쪽 팔이 다른 쪽 팔보다 더 열심히 일해야 한다.

강가에 앉아서 아침으로 스니커즈 초코바를 먹는다. 레미가 내 모습을 보고 다가와 배에서 함께 식사하자고 권한다. 나는 그들과 합석한다. 평상시 습관과 달리 찻잔 속에 설탕과 크림을 듬뿍 넣는다. 가능하면 많은 칼로리를 섭취하기 위해서다. 비스킷을 양껏 먹으라는 두 사람의 권유를 그대로 따른다. 포장지에 남은 부스러기까지 탈탈 털어 먹는다. 그러면서 우리는 음식에 대해 떠들고 농담한다. 두 사람과 함께 이렇게라도 기분 전환을 할 수 있어서 다행이다. 노 젓기에 대한 불안감이 조금은 가라앉는다. 마음 한 귀퉁이에는 뜨겁고 힘겨울 것이 분명한 횡단을 미루고 싶은 마음이 웅크리고 있다. 태양이 이미 동쪽에서 수면 위로 떠올라 얼굴에 새로 바른 선크림을 녹인다. 역시나 무덥다! '혹시나'는 없다.

식사를 마치고 배에서 내려 보스와 그의 아버지에게 작별 인사를 한다. 카약에 오르자 가족들이 모두 강가에 나와 무사히 여행하길 빌어 준다. 물살이 카약을 바르가 쪽으로 휩쓸어 가고, 레미의 배가 꾸무럭거리며 지나간다.

바르가는 아직 잠에서 깨어나지 않은 모양이다. 좁은 니제르 강이 광활한 데보 호를 향해 카약을 밀어 넣고, 나는 다행히 많은 군중을 끌지 않고 섬마을을 지나간다. 레미가 탄 배의 모터가 바로 앞에 보인다. 내가 노를 젓는 모습을 레미가 찍는 동안 앞뒤로 왔다 갔다 한다. 이번에는 스포츠 삽화로 쓰일 사진을 찍는 것 같아서 최대한 운동선수답게 보이려고 노력하지만 지친 팔과 상체가 오늘은 영 협조를 해 주지 않는다. 내게 필요한 것은 며칠 동안의 '가동 중지'지만 팀북투에 닿을 때까지는 어림없다.

사방이 하늘과 물이 맞닿은 수평선에 도달한다. 호수에는 높은 파도가 제멋대로 일렁인다. 현재 지점은 깊이가 50미터나 된다는 글을 읽었는데, 그 사실을 떠올리고 나니 횡단이 더욱 위험하게 느껴진다. 배가 뒤집혀서 물건을 잃어버리면 되찾을 가능성은 희박하다. 하지만 하늘에 구름 한 점 없고 폭풍이 일어날 기미도 없으니 어쩌면 도곤 무당이 정말 도움을 주었는지도 모르겠다.

레미의 배가 저 멀리 수평선 위의 조그만 갈색 점으로 멀어져 간다. 나는 그 점을 계속 따라간다. 증기선이 내 옆으로 지나간다. 사람과 짐을 잔뜩 실어서 수면이 거의 뱃전에 닿는다. 거인처럼 그늘을 드리운 배에서 승무원들이 환호성을 지르며 박수치고, 승객들이 내 모습을 보려고 목을 뽑는다. 작고 빨간 배를 탄 여자는 빠르게 지나가는 증기선 옆에서 미친 듯이 노를 젓는다.

데보 호 횡단이 보통 겁나는 일이 아니라는 사실을 새삼 깨닫는다. 광활하게 펼쳐진 호수 한가운데서 목표로 삼을 경계표가 없기 때문에 앞으로 나아간다는 느낌이 거의 없다. 전진하고 있다는 사실을 스스로에게 끊임없이 일깨워야 한다. 계속 노를 젓고 있으니까 어디든 도착하리라고 믿어도 될 것이다. 얼마 지나지 않아 멀리 흰 부표가 보인다. 니제르 강이 다시 시작되는 지점으로 배를 인도하기 위한 표지다. 한 개의 부표를 지나서 다음 부표에 도달한다. 어디에도 뭍의 자취는 보이지 않고, 레미의 배는 북서쪽에서 작은 반점처럼 보인다. 온도계는 41도를 가리킨다. 이번 여행에서 가장 더운 날씨다. 하지만 멈출 수는 없다.

마침내 레미를 따라잡는다. 레미는 부표에 배를 매놓고 있다. 배 난간을 잡고 몇 분 동안 쉬면서 물 마실 짬을 얻는다. 멀리 수면 위로 올라온 모래톱이 보인다. 수심이 매우 낮은 지점이 있다는 얘기다. 최근 들어 우기가 늦어지면서 데보 호의 담수량이 감소하고, 사하라 사막이 점점 남쪽으로 잠식해 들어오고 있다.

이제 호수를 건너는 일이 간단해진다. 부표만 따라가면 된다. 레미가 일정한 간격으로 기다려 주기 때문에 30분 정도마다 레미의 배 옆에서 쉴 짬을 얻는다. 헤더가 한 구간이 끝날 때마다 응원해 주는 덕분에 끝없는 노질 속에서도 호수 건너기가 한결 즐거워진다.

수면에서 점점 많은 섬들이 올라오고, 나는 곧 넓은 수로로 접어들어 니제르 강 입구의 뭍으로 향한다. 얕은 물에서 하마들이 나를 가만히 쳐다본다. 수면 위로 얼굴이 올라왔다 내려갔다 하고, 콧구멍에서 물줄기가 뿜어져 나온다. 그렇게도 걱정했던 데보 호는 등 뒤에서 아무런 움직임이 없다.

데보 호를 건너고 처음 만나는 마을 '아카Aka'에 들르기로 한다. 식량이 바닥났기 때문이다. 이곳에서 망고나 다른 음식을 살 수 있는지 알아볼 작정이다. 곧 마을 아이들이 내 모습을 발견하고, 강가에 사람들이 모여 나를 향해 소리치고 손가락으로 가리킨다. 이 정도로 많은 아이들이 모여든 마을은 처음이라 다른 마을보다 모든 게 쉽게 풀리지 않을까 기대한다.

기슭으로 다가가자 아이들이 카약을 구경하려고 떼를 지어 강으로 뛰어든다. 역시 처음 보는 광경이다. 보통 물에 있으면 나는 안전했다. 좀더 깊은 물로 노를 저어가기도 전에 아이들이 카약을 에워싸고 나를 배 밖으로 밀어 떨어트리려 한다. 아이들이 사방에서 카약에 기어오르거나 기슭으로 끌고 가려고 한다. 이번에는 사람들이 원하는 대로 해주기로 마음먹는다. 조그만 여자애를 들어서 카약에 태우려고 했더니 내 손이 닿는 순간 비명을 지르면서 배에 타지 않으려고 사지를 뻗댄다. 다른 여자아이가 나서지만 내 손이 몸에 닿자 불에 덴 듯 놀라 소리를 지른다. 투밥과 살이 닿는 것을 끔찍하게 생각하는 것 같다.

이윽고 한 남자아이가 앞으로 나와 정말 카약에 올라타려고 한다. 백인이 몸에 손을 댄다는 것이 얼마나 무서운 일인지 생각한다면 무척이나 용감한 행동이다. 내가 들어서 안에 태우자 친구들이 두려움과 놀라움으로 지켜본다. 그 사이 아이는 내 맞은편에 편안하게 자리를 잡고 친구들에게 손을 흔든다. 이 아이는 분명히 위대한 인물이 될 거야, 나는 생각한다.

내가 노를 젓자 카약이 앞뒤로 흔들리고, 이제껏 자신만만하고 태연하던 아이 얼굴에 공포의 빛이 번진다. 아이는 난생 처음 롤러코스터를 탄 것처럼 크게 소리치며 제 몸을 두 팔로 감싸지만, 곧 마음을 가라앉히고 침착을 되찾는다. 강기슭의 아이들이 모두 소리치며 환호하고, 아이는 배에서 떨어지지 않는다는 걸 알고는 무하마드 알리처럼 승리의 주먹을 들어 보인다. 친구들 옆에 아이를 내려 주자 아이들이 모두 등을 찰싹찰싹 때리면서 둘러싼다. 죽었다 살아나기라도 한 것처럼 질문을 퍼붓는다. 불행히도 아카에는 파는 음식이 없다기에 나는 카약을 돌려 팀북투를 향해 노를 젓는다.

뭔가 이상하다. 온종일 노를 저었지만 앞으로 나아가는 기미가 없다. 강이 굽이치고 내리막으로 치달았지만 계속해서 제자리를 맴도는 것 같았고, 시간의 반은 바람과 싸우고 있었다. 너무 지쳤고, 식량도 거의 바닥났고, 해도 지고 있어서 형편이 좋아 보이는 마을에 내려 음식을 사고 하룻밤 묵고 싶다. 마을에 들르는 데는 항상 모험이 따른다. 어떤 부족을 만나게 될까? 내게 팔 식량이 있을까? 날 좋아할까?

여느 때처럼 50명 안팎의 사람들이 마중 나오고, 아이들이 주위에 몰려들어 소리를 질러댄다. 흙벽돌집이 많이 모여 있는 이 마을의 이름은 '베라코우시Berakousi'로 코울라 강Koula River이 니제르 강으로 들어가는 지점에 있다고 한다. 어떤 부족이냐고 물으니 보조라고 한다.

추장을 만나기 위해 마을로 들어서자 사람들의 적대감이 분명하게 느껴진다. 젊은 불량배들이 한심한 불어로 수작을 거는데, 그중 하나는 오사마 빈 라덴의 얼굴이 프린트된 검은색 티셔츠를 입고 뽐내고 있다. 남편 어딨어? 우리랑 잘래? 집에 있는 남자가 어떤 사람이기에 이런 델 여자 혼자 여행하게 하나? 그들은 북아프리카 투아레그 족처럼 쪽빛 천으로 얼굴을 감싼 채 눈만 내놓고 나를 바라보고 있다. 이곳에서는 투아레그처럼 보이는 게 유행인 모양이다. 남자들을 무시하고 앞으로 나아가려다가 밀치는 구경꾼들에게 떠밀려 하마터면 쓰러질 뻔했다. 니제르 강을 따라가면서 만나는 마을마다 외부인에 대한 호기심과 경계심, 공격성이 미묘하지만 뚜렷하게 나뉜다는 사실을 깨달았는데, 베라코우시는 최악이다. 이곳에는 머물고 싶지 않지만 식량 때문에 어쩔 수 없이 추장을 찾는다.

추장이 들판에 있다기에 등의자에 앉아 그를 기다리는데 여자들이 자꾸만 아기를 건네주면서 젖먹이는 시늉을 해 보이는 바람에 거절하느라 곤욕을 치렀다. 해가 빠르게 멀어지고 불안한 마음이 더해간다. 이 지역은 강에 파도가 심해 밤에 노를 젓기에는 위험한데 근처에 다른 마을도 보이지 않는다.

이윽고 나타난 추장은 '가르샤 제마이'라는 이름의 늙은이로 얼굴을 찌푸리고 다가와 나를 살펴본다. 나는 선물로 넉넉한 돈을 내밀고 가능하다면 식량을 사고 싶다고 최선을 다해 설명한다. 그리고 팔 식량이 없으면 그냥 가겠다고 말한다. 추장은 멀찌감치 찡그리고 서서 아무 말도 하지 않는다. 나는 사람들 중 불어 실력이 제일 나은 이에게 돈을 건네고 내 말을 통역해 달라고 부탁한다. 그는 추장과 짧은 대화를 나눈 뒤 내게 기다리라고 말한다.

나는 기다리고, 기다린다. 둘러보니 해가 거의 다 졌다. 다른 곳으로 가기에는 너무 늦었다. 마을 사람들은 여전히 내 곁에서 떠날 기미가 없다. 나는 한숨을 쉬고 모든 걸 단념하기로 한다. 그리고 추장에게 근처 자투리땅에서 묵어갈 수 없겠느냐고 묻는다. 돈을 더 내놓으라고 내미는 손에 뭉칫돈을 얹자 추장이 고개를 끄덕인다. 젊은 남자들이 내 주위에 앉아서 돈을 달라고 한다. 배낭에서 시계와 손전등을 꺼내자 한 남자가 내놓으란다. 그는 물건을 집어 들고 손가락으로 만져 본다. 그러는 사이 나는 대규모 집단 토론의 주제가 된다. 내 호칭인 '투바부(tubabu, 흰둥이)'가 사람들 입에 쉴 새 없이 오르내린다.

추장의 네 부인 중 한 명이 다가와 내가 먹을 음식이 있다고 큰소리로 알린다. 고맙다고 말하며 돈을 조금 주자 여자가 내 앞에 사발을 떨어트린다. 안에는 흰 곰팡이가 핀 썩은 생선 대가리가 들어 있다.

"망제(먹어)." 여자가 말한다. 그리고 자기 입술에 손가락을 댄다.

굶주리고 지친 탓에 시키는 대로 한다. 이제는 아무래도 상관없다. 얼룩덜룩한 생선 껍데기를 헤치고 흰 살을 조금 꺼낸다. 사람들이 배를 잡고 웃어댄다. 개밥을 가지고 장난쳤음을 깨닫는다. 식사를 끝낸 뒤 오사마와 그 일당이 내 펜 하나를 꺼내 갔다는 사실을 발견한다. 하지만 그냥 내버려 둔다. 사태가 더 나빠지지 않기만을 바랄 뿐이다. 파크가 자신을 잡아 가둔 무어 인들에 대해 쓴 끔찍한 단락이 떠오른다. "그들은 끊임없이 토론을 하며 내가 기독교도이고, 따라서 내 재산이 합법적인 전리품이라는 결론을 내렸다. 이에 따라 내 짐을 열고 마음에 드는 것은 모두 다 가져갔다."

젊은 남자들이 팔꿈치로 나를 쿡 찌르며 투아레그처럼 얼굴을 가린 천 사이로 위협적인 말을 뱉지만 내 은인이 되어야 마땅한 추장은 옆에서 딴전을 피운다. 한 남자가 손목을 붙잡기에 팔을 비틀어 빼며 주먹을 쥔다.

"손 치워." 내가 말한다.

마을 사람들이 웃는다. 나는 왜 화를 냈을까, 왜 겁을 집어먹었을까, 자책하면서 일어선다. 배낭을 메고 기슭으로 향한다. 아직까지 이 마을을 벗어날 가능성이 있을까? 하지만 사방이 캄캄하고, 니제르 강은 코울라 강과 합류한 탓에 미친 듯이 일렁인다. 할 수 있는 것이 없다.

더 이상 공포나 분노는 느끼지 않을 줄 알았다. 하지만 아니었다. 그런 감정들은 나를 떠난 것이 아니었다. 오늘 밤 젊은 남자들에게 조롱당하며 이 마을에서 보낸 시간은 더 큰 세상일들의 축소판처럼 느껴진다. 두려움은 두려움을 낳는다. 사람들은 위협을 느껴서, 소외감을 느껴서 화를 낸다. 성나게 하지 않으려고, 혹은 성내지 않으려고 몇 시간째 어두운 강가에 앉아서 모기를 찰싹찰싹 때리며 마을 사람들이 버티다 못해 각자의 오두막으로 돌아가기를 기다린다. 멍고 파크가 떠오른다. "아프리카의 황야 한가운데 친구 하나 없이 외롭게 버려진 기분이었다." 마지막 여행일지에 적힌 문구다. 맞아.

한참 후에 돌아가니 마을은 비어 있고, 추장의 한 아내가 측은한 미소를 지으면서 폼매트리스를 꺼내다 준다. 누워서 텐트 방수포로 몸을 감싸자 옷이 땀으로 흠뻑 젖는다. 벼룩을 비롯한 갖가지 벌레가 다리로 기어올라와 옷을 통과해서 머리카락에 와 걸린다. 끝도 없이 물어댄다. 가슴이 화끈거려서 손전등으로 옷 속을 들여다보니 젖가슴이 온통 물린 자국이다. 해충퇴치제를 두껍게 바른다. 플라스틱도 녹인다는 약이지만 상관없다. 눈을 감고 첫 햇살을 기다린다. 그때 이곳을 떠날 것이다. 버틸 수밖에 없는, 잠들 수 없는 밤들 중 하나다.

수탉이 고막을 터트릴 듯이 찬가를 불러제끼는 첫 새벽에 베라코우시를 탈출한다. 멍고 파크에게 배운 전략이다. 괴롭히는 사람들이 깨기 전에 떠난다. 그는 "무어 인들이 모여들기 전인 이른 아침에 떠났다."고 썼다. 나는 멍고한테서 이 여행을 어떻게 해야 할지에 대해 많은 것을 배웠다. 그는 마을 연장자에게 인사하는 법, 군중을 다루는 법, 불쾌한 마을 사람을 피하는 법을 가르쳐 주었고, 아무리 힘든 일이 닥쳐도 참고 받아들이는 것이 중요하다는 사실을 일깨워 주었다.

최대한 소리 없이 텐트 방수포를 배낭에 쑤셔 넣고 배를 미끄러뜨린 뒤 노를 움켜쥔다. 니제르 강에 물 길러 온 여자 두어 명을 빼고 마을은 잠들어 있다. 밤새 도둑맞은 물건이 없나 살펴보려 했지만 너무 어둡다. 사실 그럴 리는 없다. 거의 뜬눈으로 밤을 새웠기 때문이다. 불면 뒤에 찾아오는 무겁고 처지는 느낌 때문에 몸이 슬로모션으로 움직이는 기분이 든다. 몸이 개운하지 않으니 어두운 감정들이 앞다투어 의식의 표면으로 떠오르고 나는 그 앞에 무방비 상태로 내팽개쳐진다.

내가 선택한 여행이 나 자신을 극도로 지치게 하는 것에 대한 우울한 마음, 지난 밤 마을에서 화를 낸 것에 대한 실망감, 폭풍과 더위와 적개심을 얼마나 더 견딜 수 있을까 하는 불안감, 이 모든 감정을 애써 밀어낸다. 내가 지금 있는 곳, 내게 주어진 상황을 생각하면 다른 선택이 있을 수 없다. 냉정을 찾아야 한다. 잠시 후 무관심에 가까운 감정으로 기슭에 와 철썩거리는 니제르 강의 파도를 바라본다. 카약에 배낭을 싣고 올라탄 뒤 힘차게 노를 젓는다. 베라코우시가 뒤편으로 멀어진다.

이 여행에서 무엇을 배우고 있는지 아직은 분명하지가 않다. 하지만 카누를 탄 어부가 지나가면서 내 인사에는 대꾸도 없이 돈이나 선물을 요구할 때마다 교훈은 되풀이된다. 사람들은 내가 그들에게 줄 수 있는 것 이상은 관심이 없다. 부유한 백인 여자, 선물을 가진 사람, 그 이상은 아니다. 사람들이 그렇게 쉽게 서로에게 딱지를 붙이고 단정한다는 것은 중요한 교훈이다. 유감스럽지만 나도 마찬가지다. 너무도 쉽게, 카누를 타고 지나가는 모든 남자를 위험한 사람, 내게서 무엇을 요구하는 사람으로만 본다. 사람들에게 불신을 품고, 울타리를 치고, 그들의 인간성을 보려 하지 않는다. 아무것도 바라지 않고 서로 인사를 나눌 수는 없을까? 어째서 타인의 존재만으로 기쁨을 느끼지 못하는 것일까?

아침을 굶어 투덜거리는 배를 끌어안고 계속 북쪽으로 노를 저어 큰 물굽이로 들어선다. 물굽이는 남사하라를 관통하면서 서서히 180도로 방향을 틀어 니아포운케Niafounke 마을로 접근한다. 물굽이를 돌고 나면 항상 바람이 정면에서 불어온다. 이 지역도 예외가 아니라 사나운 바람과 높은 파도가 밀려오고, 물살이 카약을 자꾸 기슭 쪽으로 잡아당긴다. 세찬 바람과 거대한 파도 속으로 노를 저어 가려고 해 봐야 소용없다는 생각이 든다. 그렇다고 날씨가 잠잠해질 때까지 마냥 기다릴 수도 없다. 그러다가는 전혀 나아가지 못하게 된다. 게다가 지금은 우기라 오후 늦게는 폭풍을 만날 확률이 높다. 경로에서 튕겨져 나가지 않으려고 힘껏 노를 젓자, 두 팔의 근육들이 비명을 지른다. 이런 일에 재미나 도전이나 흥분은 없다. 현실은 현실일 뿐이다. 나는 닥쳐오는 대로 모두 받아들인다. 노질을 하느라고 몸이 바빠서 하기 싫다는 생각이 들 틈이 없다.

이런 날씨에 밖에 나와 있는 사람은 없다. 니제르 강 여행에서 배운 또 한 가지는 원주민들이 카누를 타고 나와 있으면 노를 저어도 안전하다는 것이다. 이들은 수천 년 동안 어부였기 때문에 한눈에 날씨를 알아본다. 하지만 나는 좋은 날씨를 기다릴 수 없다. 한 순간도 팀북투를 향해 나아가지 않고 그냥 흘려보낼 수 없다. 경계표에서 다음 경계표로 이동하면서 물굽이를 돌 때마다, 바람이 방향을 바꿔 뒤에서 불어 주면 좋겠다고 생각한다. 하지만 몇 시간째 강과 싸우는 중이다.

한낮이 되었을 무렵 어느 큰 마을의 반대편 기슭에 배를 대고 쉰다. 어젯밤 썩은 생선대가리 이후로는 아무것도 먹지 못한 데다 두 팔이 욱신거린다. 아침 내내 쉬지 않고 힘들게 노를 저어서 칼로리가 바닥이 났는지 배가 몹시 고프다. 혹시나 하며 배낭 밑바닥을 뒤지다가 뭉개진 초코바를 발견한다. 신에게 선물을 받은 기분이다. 앉아서 초코바를 베어 무니, 그제야 물살이 강 건너편 마을에서 오물을 실어다가 기슭에 쌓아 놓은 모습이 보인다. 사방에서 똥이 햇볕에 굳어 가는 중이다. 하지만 새벽녘의 냉정함을 아직 잃지 않은 탓에 상관하지 않는다. 니제르 강가의 마을에는 식수용 우물이 따로 있기 때문에 아무도 오염된 강물을 마시지 않는다. 니제르 강은 종착점인 나이지리아에 도착할 때가 되면 수천 명의 사람들이 씻고, 빨래하고, 볼일 보는 장소가 된다.

초코바를 먹는데 두어 가족을 태운 카누 한 척이 기슭 가까이로 지나간다. 나는 사람들에게 손을 흔들며 이 지역에서 쓰이는 송하이 말로 인사를 건넨다. 카누의 양쪽 끄트머리에 선 남자들이 장대를 밀면서 외친다. "선물, 마담! 선물!" 그들이 돈을 달라고 손을 내민다. 아이들이 합세하여 합창한다. "선물, 마담! 선물! 선물!"

나는 사람들이 지나갈 때까지 내 발을 내려다본다.

Chapter
12

처음으로 팀북투가 가까워지는 느낌이다. 아마도 강에 잇대어 솟아오른 거대한 모래언덕이나, 어쩌면 날마다 올라서 38도를 훌쩍 넘긴 온도 때문일 것이다. 1킬로미터 나아갈 때마다 주변 경관이 니제르 강물에 비해 훨씬 메마르고 건조해지면서 사막은 알아차리지 못하게 살금살금 다가온다. 이제는 처음 여행을 시작했을 때와 달리 푸른빛이 전혀 보이지 않는다. 강을 따라 펼쳐졌던 정글은 사라졌다. 마을에 심어 놓은 몇 그루를 제외하면 나무도 없다. 태양이 서쪽으로 낮아지고 빛이 부드러워지면서 오늘 하루도 타는 듯이 더운 곳에서 저물어 간다. 벌써 몇 주나 노를 저었다는 생각이 든다. 함께 떠들며 시간을 보낼 사람도 없이, 하루가 저물 때까지 오로지 노질만 하며, 날이 저물면 가장 가까운 마을에 배를 대고 어떤 일이 벌어질까 불안해 하면서 말이다

여행 전에는 오랫동안 강에서 혼자 노만 저어야 한다는 사실이 걱정스러웠다. 하지만 이제는 익숙해졌다. 바쁘고 정신없는 나라에 살면서

날마다 모든 순간을 '가치 있는' 무엇으로 채워야 한다고 굳게 믿었다. 하지만 '가치 있는' 것이 무엇인지는 확실하지 않다. 니제르 강에서 몇 주 동안 카약을 젓는 일은 결코 가치 있는 일은 아니다. 오히려 전혀 가치 없는 일일 수도 있다. 그렇게 오랫동안 오로지 노만 젓는 행위에 대단한 가치나 쓸모나, 합당한 이유가 있을 것 같지는 않다. 어쩌면 명백한 시간 낭비가 아닌가. 하지만 그 대신 해야 할 일들이란 무엇일까? 답을 생각하니 웃음이 나온다. 영문학 박사 과정을 이수하는 것. 지루한 세미나 논문을 쓰는 것. 끝도 없이 책을 읽는 것. 정답을 안다고 확신하는 사람들이 쓴 케케묵은 비평이론을 한 권, 또 한 권 읽어 나가는 것. '혁명적인 목표 : 델라니의 블레이크에서 절제의 역할과 연속화'와 같은 그렇고 그런 제목의 강의를 꾸준히 듣는 것. 가치 있는 행위란 모름지기 처음부터 명확하고 정의 가능한 목표를 지닌다는 '행위의 진술' 이론에 대해 곰곰이 생각하는 것. 가치 있는 행위라면 개인을 출세시키거나, 돈을 벌어들이거나, 어떤 지위를 성취하게 하는 실체적이고 소중한 무엇을 생산해야만 한다는 결론을 얻는 것. 이런 것들이 내가 이 강에 있지 않았다면 했을 일들이다.

나는 웃는다. 근처에서 새들이 꽥꽥 울며 날아가 버릴 만큼 큰 소리로 웃는다. 내 삶이 모두 완성되어 눈앞에 펼쳐진 것처럼 바라본다. 어딘가 이르기 위해, 다른 무엇을 하기 위해 했던 일들을 바라본다. 한때는 매우 중요했지만 더 이상 중요하지 않은 일들을 바라본다. 갑자기 많은 것들이 너무 이상하고, 너무 어리석고, 너무 비극적으로 보인다. 그 모두가 때를 기다리는 행위, 내가 원했던 삶을 위해 기다리고, 계획하고, 도모하는 행위다. 하지만 니제르 강에서 노를 젓는 것은 지금 벌어지는 일이다. 처음으로 내게는 결과를 좌우할 힘이 없다고 생각한다.

나는 그저 노를 젓고, 삶은 내가 알아야 할 것들을 보여 준다. 정말 중요하다고 생각하는 것들을 들려준다.

천천히, 조심스럽게 여행하고 있으므로 강의 모든 미묘한 차이가 저절로 터득된다. 휘어지고 돌아가는 모든 굽이, 멀리서는 날카롭게 돌출한 듯이 보이다가 다가갈수록 평평하게 펼쳐지는 뭍의 출현 방식, 높고 흰 사구를 갖가지 모양으로 조각하며 니제르 강으로 모래를 흩뿌리는 데에 여념이 없는 끈덕진 바람 등 날씨를 비롯한 자연 조건에 오롯이 의지하게 되자 환경을 예리하게 감지할 줄 알게 되었다. 다양한 소용돌이의 원인을 알게 되고, 바람과 날씨의 변화를 냄새로 맡는다. 카약의 방향판을 잡아당기는 지극히 미묘한 힘을 느끼고 어떻게 길을 바꾸어야 할지 판단한다. 태양의 위치로 시간을 거의 분 단위까지 정확하게 알아맞히게 되었다. 사실 그 정도의 정확성은 의미가 없지만 말이다. 따라서 이제는 시계가 필요 없어 차지 않는다. 태양이 낮아지면 시간은 전진을 멈춘다. 이렇게 간단하다. 나는 다가오는 것은 무엇이든 받아들인다. 따뜻하게 맞아주는 마을, 사납게 내쫓는 마을, 무엇이 다가오든 받아들인다.

굳이 애쓸 필요 없는 새로운 인내심이 생겼다. 매일같이 아무리 열심히 노를 저어도 별다른 차이가 없다는 것을 깨닫고는 저절로 생겨난 것이다. 팀북투는 멀리 있고, 시간이 지나가는 속도는 빨라질 수 없다. 여기서는 해야 할 과제가 없으므로 자신을 다그치거나, 새로운 프로젝트를 시작하라고 부추길 필요도 없다. 성가신 전화나 이메일이나 방문객도 없다. 내게 선택의 여지는 없으며, 나는 삶의 모든 순간을 오로지 그 자리에 존재해야 한다. 말리는 천천히 신중하게 내 마음에 제 모습을 새긴다.

익숙하고, 지루하며, 틀에 박힌 걱정거리 대신 새롭고 좀더 본질적인 문제에 맞닥뜨린다. 이를테면 '식사'같은 것 말이다. 위장의 투덜거림과 상관없이 태양이 하늘의 일정한 지점에 닿아야 끼니를 때우게 되었다. 자주, 많이 먹는 것은 내가 가진 적은 식량으로는 감당할 수 없는 낭비다. 지금 남은 음식은 집에서 가져온 말린 과일과 그래놀라(granola. 설탕, 건포도, 코코넛이 든 귀리빵―옮긴이)뿐이다. 하지만 배급은 절제가 필요하기 때문에 제대로 지키기가 힘들다. 하루에 두 번 이상 식량을 축낼 수 없고, 먹는 양도 그래놀라 한 움큼 정도다. 마을에서 식량을 사거나 저녁을 먹을 수 있다는 보장이 없고, 무엇보다 팀북투에 닿을 때까지 버틸 수 있어야 하기 때문이다.

노 젓는 일도 마찬가지다. 한낮이 되기 전이나 후에 집중적으로 노를 저어야 한다. 한낮에는 태양이 너무 뜨겁고 바람이 강해서 제대로 노질을 하기 힘들기 때문이다. 남사하라 사헬 지역으로 깊이 들어온 뒤로는 날씨가 세고우의 우기 때와 상당히 다르다. 이곳에서는 거센 폭풍우가 늦은 오후나 밤 사이에 도착하기 때문에 날이 저물 무렵부터 열심히 노를 저어 안전하게 밤을 보낼 곳을 찾아야 한다.

묵을 장소에 대한 문제도 있다. 야영을 할까, 마을로 들어갈까? 전에는 마을에서 묵는 것이 더 안전했지만, 이제는 니제르 강가에서 혼자 야영하는 것이나 위험하기는 마찬가지다. 하룻밤 신세진 사람에게는 항상 돈을 지불하지만 내가 누군가에게 짐이 되거나, 외부인에게 반감을 느끼는 마을에는 가고 싶지 않다. 하지만 노를 저어 지나가면서는 어떤 마을인지 알 길이 없으므로 반드시 들어가 보고서야 알게 된다. 밤새 무사히 잘 수 있을 만큼 외떨어진 곳을 찾기만 한다면 아무래도 야영을 택하게 된다.

그래도 마을에 들어가 사람들을 만나는 편이 좋기는 하다. 이왕이면 소가 있는 마을을 찾는데, 풀라니가 사는 마을일 가능성이 높기 때문이다. 무슨 까닭인지 풀라니는 언제나 따뜻하게 맞아 주었다. 지금까지 만난 원주민들 가운데 가장 친절했다. 게다가 소를 키우기 때문에 우유를 살 수도 있다. 하지만 북쪽으로 갈수록 풀라니 마을이 별로 보이지 않기 때문에 선택에 도움이 될 만한 다른 표시를 찾아야 한다. 일반적으로 사람들이 나를 보자마자 돈이나 선물을 달라고 소리치지 않으면 좋은 징조다. 아이들 몇 명만 강가로 달려 나오면 더 좋다. 사람들의 반응이 덜 요란할수록 호젓하게 밤을 보낼 가능성이 높다. 규모가 큰 마을도 피하는 편인데, 그런 곳에서는 엄청난 군중에게 시달릴 수 있기 때문이다. 가장 조심하는 것은 베라코우시의 생선 대가리와 젊은 남자들 경험을 반복하지 않도록 하는 것이다.

해가 넘어가기까지 1시간 가량 남았으므로 배 댈 곳을 찾는다. 마을로 돌아가는 어부를 발견하고 큰 마을인 니아포운케가 얼마나 떨어져 있는지 묻는다.

"바로 저깁니다." 어부가 니제르 강의 먼 굽이를 가리키며 불어로 대답한다. 거기까지 가려면 2시간은 잡아야 한다. 이윽고 어부가 조용하고 예의 바른 목소리로 말한다. "아가씨? 돈."

어부에게 지폐 한 장을 살짝 쥐어 준다. 어디서 밤을 보낼 생각이냐는 질문에 어깨를 으쓱하자 자기네 마을이 어떻겠느냐고 한다. 마을은 내 기준에 모두 맞는 듯하다. 작고, 모여드는 사람이 없고, 근처에 소들이 있다. 마을 옆에서 야영해도 괜찮겠느냐고 묻자 어부는 웃으면서 고개를 끄덕이고 기슭에 배를 대라고 손짓한다. 나는 뒤따라가 그의 기다란 카누 옆에 내 카약을 묶는다. 어부의 말을 듣자니 마을 이름은 '다고 우기Dagougi', 사람들은 송하이 족이다. 강가로 마중 나온 여자들을 보니 금귀고리 외에는 치장한 흔적이 없다. 풀라니와 달리 얼굴에 문신도 하지 않았다. 사람들은 내가 마을 밖에 텐트 치는 모습을 바라보고, 당나귀는 돌아다니면서 소란스럽게 풀을 뜯어먹는다.

다고우기는 니제르 강을 굽어보는 언덕 위에 있다. 깔끔한 장방형 흙벽돌집들이 서로 등을 대고 출입구가 하나뿐인 커다란 방진을 형성한다. 데보 호를 건넌 직후부터 이런 '요새식' 배열이 나타나기 시작했다. 이런 구조는 니제르 강 상류 마을에서 광범위하게 찾아볼 수 있다. 그리 오래지 않은 옛날, 이 지역 사람들은 사막의 도적 떼(북쪽에서 온 아랍 인이나 먼 남쪽에서 쳐들어온 부족)로부터 마을을 안전하게 지켜야 했다. 요새식 배열 정도는 마을에 따라 다른데, 높다란 토담으로 완벽하게 둘러싸여 있어서 뾰족탑 끄트머리 외에는 안이 전혀 보이지 않는 곳도 있었다. 니제르 강 상류 부근의 건축물은 파란만장한 역사를 증언한다. 이 지역 사람들은 제국들의 경쟁 틈바구니 속에서 마을 사람들이 모두 노예가 되거나 몰살당할지도 모른다는 두려움에 떨며 살아야 했다.

서기 1100년부터 1600년까지는 투아레그 족과 말리 제국이 침범한 길지 않은 기간을 제외하고 송하이 제국이 줄곧 이 지역을 다스렸다. 1853년 사하라를 건너 팀북투에 도착한 독일 탐험가 '하인리히 바르트Heinrich Barth'는 송하이 사람들의 '훌륭한 역사 기록'에 대해 언급하면서, 이들의 학문이 아프리카 전역에서 주도적인 위치를 차지한다고 강조했다. 송하이는 역사상 가장 뛰어난 지도자 '위대한 알리Ali the Great'가 1468년 투아레그 족을 팀북투에서 쫓아버린 뒤 진정한 권력을 누릴 수 있었다. 위대한 알리는 그후로 28년 동안 나라를 다스리면서 내가 노를 저어 지나온 지역 대부분을 정복했고, 말리 제국들 중 하나인 밤바라로부터 거대한 상업도시 젠네를 빼앗았다. 그 뒤를 이어 왕위에 오른 알리의 장군 '위대한 아스키아Askia the Great'는 이슬람 제국과 유대를 강화하고, 사하라를 건너 그 유명한 메카 여행을 다녀왔다. 위대한 아스키아는 이 경험에 크게 고무되어서, 돌아온 직후 인근 부족들과 여러 차례 성전을 벌여 동쪽으로는 오늘날의 니제르, 서쪽으로는 대서양에 이르는 넓은 지역을 정복했다. 오래지 않아 송하이는 동서 거리가 수천 킬로미터에 달하는 왕국을 건설했으며, 덕분에 팀북투 같은 도시들은 어느 때보다 번성했다. 레오 아프리카누스의 책《아프리카의 역사와 실제, 그리고 아프리카에 담긴 놀라운 것들》에 실려 유럽인들이 팀북투를 찾아 나서도록 부추긴 번영은 이렇게 이루어진 것이다.

아침 일찍 니아포운케를 지나간다. 니제르 강은 갈수록 끝이 없어 보인다. 짜증스러운 마음이 드는 것은 더위 때문일 거라고 마음을 다잡는다. 선크림은 이제 쓸모가 없다. 줄줄 흐르는 땀 때문에 연신 얼굴을 훔치니까 죄 닦여 버리고, 그나마 남은 것은 땀과 함께 녹아내린다. 피부를 보호하려고 긴팔 옷을 입으니 더 후텁지근하다. 이제 눈앞에 길게 뻗은 직선 코스가 펼쳐진다. 노 젓는 속도를 가늠하는 데 도사가 되었기 때문에 멀리 보이는 경계표까지 얼마나 걸릴지 정확하게 예측할 수 있다. 하지만 이번에는 경계표로 삼을 만한 휘어진 물길이 보이지 않는다. 그래도 나는 틀림없이 팀북투로 다가가는 중이며 그 사실만으로도 힘이 난다. 이 터무니없는 여행이 정말 성공할 수 있다는 생각이 든다.

몇 시간 동안 노를 저어서 직선 코스가 끝나는 지점에 도착한다. 니제르 강이 동쪽으로 돌면서 섬을 기점으로 두 갈래로 갈라진다. 긴 바깥쪽 물길 대신 질러가는 얕은 물길을 택한다. 짧다는 점도 있지만 바깥쪽 물길을 따라 늘어선 마을들을 피할 수 있어서다. 갈수록 마을 사람들의 선물 요구가 심해진다.

습지 비슷한 강 한가운데로 노를 저어 간다. 짙은 갈색 물체들이 물에 떠다닌다. 물밑에 친 그물에 어부들의 뗏목이 걸리는 경우가 많으므로 그냥 지나치는데 그중 하나가 불쑥 솟아오르며 물줄기를 토하고 두 눈으로 빤히 바라본다. 하마! 사방에 하마다! 하마가 한 곳에 이렇게 많이 모인 광경은 처음 본다. 나는 하마 떼 한가운데 박혀 있다.

내가 상상한 최악의 경우다. 이런 상황에 부딪히면 어떻게 해야 할까 자주 생각해 봤지만 뾰족한 답을 얻지 못했다. 여행 초반에는 하마를 보지 못했다. 암시장에 이빨을 내다 팔기 위해 현지인들이 전부 총으로 쏴 버렸기 때문이다. 하지만 이 지역에는 어쩐 일인지 하마가 많다.

하마에 대해 내가 아는 것은 TV쇼에서 주워들은 정보가 전부다. 영리하고 성질이 사나운 짐승으로 피부에서 천연 선크림이 만들어진다. 밤이면 풀을 찾아 강가로 나오는데 이때는 절대로 마주치지 않도록 주의해야 한다. 하마는 사자보다 위험하고, 악어보다 사나우며, 목숨을 버려서라도 새끼를 보호한다고 한다. 이곳에는 새끼 하마들도 보인다. 파크는 원주민들이 하마를 두려워한다고 적었다. "우리는 하마 세 마리가 섬 가까이에 있는 것을 보았다. 카누에 탄 남자들은 하마들이 쫓아와 카누를 뒤엎을까 봐 두려워했다. 언제든 총성을 울려 겁을 주면 쫓아버릴 수 있을 것이다." 내가 받은 유일한 충고는 이것이다. 시끄러운 소리를 내지 말아라.

"착하지, 얘들아. 아이, 착해." 하마들에게 말한다.

하마들은 그저 나를 바라본다. 내 고무보트는 결코 그들 이빨의 적수가 되지 못할 텐데도 덤비기가 귀찮은 모양이다. 어미 하마와 새끼 하마가 근처에서 빈둥거린다. 나는 천천히 카약 머리를 돌리고는 잽싸게 물살을 거슬러 노를 저어서 니제르 강의 반대편 지류로 향한다. 지뢰밭을 통과하는 것처럼 가능하면 온 길 그대로 노를 저으려고 애쓴다. 난데없이 하마가 머리를 불쑥 내밀고 고래 같은 소리를 내며 콧구멍에서 물줄기를 뿜어 올린다. 하마는 까만 두 눈을 수면에 얹고 나를 요리조리 뜯어보더니 통행을 허락해 준다.

하마로는 본때를 보여 주지 못했는지 통카Tonka 급류가 다가온다. 통카는 일종의 특이 지형으로 남사하라 사막을 가로질러 니제르 강으로 들어와서 물의 흐름을 교란하는 기이한 오목 암반이다. 강은 이 지점에서 급한 S자 모양으로 흐르는데, 수천 년 동안 장애물을 피해 우회한 결과다. 둥글고 검은 바위들이 강을 가로질러 벽을 형성하고 있기 때문에 물살의 세기가 거세진다. 식민 통치 시기에 프랑스 인들이 가운데 부분을 치워서 강 나룻배가 지나갈 수 있게 좁은 통로를 만들어 놓았다. 하지만 물밑에는 둥근 바위가 산재해 있어서 지나가는 배를 위협하고 강물을 들까분다. 날씨가 나쁠 때는 통과할 수 없을 정도로 물살이 사나워진다.

바위벽 한가운데 안전 통로를 나타내는 부표 쪽으로 노를 저어 다가간다. 오늘은 날씨가 잠잠한 편이지만 그래도 바람이 강을 휘저어서 생긴 소용돌이가 배를 제 맘대로 휘두르려 한다. 나는 물살을 이기지 못하고 바위투성이 물굽이 쪽으로 튕겨나간다. 반대편 기슭의 모랫둑을 향해 있는 힘껏 노를 저어 간신히 도착한다. 뒤따라오는 강 나룻배가 급류의 마지막 부분을 어떻게 건너는지 살펴보기로 한다. 사람과 짐을 잔뜩 실은 배가 세찬 소용돌이를 천천히 헤쳐 가면서 물 위로 솟은 커다란 검은 바위들을 돌아간다. 노를 저어서 그 뒤를 바짝 따라가며 위험한 지역을 무사히 통과하고 나니 기나긴 직선 코스가 기다리고 있다. 그 무서운 통카 급류를 통과했는데 이건 너무하다. 강 양편에 솟은 모래 언덕이 남사하라의 태양 아래 불타고 있다.

오른쪽으로 익숙한 갈색 '뗏목들'이 보이지만 이제는 속지 않는다. 이번에는 강 한가운데로 노를 저으면서 안전 거리를 유지한다. 카누에 탄 사내아이 두어 명이 내 뒤에서 어망을 펼치며 곧장 하마 쪽으로 향한다.

"항-야! 항-야!" 그들에게 송하이 말로 외친다. "하마!" 나는 짐승들을 가리킨다.

아이들이 내가 손가락질하는 쪽을 흘끗 보더니 나를 돌아보고 웃는다. 아이들은 그물의 마지막 자락을 짐승들과 4미터 정도 떨어진 지점에 놓아 두고 조용히 왔던 길로 되돌아간다.

강가 풍경이 점점 메마르고 황량해진다. 나무들은 완전히 자취를 감췄고, 이따금 삐죽삐죽한 덤불이 광막한 시계에 점을 찍을 뿐이다. 그러나 척박한 토양과는 대조적으로 흙벽돌집들은 훨씬 세련되어 보인다. 현관과 창문틀에 조각을 새겨 장식했고, 모스크의 담벼락에도 장식이 있으며, 첨탑은 날카롭게 각이 서 있다. 니제르 강가에서 지금까지 한 번도 본 적이 없는 예술성이 돋보이는 장식이다.

날이 저물어 둥근 흙벽돌집들이 모인 작은 마을 '나크리Nakri'에 배를 댄다. 마을 사람들의 태도는 다른 보조 마을과 상당히 달라서 주위에 모여들지도, 돈을 달라고 요구하지도 않는다. 마을마다 사람들이 엄청 나게 모여들었던 것은 내가 선물이나 잔돈을 나누어 줄 때 근처에 있어 야 하기 때문이었다. 하지만 나크리에서는 여자 두어 명이 내가 강에서 뭘 하는지, 오로지 그것이 궁금해서 말을 걸었을 뿐이다. 마을에서 밤 을 보낼 수 있겠느냐고 묻자 여자들은 열렬히 "예." 라고 대답한다.

여자들이 나를 추장에게 안내한다. 나더러 구경하라고 권한다. 추장 은 남자들과 함께 열대 우림에서 얻은 널빤지와 낡은 카누에서 나온 자 투리를 모아 카누를 만들고 있다. 자투리 나무들은 모서리에 이가 빠지 고, 구멍이 뚫린 것이 형편없어 보이지만 남자들은 퍼즐을 맞추듯 큰 나무판에 자투리들을 끼워 맞춘다. 몇 사람이 나무 조각을 불에 달구 고, 끈적거리는 타르를 발라서 맞물린 뒤 나무못으로 단단하게 결합한 다. 나머지 사람들은 선체로 쓸 기다란 널빤지를 땅바닥에 놓인 나무 바이스(기계공장에서 쇠붙이를 움직이지 못하게 꽉 물려 놓는 기구―옮긴이)에 대고 구부리고 있다. 카누는 완성되면 길이가 9미터, 폭이 2.5미터 가 량으로 상당히 큰 배가 될 것이다. 전기도 없고, 전문적인 기구도 없기 때문에 순전히 손으로 배를 만들어야 하므로 품이 많이 든다.

이들이 배를 만드는 방법은 1805년 멍고 파크가 배를 만들었던 방법 과 유사하다. 니제르 여행에 쓸 배를 만드느라 산산딩에 머물렀던 파크 는 밤바라 왕 만송이 보내 준 망가진 카누 두어 척을 서로 짜맞추는 데 만도 꼬박 한 달이 걸렸다.

추장이 일을 멈추고 나를 언덕 위 마을로 데려가더니 앉을 자리를 깔아 준다. 추장의 아내들이 저녁 식사로 밥을 내놓는다. 아직까지 누구도 돈이나 선물을 요구하지 않았는데, 그야말로 전례가 없는 일이다. 이곳 사람들은 방문객을 맞아 본 적이 없어서 '백인은 곧 돈'이라는 사고방식이 배지 않은 모양이라고 짐작할 뿐이다. 게다가 여기는 TV맨이라는 것도 오지 않는 모양인데, 그렇다면 호화로운 바마코 호텔과 백인 손님들이 극진한 대접을 받으며 칵테일을 즐기는 영상도 들어오지 않았을 것이다.

그러나 나는 돈 문제로 난처한 입장에 빠진다. 재워 주고 먹여 주는 사람들에게 돈도 내놓지 않는 얌체짓은 하고 싶지 않아 항상 두어 주 임금에 해당하는 금액을 신세진 사람들에게 지불해 왔다. 말리 사람들은 일주일에 평균 5달러에서 10달러 정도 번다. 직접 돈을 만져 볼 기회가 적은 여자들에게는 특히 무엇이든 쥐어 주려고 신경 썼다. 하지만 나크리 마을 사람들에게 백인은 지폐를 뿌리는 사람이라는 이미지를 남기고 싶지 않아 추장이 배를 만드는 곳으로 찾아가 몰래 선물로 돈을 조금 건넨다.

하지만 여자들에게 돈을 준 것은 실수였다. 여자들이 요리하는 곳으로 따라가 은밀하게 돈을 건넸는데, 늙은 여자가 지폐를 주고받는 손을 목격하면서 대혼란이 벌어지고 말았다. 30분이 채 안돼 나크리와 인근에 있는 큰 마을 '틴디르마Tindirma'의 여자들이 한 사람도 빠짐없이 내 주변에 모여들어 돈을 요구했다. 알고 보니 틴디르마는 팀북투로 가는 길목에 있어서 반들반들한 랜드로버를 타고 지나가는 백인 관광객과 정부 관료들에게 익숙하다. 그중에 불어를 아는 사람들은 아프다느니, 아이가 병이 났다느니 하며 돈이 필요한 이유를 늘어놓는다. 병든 아이를 데려온 사람도 있지만 모든 사람에게 도움을 주기는 불가능하고, 아무렇게나 돈을 뿌려서 문제를 악화시키고 싶지도 않다. 아픈 사람들에게 도움이 될지도 모르는 항생제가 있기는 하지만 전문적인 의학 지식도 없으면서 의사 행세를 할 수도 없다. 마침 이부프로펜(소염통제의 일종―옮긴이) 정제가 있어서 심한 관절염이 있는 노파 두어 명에게 건넨다. 불어가 유창한 젊은 여자에게 사용법을 알려 주도록 한다. 약병을 건네자 노인들은 너무 기뻐서 나를 향해 손을 들고 울음을 터트린다. 그 모습을 보며 극도의 수치심을 느낀다. 내가 가진 모든 것이, 그들이 갖지 못한 모든 것이 부끄럽다. 선진국 아기들은 살고, 이 나라 아기들은 죽는 것이 부끄럽다. 말리는 전 세계에서 영아사망률이 가장 높은 나라 가운데 하나로 100명 당 12명이 사망한다. 미국 경제가 다른 나라의 빈곤과 고통을 발판으로 성장한다는 사실……. 이 사람들 앞에서 나는 미국인이라는 이유만으로 죄의식을 느낀다.

마침내 사람들이 흩어져 집으로 돌아가자 나크리에는 다시 평화가 찾아온다. 니제르 강으로 걸어 내려가니 해가 수면에 오렌지빛 줄무늬를 그리며 저물고 있다. 남동쪽에서 폭풍이 다가오고 있지만 이곳까지 오려면 1시간가량 걸릴 것이다. 잠시 한숨 돌리고는 모여들었던 여자들을 생각하며 강을 바라본다. 인기척이 있어 돌아보니 앓는 사내 아기를 안은 여자다. 조금 전에 보았던 낯익은 얼굴이다. 여자의 설명으로 보아 아이는 이질이나 편모충증에 걸린 듯한데, 항생제를 쓰지 않으면 목숨이 위태로워 보인다.

"제발, 마담. 돈." 여자가 손을 내밀며 불어로 속삭인다. 여자 손에 지폐를 몇 장 얹는다. 내가 할 수 있는 전부다.

수탉 울음소리에 잠에서 깬다. 동녘이 희붐할 뿐 날은 아직 밝지 않았다. 갑자기 뱃속이 울렁거리면서 뒤집힌다. 간신히 텐트에서 기어 나와 마을을 지나 니제르 강까지 가는 동안 연신 토악질을 한다. 나중에는 노란 물이 나온다. 내장이 모두 액체로 바뀐 기분이다. 다리가 후들거려 서 있을 수가 없어 무릎을 꿇고 머리를 감싸 쥔다. 목표까지 딱 이틀이 남았는데 이 모양이다.

이질에 걸린 것 같은데 아메바인지 바실루스균인지는 알 수 없다. 후자라면 치료가 더 쉬울 테니 후자이기를 바란다. 텐트로 돌아가 항생제를 삼켰는데 바로 올라온다. 잠에서 깬 마을 사람들이 나를 바라보며 혀를 찬다. 병에 걸린 불쌍한 백인 여자. 아이들은 무슨 영문인지 몰라 말 없이 나를 바라본다. 내가 생각할 수 있는 것은 오로지 목표 지점까지 가는 것, 목표 지점에 도착해서 마침내 노질을 멈추고 누워서 아무 것도 하지 않는 것이다.

얼굴을 문지르고 티셔츠의 주름을 편다. 기어서라도 팀북투에 갈 것이다. 텐트를 접어 카약에 싣는 내내 여자들이 혀를 찬다. 떠나지 말라고 붙들지만 그럴 순 없다. 이미 너무 멀리 왔다. 등을 활처럼 구부린 채 카약에 올라탄 뒤 작별인사를 하며 손을 흔들었다.

구름 사이로 햇살을 밀어내는 아침 태양을 향해 노를 저어 간다. 점점 심해지는 더위를 헤치며 천천히 나아간다. 너무 지칠 때면 잠시 쉬면서 물살이 배를 실어가도록 내버려 둔다. 하지만 유속이 너무 느려 별 도움이 되지 않는다. 항생제가 뱃속에 들어 있기만 하면 조금은 나아지리라는 생각에 알약을 삼켜 보지만 넘기자마자 바로 올라온다. 토하고, 노 젓고, 토하고, 노 젓고를 반복한다. 지난밤부터 먹은 것이 없지만 무엇을 먹고 싶은 생각도 나지 않는다. 위장의 경련, 격렬한 두통, 실신 직전 눈앞에 나타나는 빨간 점들이 오락가락한다. 팀북투가 어느 때보다도 멀게 느껴진다.

게다가 이 지역은 가장 뜨겁고 위협적인 구간이다. 강 양편에 거대하게 부푼 흰 모래 언덕이 열파에 진동한다. 구름 한 점 없는 하늘에서 태양이 불타고 있다. 산들바람이라도 불어 줄 기미는 어디에도 없다. 이상하게도 이 부근은 다른 지역보다 인구가 조밀해서 외딴 흙벽돌집들이 규칙적으로 사막의 단조로움을 깨트린다. 운 좋은 마을에는 그늘을 드리워 줄 나무라도 한 그루 있지만 그나마 가지가 기운 없이 매달린 가늘고 볼품없는 것들뿐이다. 이 작은 마을들을 이정표로 삼아 한 마을을 지나 다음 마을로 향하면서 사하라를 관통하는 니제르 강의 끈기에 감탄한다. 니제르는 사막에 굴복하지 않는 완고한 강이다.

이 지역을 통과하며 파크가 무엇을 느꼈을지 궁금하다. 기록으로 전하는 것은 없고, 탐험대의 유일한 생존자인 안내원 파토우마가 남긴 믿기 힘든 풍문뿐이라 정확히 알 길은 없다. 하지만 어쨌든 파토우마는 일행이 이곳을 쏜살같이 통과해야 했다고 주장했다. 원주민들이 파크를 죽이려고 덤벼들었던 듯하다.

물굽이를 돌 때마다 성난 외침이 쏟아지는 까닭, 온 마을 사람이 강가에 나와 나를 향해 소리치는 까닭도 이와 무관하지 않을 것이다. 나는 최루가스 캔을 무릎에 놓고 강 한가운데로만 길을 골라 있는 힘을 다해 노를 젓는다. 여행 초반에는 원주민들이 손을 흔들며 반가움과 호의를 표시했지만 이제는 그런 모습을 찾아볼 수 없다. 기이하게도 이 지역은 분위기가 전혀 다르다. 사람들에게 손을 흔들며 인사하면 예외

없이 가까이 와서는 돈을 달라고 한다. 게다가 이질 때문에 자주 기슭에 내려야 할 형편이라 어디에 배를 대야 할지 방어할 힘도 없는데, 누군가 물건을 빼앗거나 해치려고 하면 어떻게 해야 할지 걱정하느라 상당한 시간을 허비한다. 지도는 점점 더 쓸모없어진다. 지도에 표시된 대로 나타나는 물굽이는 하나도 없다. 짧게 표시된 직선 코스가 끝도 없이 이어진다. 이질 때문에 온몸이 아프고, 온도계는 43도를 가리킨다. 한 번도 겪어 보지 못한 더위다. 자외선 차단 지수가 제일 높은 선크림을 뚫고 햇볕은 살을 태우고, 기력을 빼앗고, 약하게 만든다. 열을 식히려고 노를 물에 집어넣고 찰싹찰싹 쳐 보지만 소용없는 짓이다.

모든 결의가 사라지는 순간이 있다. 아무리 결심이 굳은 사람이라도 최선을 다 했고, 이제는 포기할 수밖에 없다는 사실에 직면하는 그런 순간 말이다. 그 지점까지 왔다고 인정하고 싶지 않지만 왠지 그런 기분이 든다. 기운이 없고 어지러워서 한낮의 태양 아래 머리를 숙인 채 울컥울컥 올라오는 구역질을 애써 누른다.

근처 기슭에서 남자들이 성난 목소리로 돈이나 선물을 내놓으라고 외친다. 흘끗 쳐다보자 미친 듯이 팔을 흔들고 발을 구른다. 사람들이 이해하지 못하리라는 걸 알면서 영어로 말을 건다. 요즘 무슨 영화 보셨냐고, 안녕하시냐고, 가족들은 다 잘 계시냐고. 나는 휘파람을 불고, 알 수 없는 수수께끼 같은 신호를 허공에 그린다.

남자들이 소리 지르기를 멈추고 둥둥 떠내려가는 나를 가만히 바라본다. 퍼뜩 내가 정신 나간 여자처럼 행동하고 있다는 생각이 든다. 그런데 그다지 나쁘지 않다. 사실 어느 정도 마음에 들기까지 한다.

"헤이, 멍고 파크, 내 말 들려요?" 나는 강한테 묻는다. "헤이, 멍고, 이리 와서 나 좀 도와줘요." 얼굴에 한 꺼풀 덮인 땀을 훑어 내린다.

침묵뿐이다. 물살이 하도 느려서 수면에 물풀이 자랄 정도다.

"헤이, 멍고!"

나는 노를 붙잡고 다시 나아가기 시작한다. 나는 멍고 파크가 나를 도와주고 있다고, 그의 영혼이 기계 장치의 신(그리스 연극에서 기계 장치를 타고 갑자기 나타나서 극의 복잡한 내용을 해결하는 신―옮긴이)처럼 나타나서 나를 팀북투까지 데려다 주고 있다고 상상한다.

거대한 오렌지빛 모래 언덕 밑에 니제르 강을 왕복하는 커다란 바지선 모양의 장방형 물체가 보인다. 강을 오가는 바지선은 보통 승객 60명에 짐까지 싣기 때문에 뱃전이 수면 위로 겨우 올라와 있다. 하지만 배가 텅 비어 있는 것으로 보아 레미의 배가 틀림없다. 지금쯤은 팀북투에 도착해 냉방장치가 된 곳에서 내가 도착하기를 기다리고 있을 거라고 생각했다. 이 예기치 못한 만남은 축복이다. 레미의 배는 노질을 멈추고 잠시 쉬기에 더 없이 좋은 장소이며, 배 위의 캐노피는 니제르 강 어디에서도 찾을 수 없는 유일한 그늘이다. 나는 지금 햇빛 때문에 쓰러지기 직전이다. 어지럼증에 동반되는 빨간 점들이 계속해서 눈앞에 어른거리고, 아무리 물을 마셔도 소용없다. 이제 안전한 곳에서 잠시 쉴 수 있게 되었다.

레미가 손을 흔들며 인사하고, 나는 노를 저어 다가간다. 헤더는 탁자에 다리를 올리고 뉴요커를 읽고 있다. 벌써 세 번째라고 한다. 레미가 카메라를 살펴본다. 두 사람 뒤편으로 요리사가 점심을 준비하고 있다. 오늘은 토마토 허브 소스를 곁들인 삶은 닭과 국수일까? 아니면 민

물생선 튀김과 프렌치프라이? 나는 무엇 때문에 이질에 걸리게 되었을까? 전날 밤에 먹은 흰 죽? 베라코우시에서 먹은 썩은 생선 대가리?

"잘 지냈어요?" 헤더가 내게 묻는다.

"오늘 아침 마을에서 토한 것말고는 잘 지냈죠."

"병났어요?"

"이질 같아요."

"음, 위로가 될지 모르겠지만, 아파 보이지는 않네요." 헤더가 말한다.

물론 위로가 되지 않는다. 어떤 순간에 이르면 불편도 생활이 된다. 나는 이미 오래전에 그 지점에 도달했다. 극심한 더위와 땀, 육체적인 고통과 이질. 그것들이 모두 일상이다. 그래서 헤더가 배 위의 은닉처에서 꺼내 준 미네랄 생수처럼 호사스러운 물품을 보면 믿어지지 않는다. 세상에 이런 것이 있다니! 나는 보답으로 배낭을 깊숙이 뒤져 헤더에게 축축한 종이 뭉치를 건넨다. 〈바자 *BAZAAR*〉 최근호다.

"말려서 한 장씩 떼어내면 될 거예요." 내가 말한다.

항생제를 몇 알 삼키고 캐노피 그늘 아래 놓인 벤치에 누워 얼굴 위에 모자를 덮고, 위경련을 막기 위해 무릎을 몸 쪽으로 당긴다. 소용없다. 참을 수 없이 속이 울렁거린다. 거의 반사적으로 일어나 강물로 들어간다. 기슭으로 가서 토할 생각이었지만 무슨 일인지 깨닫기도 전에 물속으로 무너지듯 쓰러진다.

반은 기슭에 반은 강물에 걸친 채로 모래밭에 토한다. 레미가 이 모습만은 찍지 않기를 바랄 뿐이다. 혹시나 싶어 흘끗 배를 돌아본다. 헤더는 내가 무안해 할 것을 염려하여 뉴요기를 들여다보는 칙한다. 레미는 연신 카메라를 만지작거리는 듯하다. 말리 인 승무원 세 사람은 놀란 표정으로 바라보며 난처한 표정을 짓는다.

나는 기슭에 엎드려 토하고는 그대로 엎어져 있다. 태양이 이글거리는 적외선등처럼 느껴지고, 몸이 밑으로 가라앉는다. 누군가에게 도움을 부탁할 수도 있겠지만 이상하게도 그것은 불가능하다는 생각이 든다. 그들과 나는 우주를 가운데 두고 서로 다른 행성에 살고 있어서 내 목소리가 광년의 거리를 뚫고 그곳까지 도달할 수 있을 것 같지가 않다. 한편으로는 전혀 도움을 청할 수 없다는 사실이 퍽 마음에 든다. 내 성미에 딱 맞다. 이 지옥은 내가 선택했고, 사실대로 말하자면 자청한 것이다. 이제는 누려야 한다. 혼자서.

나는 천천히 일어서서 근처 모래 언덕 뒤로 무거운 발걸음을 옮긴다. 눈앞에 니제르 강이 보이지 않으니 이상하다. 이곳은 오로지 모래와 뻣뻣한 덤불뿐 황무지다. 앉아서 사하라를 바라본다. 사하라는 수백 킬로미터나 계속된다. 오로지 끝없는 모래밭이 펼쳐진다. 니제르 강을 떠나면 생명을 잃는다.

'내가 왜 여기 왔을까?'

속이 잠잠해지고, 기절할 것 같은 느낌이 사라지면서 서서히 정신이 맑아진다. 구토 후의 황홀경이다. 아무에게도 보이지 않는 창을 통해 보는 것처럼 나는 보지 않고 본다. 모래 언덕이 지평선을 향해 흐르고, 몇 그루 덤불과 하늘을 선회하는 새들. 내게는 두 가지 길이 있다. 계속 가든지 그만두든지. 정말 간단하다. 나는 지금 너무 멀리 왔다. 목표가 너무 가깝다. 내가 원하는 것은 오로지 다시 노를 젓는 것, 팀북투라는 잡히지 않는 곳에 도달할 때까지, 아니면 나아갈 수 없을 때까지 계속 노를 젓는 것뿐이다.

강으로 돌아가 물을 헤치고 걸어가 카약에 올라탄다. 레미가 망설이더니 말한다. "내가 의사는 아니지만 노를 계속 저어야 할지는 생각해 보는 게 좋겠어요. 건강이 중요하죠. 아픈데 계속할 필요는 없습니다."

"노를 젓지 않으면 어떻게 팀북투까지 가겠어요." 내가 말한다. 그리고 모자를 물에 담갔다가 머리에 뒤집어쓴다.

"이래라저래라 하지는 않을게요. 난 의사는 아니지만, 내 배가 있잖아요? 무슨 말인지 알죠?"

내가 고개를 끄덕인다. 레미는 노질을 그만두고 그의 배를 타고 팀북투까지 가자고 제안하는 것이다. 누가 알겠는가?

"노를 젓겠어요." 내가 말한다.

레미가 손을 번쩍 든다. "오케이."

헤더가 뱃전으로 다가와 말한다. "키라, 우리가 여기 있다는 사실을 잊지 말아요."

"고마워요." 나는 차분하게 말하고 한낮의 열기 속으로 다시 노를 저어 간다.

Chapter
13

오늘이 마지막이기를 기도한다. 60킬로미터 정도만 노를 저으면 밤에 팀북투에 도착할 텐데, 유속이 느리고 몸이 좋지 않은 상황에서는 만만치 않은 거리다. 지난밤에는 모래 언덕에서 야영했지만 속이 거북해 밤새 한잠도 못 잤다. 하지만 간신히 항생제를 삼킨 후에는 조금 기운이 난다. 상황을 고려할 때 내게 기대할 수 있는 가장 좋은 상태다.

　이른 아침 첫새벽에 출발한다. 남은 식량이 없기 때문에 아무것도 먹지 못했다. 아침 8시인데도 온도계는 38도를 넘었고, 양쪽 기슭에 솟은 거대한 모래 언덕 아래 흙벽돌집 마을들이 반쯤 파묻혀 있다. 이제 투아레그 족과 무어 인들의 땅이다. 이 사나운 유목민족은 강기슭 근처에서 몸을 웅크리고 얼굴에 두른 쪽빛 천 사이로 나를 응시할 뿐 반갑게 손을 흔들어도 누구 한 사람 답해 주지 않는다. 파크는 이 사람들이 가장 두렵다고 고백했다. 첫 번째 여행에서 무어 인들에게 붙잡혀 끔찍한 감금 생활을 했기 때문인데, 악몽과 같은 그 사건은 무어 인들에게서 달아나 간신히 영국으로 돌아간 뒤에도 오랫동안 그를 괴롭혔다. 투아레그는 1869년 탐험에 나선 최초의 여성을 포함해 팀북투로 향하는 유럽인을 발견하는 족족 살해한 것으로 유명하다. 서양인들은 아랍어로 말하는 법을 배우고, 무어 인으로 변장해야만 실재하는 전설 속 도시에 가 볼 수 있었다. 19세기 후반, 프랑스는 말리를 제국에 복속시키고, 투아레그 족을 상대로 끊임없이 전투를 벌였지만 성공은 제한적이고 짧았다. 투아레그는 불굴의 부족으로, 예속되지도 정복되지도 않았다.

이 지역을 여행하는 동안 파크가 느꼈을 공포가 상상이 된다. 더구나 이곳은 섬 때문에 니제르 강이 두 갈래로 갈라져 양편으로 좁은 수로가 되어 흐른다. 강이 좁을수록 공격당하기 쉽다. 마을 사람들이 쉽게 다가올 수 있고 상대적으로 달아날 수 있는 가능성은 적다. 게다가 이 지역은 지금까지 봐 왔던 어떤 마을보다도 사람이 많이 사는 곳이라 기슭 쪽으로 눈을 돌릴 때마다 규모가 상당한 마을들이 해변에 점점이 흩어져 있다. 따라서 눈에 띄지 않고 지나가기란 불가능하다. 내가 할 수 있는 일은 최대한 열심히 노를 젓는 것뿐이다. 사람들은 강가에 서서 지나가는 나를 향해 꾸짖듯이 소리친다. 이제는 광적인 사람들까지 등장했다. 나를 붙잡으려는지 강으로 뛰어들어 헤엄을 쳐서 내 뒤를 쫓는다. 무슨 의도인지는 모르겠지만 나쁜 사람들이라는 것만은 확실하기 때문에 파크에게 배운 지침을 따른다. '배 밖으로 나가지 마라. 어떤 일이 있어도.'

물을 마시려고 잠시 손을 놓고 떠다녔더니 기슭에 있던 남자들이 잽싸게 카누에 올라타고 뒤따라오며 돈을 요구한다. 나는 최루가스 캔을 무릎 위에 놓고 미친 듯이 노를 저어 간신히 그들을 따돌린다. 이번에는 한 남자가 카누 앞머리로 내가 탄 카약의 꽁지를 칠 만큼 가까이 다가와 손으로 끌줄을 잡으려 한다. 나는 도망치려고 안간힘을 쓰면서 그의 얼굴과 사나운 두 눈을 본다. 그 아니면 나, 둘 중 하나가 포기해야만 한다. 장거리 경주를 하듯이 노 젓는 속도를 조절하자 카누는 꼬리 근처에서 몇 분 동안 머물다가 뒤편으로 멀어져 간다. 그는 내게 욕설을 퍼부으며 마을로 돌아간다. 다음 마을, 그 다음 마을에서도 마찬가지여서 기슭에 매인 뾰족한 카누를 보기만 해도 겁이 덜컥 난다. 이제는 물 마실 시간도, 더위를 식히려고 물을 뒤집어쓸 시간도 없다. 멈추는 것은 따라오라고 유혹하는 것이다. 니제르 강의 둥근 물굽이를 돌자 태양이 한층 뜨겁고 두통이 심해진다.

넓은 강이 나타나고, 근처에 마을이 하나도 보이지 않는다. 나는 노질을 멈추고 강 한가운데서 떠다닌다. 다시 속이 울렁거리고 기절할 것 같다. 온도계는 45도를 가리킨다. 멀리 가물가물하게 꼬리를 끌며 사라지는 니제르 강을 눈을 가늘게 뜨고 바라본다. 사하라가 강을 삼키고 있는 것처럼 보인다. 언젠가 파크가 원주민에게 니제르 강이 어디로 흐르느냐고 묻자 그는 이렇게 대답했다. "세상 끝까지 흐릅니다." 맞다.

"이 강은 끝나지 않아." 나는 큰소리로 주문처럼 거듭거듭 외친다. 지도에는 북동쪽으로 크게 휘어지는 물굽이가 표시되어 있지만, 그런 물굽이는 몇 시간째 나타나지 않았고, 어쩌면 영영 나타나지 않을지도 모른다. 팀북투는 가까이 있으면서도 헤아릴 수 없이 멀다. 계속 노를 저어 가까이 다가가는 수밖에 없다. 해질녘까지 팀북투의 코리오우메 Korioume 항에 도착하겠다고 굳게 결심하고는 내 몸을 보호해 주던 긴팔 셔츠를 벗고, 허벅지를 묶는 좌석 끈을 단단하게 조이며 격렬한 노 젓기 한판 승부를 준비한다.

나는 신들린 사람처럼 노를 젓는다. 몇 시간이나 계속 젓는다. 태양이 서쪽으로 낮아지지만 아직 열기는 식지 않는다. 나는 머릿속으로 박자를 세면서 규칙적으로 숨을 깊게 들이쉬고 내쉬어 팔의 움직임과 하나가 되게 한다. 기슭이 느리게 뒤편으로 물러난다. 태양이 오렌지빛 불길처럼 타오르고, 강이 정북향으로 몸을 틀 때 멀리 시멘트로 지은 네모진 건물이 모습을 드러내며 코리오우메 도착을 예고한다. 금탑도 없고, 엘도라도도 아니지만, 나는 받아들일 것이다. 온몸의 통증과 격렬한 두통을 모른 체하고 그곳을 향해 똑바로 노를 젓는다. 팀북투, 팀북투! 보조 어부들이 부지런히 강을 오르내리며 지나가는 나를 바라본다. 그들은 돈이나 선물을 달라지 않는다. 내 얼굴에 나타난 결연함을 보았거나 피로를 감지한 것일까? 걱정스러운 표정으로 "싸 바, 마담?"이라고 말할 뿐이다. 한 남자가 벌떡 일어서서 두 손을 치켜들고 연호하며 나를 격려한다. 나는 그의 따뜻한 마음을 마지막 역주 속에 쏟아 부어 코리오우메 항으로 흐르는 급한 굽이를 돈다.

레미의 배가 보이고, 항구에서 망원렌즈를 손에 들고 기다리는 레미의 모습이 보인다. 이번 여행을 통틀어 카메라 앞에서 당황하지 않기는 지금이 처음이다. 레미는 안중에 없다. 눈앞의 항구를 제외하고는 무엇도 내 마음속에 없다. 나는 오로지 멈추는 것만 생각한다. 이곳이 바로 몇 주 동안 마음에 품었던 종착점이다. 나는 지금 1,000킬로미터 강을 항해해서 눈앞에 팀북투 항을 놓고 있다.

무엇이 내 카약을 잡아당긴다. 방향판이 어망에 걸리는 바람에 뒤로 휙 당겨진 것이다. 목표가 바로 눈앞인데 훼방꾼이 또 끼어들다니. 우주에는 유머 감각이 있는 것이 틀림없다. 물속으로 뛰어들어가 방향판 뒤편 스크루에 얽힌 나일론 그물을 푼다. 수심이 낮기 때문에 강바닥 진흙 속으로 맨발이 푹 빠지고, 그와 동시에 뾰족한 돌에 발바닥이 베인다. 나는 통증을 애써 무시하고, 빠르게 손을 놀려서 그물을 떼어 내 카약을 풀어 준다. 카약에 올라타는데, 니제르 강에 바치는 최후의 제물처럼 발에서 흐르는 피가 잿빛 강물과 뒤섞인다. 경로를 바꿔 그물을 돌아서 부두를 향해 힘차게 노를 젓는다.

태양의 마지막 햇살이 니제르 강을 물들일 때 커다란 흰색 증기선 옆에 배를 댄다. 배 이름도 마침 '톰북투(Tombouctou, 팀북투의 또 다른 이름)'다. 바로 내 뒤에서 배에 탄 레미가 카메라 플래시를 터트리고, 그 불빛이 강가에 모인 사람들을 비춘다. 더 이상 노를 젓지 않아도 된다. 나는 해냈다. 이제 멈출 수 있다. 어둠 속에서 사람들이 기다리는, 눈에 익은 광경을 바라본다. 서아프리카 유행가가 톰북투 선상 파티에서 울려 퍼진다.

나는 천천히 허벅지 끈을 풀고 카약에서 내린 뒤 카약을 강에서 끌어 올려 마지막으로 기슭에 떨어트린다. 수많은 사람이 주위에 모여들고, 아이들이 카약을 쓰다듬어 보려고 밀치며 앞으로 나온다. 어디서 왔느냐는 질문에 "올드 세고우"라고 대답한다. 사람들은 못 믿겠다는 표정이다.

"세고우?" 한 남자가 묻는다. 그가 니제르 강을 가리킨다. 마음속으로 강의 경로를 따라가는지 손이 천천히 물결치고 굽이친다.

"위(네)." 내가 대답한다.

"아!" 그가 탄성을 지른다.

"세고우, 세고우, 세고우?" 한 여자가 묻는다.

내가 고개를 끄덕인다. 여자가 달려가 다른 사람들에게 알리자 지나가는 사람들까지 나를 보려고 달려온다. 도대체 어떻게 생긴 사람이기에 세고우에서 여기까지 왔단 말인가? 그들은 땀으로 얼룩진 탱크 탑과 진흙이 묻은 치마, 비닐 끈으로 묶은 샌들을 위에서부터 아래로 죽 훑어본다.

나는 왁자지껄하게 퍼붓는 질문 속에서 짐을 내린다. 말하는 것조차 고통스럽다. 이곳에 이르기까지 보낸 긴 시간들. 이번 여행은 그럴 만한 가치가 있었을까? 지금 그런 질문을 한다는 건 불경스러운 짓일까? 열이 높고, 걷기조차 힘들다. 하루가 넘게 아무것도 먹지 못했다. 여행에 어떤 가치가 있다는 걸 어떻게 알 수 있을까? 무엇을 내주고라도 지금 당장은 침묵하고 싶다. 정지하고 싶다.

피로와 질병 때문에 예상했던 도착과는 전혀 달라진다. 끝이라는 성취감과 자축하는 기분은 온데간데없고, 심각한 질문이 그 자리를 대신한다. 병이 난 덕분에 온갖 잡다한 생각이 입을 다물고, 평소에는 갖기 힘든 명료함이 찾아든다. 강에서 보낸 몇 주일을 돌아본다. 사람들이 변해가는 모습, 올드 세고우의 푸른 강변이 팀북투에 가까워지면서 나무 한 그루 없이 끝없이 펼쳐진 모래밭으로 서서히 바뀌던 모습. 지난 몇 주 동안 세상이 미묘하지만 확실하게 변했는지 어떻게 사람들에게 설명할 수만 있을까? 변화의 불가피성 혹은 변화의 은총. 이전의 내 삶은 하루하루가 똑같았기에 변하는 것도, 새로운 것도 없었다. 내 삶은 '고인 물' 같았다.

정체된 삶은 살지 않겠다는 확고한 신념이 마음 속에 자리잡는다. 세상이 언제나 새롭고 낯선 은총을 내게 베풀어 주기를 기원한다. 잠시 나는 생각을 멈춘다, 그것은 곧 두려움 속으로 이어지는 길을 의미한다. 모든 것이 확실하고 보장되어 있는 곳, 그 알지 못할 세계를 나는 결코 만나지 못할 것이다.

기슭에 어둠이 내리고, 레미가 시멘트 부두 옆에 배를 댄다. 나는 마지막으로 카약에서 바람을 빼고 접어서 다른 짐과 함께 레미의 배에 싣는다. 헤더와 레미가 축하한다고 말하며 번갈아 포옹해 주지만 내가 정말 해냈는지 아직도 실감이 나지 않는다. 레미가 성공을 축하하자며 음료수 하나를 택하라고 한다. 나는 오렌지 환타를 고른다. 밖은 어둠에 싸여 형체를 분간할 수 없지만 사람들은 아직도 내가 한 일에 대해 떠들어대고 있다. 사람들이 '세고우'라는 단어를 주고받는 소리가 들린다. 그렇게 먼 거리를 노를 저어 왔다는 사실을 믿을지 궁금하다. 하지만 상관없다.

나는 벤치에 눕는다. 열 오른 머리가 메트로놈처럼 뛰는 심장 박동에 맞춰 지끈거린다. 레미가 용감하게 기슭으로 내려가 우리를 팀북투까지 실어다 줄 택시를 구해 보지만, 이 늦은 시간에 그곳까지 가겠다고 나서는 차는 딱 한 대뿐이고, 운전사는 30킬로미터 가는데 150달러를 내놓으라고 바가지를 씌운다. 레미가 그렇게 야단치며 고집부리는 모습은 처음 보았다. 요금을 깎아 달라고 핏대를 올리고 있다.

오늘 밤, 기대했던 대로 냉방 시설을 갖춘 은혜로운 팀북투의 호텔 방에서 머물 수 있길 간절히 바라지만, 칼자루를 쥔 운전수는 좀처럼 요금을 깎아 주려 하지 않는다. 레미나 나나 잡지사에서 받은 경비를 거의 다 써 버렸기 때문에 오늘 밤은 여기서 야영하고 내일 아침 팀북투로 가자고 제안한다. 그때는 싼 값에 우리를 실어다 줄 택시가 많을 것이다. 이런 실망도 통제할 수 없는 삶의 한 모습이라는 사실을 처음으로 깨닫는다. 니제르 강에서 일어나는 폭풍우와 다를 것이 없다. 감정적으로 맞설 일이 아니다.

사람들을 피해 건너편 기슭에서 야영하는 것이 어떻겠냐고 묻자 레미와 헤더가 그러자고 한다. 커다란 배가 시동을 걸고는 휘황찬란한 별빛을 받아 반짝이는 니제르 강 위로 속력을 낸다. 이윽고 반대편 기슭에 배가 도착하고, 나는 텐트를 치려고 나선다. 여전히 몸이 좋지 않아서 여행이 끝났다는 것을 실감하지 못한다. 레미가 성공을 축하하자며 맥주를 건네지만 마실 수 있을 것 같지 않다. 항생제와 위장약을 간신히 삼킨 덕분에 속이 조금 가라앉아서 레미의 요리사가 만든 국수 조금과 망고를 먹는다. 앉아서 식사하는데 아직까지 니제르 강의 물결 속을 누비고 있는 것처럼 몸이 앞뒤로 흔들리는 느낌이 든다. 파도의 오르내림에 익숙해진 선원들이 단단한 땅에 적응하지 못해 이런 경험을 한다는 얘기를 들었다. 니제르 강이 아직까지 내 안에 있다고, 나는 마침내 니제르 강에 속한다고 일깨워 주기 위해 이런 착각이 찾아온 듯하다.

자기 전에 텐트 밖에 앉아서 별들을 올려다본다. "멍고." 속삭이듯 불러본다. 니제르 강이 달빛 아래 진흙둑을 핥는다. 희미한 손전등 불빛으로 파크가 쓴 마지막 편지 두 통을 읽는다. 1805년 산산딩에서 다시는 돌아오지 못할 니제르 강 여행을 떠나기 직전에 쓴 것이다. 후원자인 캠든 경에게 쓴 첫 번째 편지에 이렇게 썼다. "니제르 강의 끝을 발견하지 못하면 이 여행에서 스러지겠다는 각오로 동쪽을 향해 돛을 올리려 합니다. 제 자신이 이미 초주검 상태이긴 하지만 기필코 버텨 낼 것이며, 여행의 목표를 달성하지 못한다면 니제르 강에서 목숨을 버릴 것입니다."

그러나 아내 에일리에게 쓴 두 번째 편지는 분위기가 전혀 다르다.

내가 걱정하는 것은, 여성 특유의 소심함과 아내로서의 불안감에 눌려 당신이 내 상황을 실제보다 훨씬 나쁘게 생각하지 않을까 하는 것이오. 내 소중한 친구 앤더슨과 조지 스캇이 세상에 작별을 고한 것은 사실이고, 많은 병사들이 여행 도중 목숨을 잃은 것도 사실이오. 하지만 나는 여전히 강을 따라 바다까지 항해하는 도중 닥칠 어떤 위험으로부터도 나를 지킬 충분한 힘이 있소. 우리는 이미 짐을 모두 실었고, 이 편지를 끝내는 순간 출발할 것이오. 나는 해안에 닿을 때까지 멈추지도, 상륙하지도 않을 생각이오. 그리고 영국으로 향하는 첫 배에 탈 것이오. (중략) 그다지 불가능한 일은 아니라고 생각하는데, 나는 당신이 이 편지를 받기 전에 영국에 도착할 것이오.

파크가 정말 어떤 '해안'에 닿아서 다시 영국으로 돌아갈 수 있다고 생각했을 것 같지는 않다. 캠든 경에게 보낸 편지에서는 단호하고 용감한 어조에도 불구하고 일종의 헛된 결의가 엿보인다. 니제르 강의 종착점은 여전히 수수께끼였다. 따라서 파크는 강이 자신을 어디로 데려갈지, 어느 곳에 도착하게 될지 알 수 없었다. 확신할 수 있는 것은 오로지 더위, 적대적인 원주민, 굽이마다 마주칠 수많은 위험뿐이었다. 그도 마음속 깊은 곳에서는 이 두 통의 편지가 자신이 쓸 수 있는 마지막 글이라고 생각했을 것이다.

그리고 파크는 여행을 떠났다. 시간이 충분히 흘렀다고 생각되는 시점까지 파크가 영국으로 돌아오지 않자 세네갈의 식민성 총독은 파크의 충성스러운 하인 '이사코'를 내륙으로 보내 주인을 찾도록 했다. 몇 년이 흘렀다. 마침내 1810년 이사코가 파크가 사망했다는 소식을 듣고 세네갈에 나타났다. 파크의 마지막 날들에 대해 알려진 것은 대부분 이사코가 파크의 안내원이었던 아마디 파토우마에게 채집한 증언에서 나온 것이다. 파토우마에 따르면 파크는 팀북투 항에 도착했고, 원주민들과 혈투를 벌였다. "팀북투를 지나자마자 다시 세 척의 카누가 습격해 왔지만 물리쳤다. 우리 편 병력은 4명으로 줄어들었고, 각각은 소총 15자루를 항상 위치에 두어 바로 쏠 수 있도록 준비했다."

몇 년 후 독일 탐험가 하인리히 바르트가 팀북투에 도착해 들은 얘기에 따르면 파크는 실제로 도시 근처에 상륙했고 원주민들과 접촉했지만 투아레그에게 쫓겨나고 말았다. 마지막으로 영국 탐험가 '휴 클래퍼튼Hugh Clapperton'이 들고 온 소식에 따르면 파크는 황금도시에 입성하여 군주에게 따뜻한 환영을 받았다. 어쨌든 파크는 자신의 예언대로 니제르 강에서 생을 마쳤는데, 그렇게 사라지기 전에 지금의 나이지리아에 있는 '부싸Bussa'라는 곳까지 갔다고 한다. 익사했을까? 원주민에게 살해당했을까? 알 수 없는 일이다. 파크의 운명을 알아내기 위해 1830년 부싸를 방문한 영국의 탐험가 '랜더Lander 형제'는 파크의 찬송가집과 항해력을 발견했다. 항해력 안에서 파크의 오래된 서류들(재단사가 보낸 청구서와 1804년 11월 9일자로 쓰인 초청장)이 발견되었는데, 초청장은 "왓슨 부부가 멍고 파크 선생님을 다음 주 화요일 5시 30분 저녁식사 자리에 모시는 기쁨을 누리고자 합니다. 답변 주시기 바랍니다."라는 내용이었다. 위대한 멍고 파크는 저녁식사 초대장을 남기고 사라졌다.

나는 나도 모르게 웃는다. 결국 파크에게 무슨 일이 일어났는지는 그리 중요하지 않다. 파크에게도, 나에게도 여행은 충분했음에 틀림없다.

Chapter
14

팀북투는 세상에서 제일가는 '용두사미'다. 평범하기 짝이 없는 흙벽돌집들이 늘어서 있고, 쓰레기가 널린 길과 무너져 가는 주거지가 아무렇게나 격자무늬를 이루고 있는 곳이 한때 세계적인 예술과 학문의 중심지였다니 믿기 어렵다. '사하라로 가는 관문'이자 '사막의 진주', '아프리카의 엘도라도'는 관목 덤불이 흩어진 모래 평원 위의 볼품없는 거류지에 지나지 않는다. 이곳에 오기 위해 그렇게 길고 어려운 여행을 했다니, 엄청난 놀림거리가 된 기분이다.

단순한 보상에 만족하기로 한다. 길거리 행상에게 산 시원한 코카콜라 한 병, 단 20센트를 주고 산 망고, 태양을 피할 수 있는 나무 그늘. 그늘은 지금 내게 내려진 축복이다. 그런 단순한 것들에 만족한다. 나는 가게 차양 아래 서서 샌들 코로 바짝 마른 진흙 위에 그림을 그린다. 태양은 빠질 수 없다는 듯이 끼어들어 피부를 뜨겁게 달군다. 몇 주 전 사하라로 접어들면서부터 나는 태양을 받아들이기로 마음먹었고, 이제 우리는 다정한 친구다.

팀북투 사람들이 티셔츠와 치마를 입은 내 모습을 바라본다. 그들은 대부분 눈보라라도 휘몰아치는 것처럼 길고 검은 차도르나 쪽빛 천으로 머리끝부터 발끝까지 감쌌다. 나는 미로 같은 길들을 배회하면서 선글라스를 쓴 얼굴로 사람들에게 고개를 끄덕이고 웃음 짓는다. 옛날 탐험가들이 팀북투에 가면 찾을 수 있으리라고 내게 약속한 자취들을 찾는 중이다. 여기가 바로 멍고 파크가 찾아 헤맨 그 '위대한 목표'다. 그는 팀북투에 대해 들은 얘기를 적어 두었다. "현 팀북투 왕은 이름이 '아부 아브라히마'로, 막대한 부를 소유하고 있다고 한다. 그의 아내들과 첩들은 비단옷을 입고, 나라 대신들은 대단히 호화로운 생활을 한다고 한다."

파크가 이런 얘기를 기록하고 있을 무렵, 팀북투의 전성기는 이미 오래전에 끝나 있었다. 모로코 궁정 출신의 스페인계 무어 인 환관 '주다르'가 모로코 용병 부대를 이끌고 1591년 팀북투를 침략하여 약탈한 사실을 유럽인들은 세대가 거듭되도록 몰랐던 것이다. 약탈 이후 팀북투는 결코 예전 같지 않았다. 도시의 부는 강탈당했고 대규모 연구기관들은 모두 사라졌다. 과거의 영광 중 남은 것이라고는 어느 여자 노예의 이름을 따서 지은 도시 이름뿐이다. 하지만 '팀북투'는 아직까지 나름대로의 힘과 매력을 잃지 않아서 많은 방문객들에게 감동을 안겨 준다.

14세기에 팀북투를 다스린 말리의 황제 '만사 무사Mansa Musa'는 금과 소금, 노예를 팔아 막대한 부를 축적한 유명한 왕이다. 또한 적극적으로 백성들을 이슬람으로 개종시켜 1336년에 온 국민을 무슬림으로 만드는 위업을 달성했다. 이런 전통은 아직까지 견고해서 팀북투는 전통적인 무슬림 도시라는 명성을 지켜 가고 있으며, 팀북투에서 활동한 한 개신교 전도단은 20년이 다 되도록 단 한 명도 개종시키지 못했다고 한다.

만사 무사는 1324년 사하라를 건너 메카까지 1만 킬로미터에 이르는 순례 여행을 했으며, 당시 호위병 6만 명과 마리당 140킬로그램의 금을 실은 낙타 100마리를 동행했다. 이집트를 지나갈 때는 너무 많은 금을 뿌려서 이후 10년 동안 금 가치가 하락했다고 한다. 그리고 팀북투로 돌아와서는 대단히 인상적인 건축물인 대사원을 지었다. 그러나 만사 무사의 죽음은 팀북투의 쇠락을 초래했고, 도적떼와 투아레그가 번갈아 도시를 약탈했다. 송하이 제국의 통치자 '위대한 알리'는 1468년 도시를 점령하고, 그 즉시 현지 지도자 수천 명을 처형하는 한편 위대한 문화 르네상스의 시작을 알렸다. 그 결과 사하라 깊숙한 곳의 '아프리카 엘도라도' 이야기가 퍼져 유럽인들의 상상력을 자극했다.

서양에 팀북투 신화를 퍼뜨린 가장 큰 책임은 1500년대 초 팀북투에서 자신이 직접 겪은 경험을 토대로 책을 쓴 무어 인 '레오 아프리카누스'에게 있다고 할 수 있다. 그는 스페인에서 추방되어 인심 좋은 해적들에게 붙잡혔다가 메디치 가문 출신의 교황 레오 10세의 명령으로 석방되어 이탈리아어를 배웠다. 그의 책《아프리카의 역사와 실제, 그리고 아프리카에 담긴 놀라운 것들》은 1526년 이탈리아에서 출판되었고, 1600년에는 영어로 번역 출판되어 사막 왕국의 미스터리에 대한 인기 있는 권위서가 되었다. 레오는 팀북투를 현란하게 묘사했다.

어디서도 볼 수 없는 웅장한 사원이 있다. (중략) 그리고 호화로운 궁전 (중략) 수공업자와 상인들의 가게가 즐비하고, 특히 삼베와 면을 파는 가게가 많다. 또한 '바르바리'(Barbary, 북아프리카 회교 지역 ─옮긴이) 상인들이 유럽산 천을 이리로 들여온다. 이곳에 사는 거주민, 특히 이방인들은 대단히 부유해서 왕이 두 딸을 거상들과 결혼시켰을 정도다.

톰부토의 왕은 금접시와 금홀(金笏, 제왕의 권위를 상징하는 금으로 만든 지팡이)을 많이 가지고 있는데 그중 일부는 무게가 600킬로그램에 달한다. 궁궐 안은 매우 화려하고 가구가 많다. 이곳에는 의사와 판사, 성직자와 여러 학식 있는 사람들이 대단히 많이 모여 있는데, 왕의 하사금으로 풍족한 생활을 한다. 또한 바르바리에서 다양한 원고와 저작물이 수입되어 다른 어떤 상품보다 큰 이윤을 남기고 팔린다. 톰부토에서는 글자나 그림을 새기지 않은 금을 화폐로 사용하며, 적은 금액은 페르시아 왕국에서 들여 온 조개 껍데기를 이용한다. (중략) 거주민은 기질이 온순하고 활달하며 밤새도록 거리에서 노래하고 춤춘다. 그들은 많은 남녀 노예를 부린다.

식민지 개척에 열을 올리던 유럽은 당연히 이 묘사가 사실인지 확인하고 싶어 안달이 났다. 아프리카누스가 "백토로 짓고 갈대로 덮은 오두막"도 언급했지만, 또한 니제르 강이 서쪽으로 흐른다고 틀리게 설명했지만 그런 것은 문제가 되지 않았다. 전설은 태어났다. 서양인들은 전설 속 도시에 서로 먼저 닿기 위해 앞을 다투었다. 영국인 '고든 랭 Gordon Laing'은 팀북투까지 가는 방법으로 사하라 횡단을 택했다. 변장도 하지 않고 원주민 안내원 한 사람만 데리고 여행했기 때문에 현대 역사가들은 완전한 자살 시도였다고 평한다. 그는 기적적으로 1826년 팀북투에 도착해 그곳에 발을 디딘 최초의 유럽인이 되었다. 하지만 영예에 비해 값비싼 대가를 치러야 했다. 목표 지점에 도달하기 직전 투아레그의 공격을 받아 온몸에 총상과 자상을 입었고, 귀가 잘리고, 턱이 깨지고, 오른손이 거의 절단되었다. 랭은 팀북투의 움집에서 몇 주 동안 지내며 몸을 회복하고 사하라를 건너 유럽으로 돌아가려다 투아레그에게 교살되었다. 그의 뼈가 묻힌 팀북투 외곽의 외로운 모래 무덤은 20세기가 훌쩍 넘은 지금, 인기 있는 관광 명소가 되었다.

팀북투의 황금 신화는 프랑스 인 '르네 카이예'가 아랍어를 배우고 무어 인으로 변장한 뒤 사하라를 건너 1828년 팀북투에 도착한 후에야 그 허구성이 대대적으로 폭로되었다. 르네 카이예는 팀북투에 도착했을 뿐 아니라 돌아와 이야기를 전한 최초의 유럽인으로 역사에 기록되었다. 돌아왔다는 것은 당시로서는 대단한 업적이었다. 그는 팀북투의 황금 전성기는 오래 전에 끝났다는, 누구도 상상하지 못한 이야기를 전했다. 그의 뒤를 이어 1853년 독일의 탐험가 하인리히 바르트가 팀북투를 방문했다. 유럽으로 돌아온 바르트는 1857년 펴낸 책에서 레오 아프리카누스의 분별없는 묘사를 논박하고, 황금도시는 '사방이 모래와 쓰레기 더미'였다고 선언했다. 다른 이들도 바르트의 뒤를 따라 눈으로 확인하겠다고 나섰다. 1869년에는 대담무쌍한 33살의 네덜란드 여자가 팀북투에 도착한 최초의 유럽 여성을 꿈꾸었으나 목표를 달성하기 전 투아레그에게 살해당했다. 마침내 1893년에는 프랑스 군대가 증기선을 타고 진주하여 니제르 강을 거슬러 올라가 원주민들과 전쟁을 벌인 끝에 팀북투에 삼색기를 올렸다. 파크가 유럽인으로서는 최초로 니제르 강에서 팀북투를 바라본 때로부터 100년이 채 되지 않은 시점이었다. 프랑스 인들은 투아레그 족을 상대로 몇 년 동안이나 사막 혈전을 벌여 마침내 1902년에 승리를 거두었다. 이후 황금도시 팀북투는 1960년에 말리가 독립할 때까지 프랑스 인들의 손에 남아 있었다.

팀북투의 흙먼지 이는 길을 걷는다. 아직 정오가 되기 전인데 이미 46도다. 태양의 무게 아래 고개를 숙인다. 모든 동작이 너무도 무겁게 느껴진다. 쓰레기 더미를 뒤지는 빼빼 마른 당나귀를 지나치고, 골목을 따라 흘러 내려오는 악취 나는 하수를 조심스레 피한다. 그리고 이곳에 도착하기 위해 목숨을 걸었던 역사 속 탐험가들인 고든 랭과 르네 카이예가 머물렀던 곳을 방문한다. 그들은 팀북투를 보고 크게 실망했다. 카이예는 도시의 풍광을 '단 한 번도 본 적이 없는 단조롭고 황량한 모습'이라고 묘사했다. 1897년에는 프랑스의 탐험가 '펠릭스 두브아Felix Dubois'가 혐오감을 숨김없이 드러냈다. "폐허, 쓰레기, 이 비참한 잔해가 신비한 팀북투의 비밀이란 말인가?" 하지만 나는 테니슨의 묘사가 가장 마음에 든다. 그는 어떤 서양인도 팀북투에 발을 들여놓기 전, 〈팀북투〉라는 시에서 황금도시를 이렇게 그렸다.

     ……

　네 찬란하게 빛나는 탑들

　어쩌면…… 움츠리고 떨다가 오두막이 될지도

　황량한 모래밭 불모의 땅 한가운데 검은 점들

　야트막하고, 진흙으로 벽을 쌓은, 미개인들의 보금자리

　단체관광으로 날아온 여행객들이 햇볕에 시든 모습으로 터벅터벅 내 곁을 지나치면서 각자가 기대했던 무엇을 찾고 있다. 그들 역시 실망했으리라. 이곳은 냉방 시설이 갖추어진 방을 터무니없는 가격에 빌려 주고, 가짜 투아레그 의상을 시장에 내놓고 팔 만큼 닳고 닳았다. 나는 더위 속에서 기운을 소모하지 않도록 천천히 움직이는 법을 배운다. 내 모든 발걸음이 위험하리만큼 진실과 가깝게 느껴진다. 팀북투는 이름과 상상으로만 알려졌더라면 훨씬 나았을 것이다. 팀북투는 찾아내라고 있는 곳이 아니다.

해가 진 뒤 다시 팀북투를 어슬렁거린다. 불쾌한 일들이 곳곳에 도사리고 있는 위험한 곳이라는 얘기를 들었지만, 천장에 매달린 선풍기가 덜덜거리며 바람을 뿜어내는 뜨거운 호텔 방에 앉아 땀을 줄줄 흘리는 것보다는 낫다. 항생제 덕분에 한풀 꺾이기는 했지만, 아직 제대로 식사를 하거나 맥주 한 잔을 마실 정도로 몸이 회복된 것은 아니다.

여행을 끝낸 뒤에는 시원한 방에서 마음껏 쉬겠다고 별렀건만, 우리 일행이 도착하기 바로 전날 외국 자원봉사단이 새로 뽑은 랜드로버를 타고 팀북투에 도착해 시내 호텔의 객실을 모조리 점령해 버렸다. 레미가 그들과 어울려 맥주를 마시고 있다. 오늘 오후 헤더와 자신이 묵을 냉방 객실을 구해 본다고 호텔 매니저에게 뇌물도 쓰고 부탁도 하는 것 같더니 일이 제대로 되지 않았는지, 내가 마음먹은 것과 마찬가지로 최대한 빨리 이 도시를 떠나겠다고 한다. 레미는 여러 곳을 다녀 봤지만 이렇게 혹독한 더위는 처음이라고 한다. 나 역시 마찬가지다. 밤에도 온도가 내려가지 않고, 이따금 불어오는 산들바람이 감질나게 더위를 식혀줄 뿐이다. 어쨌든 무슨 일이 생긴다 해도 밖을 돌아다니는 편이 더 낫다.

숨 막히는 더위는 한밤중에도 이어진다. 텅 빈 시장을 지나 흙벽돌집 사이를 내키는 대로 걸어다닌다. 그리고 태평스럽게 주위를 둘러보면서 마신 '안타르'를 찾는다. 팀북투에 사는 사람들은 대부분 마신을 믿는다. 마신은 검은 색과 흰 색이 있는데, 흰 쪽이 더 힘이 세다고 한다. 이들은 다양한 모습으로 출현하는데 가장 흔하게는 발끝의 검은 점으로 나타나며 바라보면 크기가 엄청나게 커진다고 한다. 떠돌이 개나 고양이로 나타나기도 하지만 다가가면 곧 사라진다. 땅딸막하고, 피부가 검고, 길게 수염을 길렀으며, 발끝이 뒤로 향한 남자로 둔갑한 마신을 만나면 집안에 골칫거리가 생긴다고 한다.

나처럼 밤에 나다니는 것은 마신을 만나기에 제일 좋은 방법이다. 보름달이 뜬 밤에는 마신이 사람에게 돌팔매질을 한다. 여자와 방금 잠자리를 한 남자는 집으로 돌아가다가 몽둥이찜질을 당한다. 마신이 냄새로 알아차리기 때문이다. 고양이 마신은 지나가다 사람 이름을 부르는데, 그 소리에 답하면 끔찍한 모습을 보여 주어 정신이 나가게 한다. 사람들은 마신 때문에 한 번씩 발광한다고 한다. 또한 마신과 싸우고, 마신 때문에 죽는다. 마신은 사막을 건너는 사람을 쥐도 새도 모르게 데려간다. 특히 사악한 마신은 팀북투 거리에 부랑자와 미치광이가 들끓는 것을 좋아한다. 무당은 팀북투의 마신과 뛰노는 유일한 인간으로 사막에서 비밀스런 '홀로 호리 춤holo-hori'을 추며 마신을 불러내 마신과 하나가 된다. 신들린 뒤에는 미친 듯이 춤을 추기 때문에 몽둥이로 흠씬 두들겨 패서 몸에서 마신을 내쫓지 않으면 무당은 죽고 만다.

발끝을 살피며 검은 점을 찾아 봐도 아무것도 보이지 않는다. 팀북투는 비밀을 드러내지 않는다. 떠돌이 고양이 한 마리가 지나가지만 깜빡 잊었는지 내 이름을 부르지 않는다.

말리를 떠나기 전 반드시 노예 한두 명을 풀어 주고 싶다. 여행 전부터 품었던 생각이다. 풀려난 사람들이 독립적으로 살아갈 기반을 마련하는 데 도움이 되겠다는 생각에 집에서 금화 몇 닢을 가져왔다.

노예 제도는 명백한 불법이며 존재하지 않는다고 우기는 나라에서 노예를 풀어 주기는 쉽지 않다. 하지만 노예 제도는 분명히 존재한다. 말리의 하층 계급을 형성하는 벨라 인은 서아프리카 종족으로서 수백 년 동안 아랍 인인 무어 인과 투아레그 족의 노예로 살았다. 인간의 불합리성이 비극적으로 표출된 예다. 말리의 투아레그 족은 머리카락과 눈동자 색이 연하고, 피부가 황녹색이기 때문에 스스로 백인종이라고 믿는다. 따라서 피부가 검고 사하라 이남 아프리카인 특유의 신체적 특징을 지닌 벨라 인과는 다르다고 생각한다. 투아레그 족은 벨라 인에 대한 우월성을 근거로 박해를 정당화한다.

이러한 편견은 문화 전반에 폭넓게 침투되어 벨라 인은 멍청하고, 못생기고, 가난하고, 쓸모없는 인간으로 취급된다. 사람들은 벨라 인과는 밥도 같이 먹지 않는다. 톱티나 바마코처럼 서구화된 도시에서도 마찬가지다. '벨라 인'이라는 호칭은 엄청난 모욕이라 바로 싸움으로 이어진다. 드문 일이지만, 간신히 사회에서 한자리 차지하게 되더라도 벨라 인이라는 혈통을 저주하며 송하이라고 거짓말을 하는 것이 보통이다. 용기 있게 신분을 드러내는 경우에는 다른 말리 인의 시샘과 분노에 맞닥뜨려야 한다. 벨라 인은 영원한 노예일 뿐 사회인으로서 몫을 감당할 수 없다고 생각하기 때문이다.

말리에서 벨라 인이 직면한 상황에 대해 알면 알수록 마음이 어지러웠다. 결국 할 수만 있다면 누구라도 돕고 싶다는 생각을 하기에 이르렀다. 팀북투에서 찾아낸 벨라 인들은 쓰레기장 근처 형편없는 움집에서 살고 있다. 이들은 투아레그를 위해 일을 한다. 여자는 요리, 빨래, 청소에서 머리 손질에 이르기까지 투아레그의 집안 살림을 도맡는다. 주인의 성적 노리개가 되는 경우도 있다. 남자는 투아레그의 개인 비서로 일하거나 양치기나 농부가 된다. 주인이 돈을 받고 다른 사람에게 빌려 주기도 한다. 벨라 인은 임금을 받지 못하며 오로지 주인에게 의존해 살아야 한다.

나는 아쏘우와 연락해 몹티에서 팀북투로 올 수 있도록 왕복 버스요금을 보냈다. 아쏘우는 팀북투에서 자란 사람이니 노예 한두 사람을 풀어 주는 일이 가능한지, 어떤 사람을 도와주어야 할지, 조언을 얻을 수 있을 것이다. 아쏘우는 돈은 한 푼도 받지 않겠다고 말했다. 그도 나만큼이나 간절하게 여자 노예를 풀어 주고 싶어했다. 아쏘우는 "남에게 하는 일은 나에게 하는 일입니다."라고 즐겨 말했다. 벨라 인 이야기를 할 때 그의 두 눈에는 물기가 어렸다. 몹티에 있을 때 그는 내게 비밀을 털어놓았다. 자신도 벨라 인이나 다름없다는 것이다. 출생은 송하이 인이지만 젖어머니는 어머니의 벨라 인 친구였다고 한다. 그렇다면 말리 기준으로 볼 때 그는 부분적으로 벨라 인이다. "내 핏속에는 벨라 인의 피도 흐르고 있어요." 아쏘우는 말했다. 사실 함부로 고백할 이야기는 아니었기 때문에 나는 아쏘우의 사회생활과 관련 있는 말리 인에게는 절대로 비밀을 누설하지 않겠다고 맹세해야 했다. 아쏘우의 부모님은 언제나 벨라 인의 편이었다고 한다. 부모님들은 항상 모든 사람을 똑같이 대했다. 그리고 아쏘우는 그분들께 배웠다.

숙소로 정한 호텔에서 아쏘우를 만나 투아레그 가정을 방문할 수 있는지 묻는다. 나는 투아레그와 벨라 인 노예가 어떤 관계에 있는지 눈으로 확인하고 싶다. 우리는 팀북투 외곽 흙벽돌 오두막에 사는 한 가정을 찾아간다. 갈대 차양 아래 거적을 깔고 벌러덩 드러누워 있는 뚱뚱한 여자 세 사람에게 인사를 건넨다. 밝은 피부색과 곧고 검은 머리카락 때문에 마치 인도 여자처럼 보인다. 귀에는 커다란 금귀고리를 했

고, 손과 발에 헤나 물을 들여서 적갈색 장갑과 양말을 착용한 것처럼
보인다. 집안의 우두머리 여자는 가죽 만지는 일을 한다. 나는 대부에
게 받아온 부적을 가죽 주머니에 넣어 줄 수 있느냐고 묻는다. 여자가
알겠다고 대답하고는 친절하게 인사하면서 의자에 앉아 차를 마시라
고 권한다. 의자와 차를 가져다 주는 사람은 벨라 인 여자아이다. 키가
크고, 몸이 말랐으며, 발을 벗었고, 머리는 여러 가닥으로 땋았다. 너덜
너덜한 파뉴를 입고, 생각에 잠긴 듯 천천히 움직이며, 시선은 자기 발
에 고정되어 있다. 아무 말도 하지 않고, 명령 말고는 누가 말을 걸지도
않는다.

"저 아이가 벨라 노예인가요?" 다른 사람들이 알아듣지 못하도록 아
쏘우에게 영어로 묻는다. 우리는 아이가 투아레그 여자들에게 차를 갖
다 주는 모습을 바라본다.

"예." 그가 말한다.

"어떻게 알죠?"

"나는 이 집안 사람들을 알아요. 저 아이는 돈을 못 받습니다. 아이는
이 집 소유예요."

"도망치면 안 되나요?"

아쏘우가 웃는다. "사람들이 찾아서 데려옵니다. 아이는 이 집 소유
예요."

"벌을 주기도 하나요?"

"네, 보세요. 아이가 얼마나 못 먹었나. 다른 사람들은 모두 뚱뚱하잖
아요. 보세요." 그가 말한다.

나는 뼈와 가죽만 남은 벨라 아이를 흘끗 보았다가 피둥피둥한 투아
레그 여자들에게 시선을 돌린다. 가죽에 부적을 대고 바쁘게 본을 뜨던

여자가 갑자기 야단치는 소리로 명령한다. 벨라 아이가 급하게 달려 나와 우리가 마신 찻잔을 가져간다. 투아레그 여자는 요즘은 제대로 된 아이를 구하기 어렵다고 말하는 듯 우리를 쳐다본다.

아쏘우와 헤어져 돌아온다. 목에 건 줄에는 부적 주머니가 매달려 있다. 벨라 인들이 어째서 계속 노예 생활을 하는지 이해할 수 없다. 도망쳐 봤자 주인이 찾아내서 벌을 주기 때문이라거나 경제적 어려움 때문에 주인에게 의존할 수밖에 없다는 것만으로는 설명하기가 어렵다. 태어날 때부터 자존심이 말살당하고 그 자리를 복종심이 차지하는 것이 문제다. 벨라 인은 어머니의 자식이 아니라 어머니를 소유한 투아레그 가정의 소유물로 태어난다. 벨라 인들은 더 나은 미래를 성취할 수 있는 수단을 획득해야 한다. 그것은 짓밟힘에 대한 '자각'이다.

Chapter

15

팀북투는 여전히 과거의 유산으로 가득하고, 그중에서도 노예 제도는 쉬쉬하면서도 면면히 이어져 온 관습이다. 하지만 말리에서 노예 제도 얘기를 꺼냈다가는 당장 관련 전문가들의 항변에 부딪힐 것이다. 그들은 1971년에 제정된 노예폐지법을 들이대면서 벨라 인은 이제 이동의 자유와 시민권을 보장받는 임금 노동자라고 주장한다. 간단히 말해 그들은 더 이상 '노예'가 아니라는 것이다. 하지만 실제로 팀북투에 사는 사람들 얘기는 다르다. 벨라 인은 명목상으로는 아니더라도 실질적으로 노예이고, 투아레그가 결코 권리를 포기하지 않을 일종의 '재산'이며, 주인에게 강간당하거나 구타당하고, 사회의 주변부로 내쫓겨 살아야 하며, 번 돈을 모두 바쳐야 하는 사람들이다. 그렇다면 이것은 '노예 제도'인가, 아닌가? 말의 의미를 따지기 전에 근본적인 문제를 살펴보아야 한다. 이 모든 말장난은 결국 벨라 인을 어디로 몰아가는가?

여행을 떠나기 전 말리의 노예 제도에 대해 조사하다가, 말리에는 노예 제도가 존속한다고 결론 내린 미국무부의 보고서를 발견하고 무척 난감했다. 어째서 더 이상 노예 제도가 존재하지 않는다고 주장하는 나라에서 한 민족이 통째로 노예 생활을 하고 있을까? 그들에게 다른 선택의 여지는 없는 것일까? 이때부터 누군가를 풀어 주는 것이 가능한지 고민하기 시작했는데, 여기에도 나름의 문제점이 없지는 않다. 말리를 잘 아는 사람들은 노예를 풀어 주는 일은 불가능하며, 거래하는 사람들에게 돈만 뜯길 것이라고 충고했다. 벨라 인은 심리적으로나 경제적으로 투아레그 주인에게 전적으로 의지하고 있으므로 내가 풀어 준다고 해도 스스로 일어설 기반이 없다는 지적도 있었다.

어쨌든 내가 정말 누군가를 풀어 줄 수 있다고 가정해 보자. 그리고 그 사람에게 장사라도 시작해서 혼자 힘으로 살아갈 수 있을 만큼 돈을 준다면 어떨까? 평생 동안 비인간적이고 때로는 가혹한 대접을 받는 것보다 낫지 않을까? 나는 여러 상황을 가정하고 따져 본 뒤 결국 해볼 만한 일이라고 결론지었다.

말리 북쪽의 모리타니 상황도 팀북투 문제를 이해하는 데 도움이 되었다. 모리타니에서는 노예 문제가 공론화되어 국제기구와 정부가 함께 문제 해결에 나서고 있다. 하지만 말리는 부인하는 단계에 있는 것 같다. 팀북투 지역에 사는 투아레그 중에는 값만 제대로 쳐주면 벨라 인을 노예 신분에서 풀어 주는 사람들도 있다고 한다. 1971년 법이 통과되기 전에는 벨라 인을 팔거나, 교환하거나, 일을 시켜 번 돈을 착복할 수 있었기 때문에 머나먼 바마코에서 법령이 하나 선포되었다고 해서 벨라 인들을 풀어 주는 것은 투아레그로서는 아무 이유 없이 귀중한 물건을 내버리는 것이나 마찬가지였다. 정부에서 일하는 부유한 관료들이 무슨 일인들 제대로 하겠는가? 투아레그는 대놓고 반대했다. 그들은 벨라 인은 원하는 대로 왔다 갔다 할 수 있다고 둘러댔다. "말리에서 여성 생식기 절제는 불법이며 존재하지 않는다."는 말은 누구나 말하는 공식 문구지만 국제사면위원회와 세계보건기구가 말리 여성의 90퍼센트 이상이 생식기 절제를 한다고 보고한 예와 마찬가지다. 게다가 노예 문제를 조사하려는 정부 부처도 없고, 불법에 대해 형벌을 부과하려는 기관도 없는 상황이라, 드러내 놓고 말하지 않을 뿐이지 노예제도는 관련 법규가 없을 때와 마찬가지로 굳건히 자리를 지키고 있다.

그렇다고 벨라 인들이 노예 해방법이 통과된 뒤에도 전혀 주인을 떠나거나 독립하지 않았다는 얘기는 아니다. 많은 벨라 인들이 그렇게 했다. 몹티나 바마코 외곽에서 발견한 벨라 인들은 누추한 초가집이나 불모의 자투리땅이나 쓰레기장 근처에서 살고 있었다. 새로운 삶을 시작할 경제 능력이 없는 상태에서는 노예 신분을 벗어나 간신히 독립을 얻더라도 살던 마을을 떠나지 못하고 노예나 마찬가지로 심리적, 경제적으로 전 주인에게 의존할 수밖에 없기 때문이다. 다시 말해 주인에게 독립해 자기 일을 시작할 방편이 없으면 자유는 무의미하다. 나는 누군가를 풀어 줄 때 이 문제도 해결하고 싶었다.

이 목적을 달성하는 데 아쏘우가 큰 도움이 되었다. 아쏘우의 투아레그 친구가 중개인으로 나서 여자 벨라 인 한두 명을 떠나 보낼 수 있는 여유가 있는 집을 수소문했다. 아쏘우의 젖어머니였던 '둘째 엄마'도 도움을 주었다. 젖어머니는 여러 벨라 인 가정의 주인들에게 이야기하고 다니며 반드시 풀려나야 할 급박한 처지에 있는 젊은 여자 한두 명을 찾아내기 위해 노력했다.

드디어 아쏘우가 벨라 인을 팔겠다는 투아레그 추장을 찾아냈다. '말리에는 노예 제도가 공식적으로 존재하지 않기' 때문에 일은 비밀리에 이루어져야 한다. 아쏘우와 나는 특히 그 점에 주의를 기울였다. 돈을 투아레그 주인 '젱기'(그는 본명을 공개하기를 원하지 않았다)에게 전달하는 역할은 아쏘우가 맡아 자신이 거래의 주체인 척해야 한다. 그렇지 않으면 거래가 성사될 수 없다. 아쏘우는 대학 '연구'의 일환으로 노예를 풀어 주는 것이며, 기록을 돕기 위해 백인 여자 한 사람이 따라올 것이라고 젱기에게 말했다. 또한 연구에 사진이 몇 장 필요하기 때문에 사진 찍는 사람도 있을 것이라고 전했다. 젱기는 조건을 받아들였다. 무슨 일이 있어도 아쏘우는 내가 작가라거나, 내가 꾸민 일이라는 사실을 말해서는 안 된다.

협상이 타결되고, 아쏘우와 나는 레미와 함께 벨라 인 마을에 도착한다. 우리는 조그만 갈대 오두막 한가운데 앉아 있다. 벨라 인들도 투아레그 주인에게서 마을을 떠나지 말라는 말을 들었기 때문에 늙은 여자, 젊은 여자, 반벌거숭이 아이, 아이를 어르는 여자 등 다들 마을에 모여 앉아 우리를 바라보고 있다. 아쏘우는 어떤 사람이 선택되었는지 자기도 모른다고 한다. 나는 사람들을 하나하나 바라보며 그들의 처지를 상상한다. 아침에 눈을 뜨면 내가 다른 사람의 소유물이라는 자각이 밀려온다. 주인의 허락 없이는 결혼할 수도 없고, 여행할 수도 없다. 내 손으로 돈을 벌 수도 없고, 마음에 드는 신발을 살 수도 없다. 이들의 삶을 좌우하는 사람, 젱기의 얼굴과 그 두 눈을 들여다보고 마음에 품은 생각을 조금이라도 엿보고 싶다.

주인은 벨라 인들과 떨어져 가족과 함께 살기 때문에 잠시 기다려야 한다. 벨라 인들은 날마다 이곳에서 자신이 맡은 일에 대해 주인집 사람들에게 보고한다. 차가 도착하고 젱기가 내린다. 그는 쪽빛 천으로 몸을 감싸고 있다. 투아레그 남자들이 사막에서 입는 전통의상이다. 감기라도 걸리면 큰일난다는 듯이 코와 입을 얌전하게 푸른 천으로 가려 놓았기 때문에 눈밖에 보이지 않는다. 젱기가 '그의 벨라' 앞에 깔아 놓은 거적 위에 앉는다. 한 늙은 남자에게 특히 친근하게 대하는데, 팔을 쓰다듬고 애정이 담긴 손길로 토닥인다.

나는 아쏘우를 통해 이들이 그의 노예냐고 묻는다.

"노예를 두는 것은 말리에서 불법입니다." 젱기가 차분하게 말한다.

"그러면 이 사람들이 당신의 벨라입니까?" 내가 묻는다.

젱기가 고개를 끄덕인다.

레미가 카메라를 들고 나와 젱기를 찍자, 아쏘우가 성난 듯이 손을 흔들며 레미를 제지한다. "아직 안 돼요." 아쏘우는 빠르게 말하고 젱기를 흘끗 바라본다. 그가 우리 속셈을 알아차렸는지, 이 거래가 아쏘우의 '연구'와 관련된 것이 아니라는 사실을 알아차렸는지 보려는 것이다.

다행히 젱기는 동요하는 기색이 없다.

"사람들은 월급을 받습니까?" 내가 묻는다.

젱기는 아쏘우를 통해 자신은 그들이 살 곳과 기를 가축과 몸에 걸친 옷을 준다고 말한다. 결혼할 때에는 결혼지참금으로 가축을 제공한다. 이것이 벨라 인의 '보수'라는 얘기다.

나는 근처에 앉아 있는 나이 지긋한 여자를 돌아본다. "저 여자가 이곳을 떠나고 싶어 하면 떠날 수 있습니까? 예를 들면, 몹티로 가서 돌아오지 않을 수도 있나요?"

잠시 젱기의 얼굴을 가린 천이 떨어지는 바람에 능글맞은 웃음이 언뜻 드러난다. "내가 저 여자를 죽이든지, 저 여자가 나를 죽이든지." 그러니까 '죽어도 안 된다'는 뜻이다. 젱기는 담갈색 눈만 내놓고 다시 천으로 얼굴을 가린다.

벨라 말에는 주인과 노예를 구별하는 단어가 있다. '테르체terche'는 노예가 있는 투아레그를 말하고, '아클리니aklini'는 노예를 지칭하는 단어로서 지금도 매일같이 사용된다. 이런 단어가 있고, 계속해서 사용된다는 사실은 이들 사이에 주인과 노예 관계가 암묵적으로 존재한다는 사실을 입증한다.

풀려날 사람들이 누군지, 내가 아쏘우에게 건네준 돈이 한두 사람 몫으로 충분한지 묻는다. 두 사람이 잠시 대화를 나눈다. 젱기가 손가락 두 개를 치켜든다. 아쏘우가 젱기는 가정부 두 사람을 풀어 줄 생각이라고 전한다. 가정부는 이미 세 명이 있는데다 혹시 일손이 부족하더라도 그 자리를 메워 줄 벨라 인 아이들이 충분히 있으니 상관없다고 한다. 젱기는 자기가 부른 몸값이 상당히 싼 편이라고 이야기한다. 한 명당 260달러로 말리의 연간 가구당 GDP(국내총생산)를 넘는 액수다.

젱기가 무리의 가장자리에 서 있는 젊은 여자 두 사람에게 손짓한다. 그들이 걱정스러운 얼굴로 우리에게 다가온다.

"이 여자들입니다." 젱기는 여자들에게 내 건너편에 앉으라고 명령한다. 그때서야 한 사람이 아픈 여자 아기를 안고 있는 것을 안다.

"아기가 있네요. 아기를 엄마와 함께 보내 줄 수 있는지 물어보세요." 내가 아쏘우에게 말한다.

아쏘우가 묻고 짧은 대화가 이어진다. "안 된답니다." 아쏘우가 말한다.

"그러면 아기가 얼마인지 물어보세요." 내 입에서 그런 말이 나왔다는 사실을 믿을 수가 없다. 아쏘우가 묻자 젱기가 당당하게 허리를 펴더니 고개를 흔든다.

"아기는 팔지 않는대요." 아쏘우가 내 쪽으로 몸을 기울인다. "두 사

람을 파는 것만도 크게 양보한 겁니다. 양보한 사람한테 또 양보하라고
할 수는 없잖아요."

더 이상 고집부리지 말라는 경고다. 아쏘우가 벨라 인을 더 이상 팔
지 않겠다는 것은 그들이 몹시 소중하기 때문이라고 한다. 예를 들면,
근처에 앉아 있는 사내 아이는 젱기 아들의 개인 비서가 될 것이다. '그
의 벨라'가 지닌 가치는 나이와 직업뿐 아니라 투아레그 가족이 그들
의 노동에 얼마나 크게 의존하는지에 따라서도 달라진다. 내 앞에 앉은
두 여자는 없어도 별로 상관없고 대체할 수 있기 때문에 값이 싸다.

나는 품에 안긴 어린애가 어떻게 될지 걱정스럽지만 도리가 없다. 아
이 어머니가 마을을 떠나지 않는다면 계속해서 아이를 돌볼 수 있을 것
이다. 하지만 아이가 자라 일할 수 있는 나이가 되면 다시 젱기 집에 매
인 노예가 되고 만다. 갑자기 머리가 멍해진다. 어떤 일에 제대로 대처
할 수 없을 때마다 감정을 억누르기 때문에 생기는 현상이다. 아무 감
정도 느끼지 않아야 한다. 일어서서 아쏘우에게 이 일을 마무리하자고
말한다. "젱기에게 돈을 줘 버려요. 지금 당장 이 사람들을 삽시다."

우리는 젱기와 함께 근처 오두막 뒤로 간다. 주인도 양심의 가책을
느낄 때가 있는지 돈을 받고 가족의 일원을 파는 모습을 벨라 인들에게
보여 주고 싶지 않다고 한다. 아쏘우가 젱기에게 돈을 건넨다. 내 쌈짓
돈, 한 번이라도 풍족하게 가져볼 성 싶지 않은, 절대로 젱기에게는 주
고 싶지 않은 내 돈. 하지만 방법이 없다. 젱기는 지폐 다발을 주머니에
넣고는 앞장서서 벨라 인들에게 돌아간다. 젱기가 위엄 있는 손짓으로
두 사람을 불러낸다.

"이들과 함께 가라. 이제 너희는 저 사람들 것이다. 너희와 나는 끝났
다." 젱기가 말한다.

두 사람의 얼굴에 떠오른 공포감은 전혀 예상하지 못한 반응이다. 우리가 사람들에게서 벗어나자 두 여자가 고분고분 뒤따라온다. 어떻게 설명해야 할지 모르겠어서 일단 아쏘우에게 내가 이 일을 한 것은, 두 사람을 풀어 주기 위해서라고 말하라고 한다. 이제 두 사람은 누구 소유도 아니고, 원하면 어디든 가서 일자리를 구할 수 있고, 돈도 벌 수 있고, 다른 사람에게 머리를 조아리지 않고도 살 수 있다고.

여자들은 잠자코 서 있을 뿐이다. 둘 중 한 사람 '파디마타'는 웃는 얼굴이지만, 다른 한 사람 '아키나'는 호되게 뺨이라도 맞은 표정이다. 두 사람에게 집에서 가져온 금화 한 닢과 말리 돈 약간을 쥐어 준다. 금화는 한 닢이 120달러에 해당한다. 아쏘우에게 이 일은 모두 내가 꾸민 것이고, 돈을 주는 것은 장사라도 해서 생활 기반을 마련하라는 뜻이라고 말하라고 한다.

여자들이 고개를 끄덕인다. 파디마타는 고맙다고 말하지만, 아키나는 말없이 고개를 숙이고 있다. 무엇이 잘못됐는지 알 수가 없다. 미라처럼 쪽빛 천을 감고 근처에 서서 다른 벨라 인들에게 상황을 설명하는 젱기와 멀리 떨어져 우리끼리만 있을 수 있게 다른 곳으로 가자고 제안한다. 우리는 초가집으로 들어가서 모래 바닥에 앉는다. 여자들이 나를 몰래 훔쳐본다. 파디마타는 자기 아기를 품에 안고 있다. 두 사람은 손에 꼭 쥐었던 금화와 돈을 이제야 제대로 쳐다본다.

"이제 어떻게 할 건가요?" 아쏘우를 통해 묻는다.

파디마타가 대답한다. "수수나 쌀을 구해 시장에서 팔 생각이에요."

여자는 아마도 아기 때문에 마을 근처를 떠나지 못하겠지만 자립할 수는 있을 것이다. 시장에서 파는 물건도, 스스로 번 돈도 이제는 모두 그의 것이다. 젱기에게 보고할 필요도 없다.

"주인 밑에서 일하기가 괜찮았나요?" 파디마타에게 묻는다.

"아뇨. 나는 내 인생을 살고, 내 일을 하고 싶어요." 여자가 대답한다.

"아이가 그 집에 남게 돼서 어떡하죠?"

"달리 방법이 없죠." 여자가 아이를 내려다보며 머리를 쓰다듬는다.

아키나는 머리를 숙인 채 아무 말이 없다. 나는 젱기의 집에서 일하기가 괜찮았는지 묻는다.

"아뇨." 여자가 자기 손을 바라보며 중얼거린다.

"그 사람들이 잘 대해줬나요?" 내가 묻는다.

여자는 고개를 가로저을 뿐 여전히 나를 보려 하지 않는다.

"사람들이 당신에게 상처를 줬나요?" 내가 묻는다.

여자가 기어들어가는 목소리로 매를 맞았다고 말한다. 파디마타가 고개를 끄덕인다. 파디마타도 매를 맞았다고 한다.

어떻게 물어야 할지 곤란한 질문이기는 하지만 투아레그 남자들이 그들을 범한 적이 있는지를 묻는다.

여자들은 말이 없다.

나는 아쏘우에게 내게는 무슨 말이든 해도 괜찮다고, 그들이 한 말을 어떤 투아레그에게도 말하지 않겠다고, 나는 그들의 친구라고 전해 달라고 한다.

"저는 그런 일을 당하지 않았습니다. 하지만 이 친구에게는 그런 일이 있었습니다." 파디마타가 말한다.

아키나가 그렇다고 고개를 끄덕이면서도 입은 떼지 않는다. 여자는 겁에 질린 듯 시선을 내리깔고 얼굴을 찌푸린 채 옷을 만지작거린다.

아쏘우를 통해 여자가 괜찮은지 묻는다. 여자가 고개를 들고 처음으로 내 눈을 바라본다. 그리고 말한다. "이 일이 부끄럽습니다."

"부끄럽다고?" 아쏘우에게 묻는다.

알고 보니 여자는 자신이 동물처럼 팔린 것이 부끄럽단다.

"아니에요. 그렇게 생각하지 말라고 말하세요." 나는 팔을 뻗어 여자 손을 잡는다. 여자가 나를 응시한다. 여자와 내 두 눈에 눈물이 고인다. 나는 여자의 손을 꽉 쥔다.

"부끄럽게 생각하지 마세요."

아쏘우의 말을 들은 여자는 얼굴빛이 변하더니 긴장을 풀고 내 눈을 바라본다. 투아레그 주인이 어떤 짓을 했는지 속이 후련해지도록 털어 놓으라고 말한다. 여자가 일어서서 다른 사람의 등을 매로 때리는 흉내를 낸다. 여자는 상상의 회초리를 손에 들고 다른 사람의 몸을 잘라버릴 것처럼 계속해서 내리친다. 동작을 멈추었을 때 여자의 얼굴에는 극도의 분노와 증오가 가득하다. 두 여자는 아무런 이유 없이 매일같이 매질을 당했다고 한다.

투아레그는 스스로 고귀하신 몸이라고 생각하기 때문에 집안일은 하지 않는다. 하인들이 투아레그가 먹을 음식을 구입하고, 땅을 경작하고, 수수를 찧는다. 일은 전부 그들이 하고, 투아레그는 여가를 즐긴다.

"투아레그가 앉아서 손이 닿지 않는 거리에 있는 병을 갖다 달라고 하면 당신이 갖다 주어야 한단 말이죠?" 내가 두 여자에게 말한다.

두 사람이 웃음 띤 얼굴로 고개를 끄덕인다. 파디마타가 손을 내밀고 있는 투아레그 여자 흉내를 낸다. "이렇게요. 가져가라, 가져와라." 다들 웃는데, 아키나가 가장 크게 웃는다. 아키나가 웃는 모습을 보니 기분이 좋다.

여자들 나이를 물었다가 대답을 듣고는 깜짝 놀랐다. 18, 9살 정도. 출생증명서 같은 것이 없기 때문에 그들도 확실하게는 알지 못한다. 어쨌든 나이보다 훨씬 늙어 보인다. 고생을 많이 했기 때문일 것이다.

나는 여자들에게 이제 뭅티든 어디든 마음대로 갈 수 있는지 묻는다. 내가 떠나는 순간 젱기가 다시 제 소유를 주장하면 어떻게 하나 걱정스러웠다.

"아뇨, 그럴 리는 없습니다." 파디마타가 말한다. 아키나도 고개를 끄덕인다. "우리는 이제 자유에요. 그가 우리에게 약속했습니다. 우리에게 당신과 함께 가라고 말했으면 그것으로 된 겁니다. 가라는 얘기는 자유라는 얘깁니다. 그건 확실합니다."

그들 말이 맞기를 바랄 뿐이다. 노예 제도가 존속하는 현실을 한사코 인정하지 않는 사회에서 어떤 공문서나 영수증을 작성할 수도 없다. 젱기가 도리를 아는 사람이라면 여자들 말처럼 자신의 약속을 지킬 것이고, 그렇다면 그들은 걱정할 것이 아무것도 없다. 두 사람은 벌써 미래를 계획하며 수수를 사겠다고 말한다. 그 모습을 보니 한결 마음이 놓인다. 더 이상 매질이나 모욕을 당하는 일은 없을 것이다.

떠나려고 일어서서 악수를 청하자 두 사람은 신께서 은총을 내리실 것이라고, 그들에게 베푼 일을 어여삐 여겨 나를 보살피실 것이라고 말한다. 그들은 "알바카(감사합니다)."라고 몇 번이고 말을 한다. 무슨 말을 해야 할지 모르겠다. 어쨌든 두 사람의 행복한 표정을 볼 수 있어서 고맙다. 파디마타는 돈을 충분히 모으면 딸을 데려올 수 있을 것이다.

벨라 마을의 두 여인을 절대로 잊지 못할 것이다. 이제는 오로지 팀북투를 떠나 집으로 돌아가고 싶은 마음뿐이다. 하지만 그전에 '징가레이 베레 모스크'를 찾아가 세상을 멸망시킨다는 문을 보고 싶다. 이 모스크는 위대한 송하이 왕 만사 무사가 메카에서 돌아와 14세기에 지은 건물로 말리에서 가장 오래된 건축물이다. 수백 년 동안 원래 모습을 유지한 채 마을 어귀에 서 있다. 뾰족뾰족한 흙벽돌 첨탑이 하늘을 향해 뻗었고, 벽 둘레에는 쓰레기가 소용돌이친다.

관리인이 모스크 꼭대기에서 관광객들을 안내하느라고 바쁜 탓에 우리는 모스크를 독차지한다. 모스크 안은 어두침침하고 서늘하다. 지붕 창으로 내리비치는 햇살에 발걸음을 뗄 때마다 먼지 구름이 일어난다. 거대한 공간을 형성하는 흙벽에서 고대인들의 손길이 느껴진다.

그 특별한 문은 모스크 안쪽의 평범하기 짝이 없는 벽에 나 있는데, 그 위에 갈대로 짠 거적이 덮여 있다. 아쏘우가 그 문은 사람들에게 공개되지 않는다고 말한다. 이유는 그도 모른다. 어쩌면 너무 위험하기 때문일 것이다. 아쏘우도 어릴 때 언뜻 본 적이 있지만 기억은 나지 않는다고 한다.

"문이 어떻게 생겼는지 보고 싶어요."

아쏘우가 웃으며 말한다. "당신처럼 호기심 많은 사람은 처음 봤어요."

"그래요?"

"그러면 가서 봅시다." 하지만 겁을 집어먹은 목소리다.

말소리가 텅 빈 모스크 안에 울려퍼진다. 먼지가 햇살 속에서 소용돌이친다. 고양이들이 기둥 그늘에 앉아 우리 얘기에 귀를 기울이고 있다. 고양이가 한 군데에 이렇게 많이 모여 있는 것은 처음 본다. 눈이 반쯤 감기고 배만 가만히 오르내리는 모습이 부처처럼 보인다.

나는 살금살금 걸어가 가만히 거적을 들춘다. 여기 있다. 열리면 세상을 멸망시킨다는 문. 나무로 만든 문인데 가운데 부분이 썩어 없어졌다.

강가로 떠밀려 온 나무토막처럼 이렇다 할 특징이 없다. 갑자기 충동적으로 손을 내밀어 만져 본다.

땅이 흔들리지 않는다. 물도 갈라지지 않는다. 지구는 여전히 축을 중심으로 돌고 있다.

"세상이 끝나지 않네요." 내 목소리가 반대쪽 벽에 부딪혀 울린다.

"문을 열어야죠." 아쏘우가 웃으며 말한다.

관리인이 모스크 꼭대기에 있기 때문에 문을 열어 볼 수도 있다. 나는 온 세상을 손아귀에 쥐고 있기라도 한 듯 잠시 건방을 떨어 본다. 젱기와 여자 노예들을 생각한다. 요리하는 법을 가르쳐 주던 풀라니 여자들, 카누를 탄 보조 어부가 팀북투가 바로 앞이라고 격려해 주던 모습을 떠올린다. 다정하고도 비정한 세상이다. 모든 것이 참으로 놀랍다.

마침내 집으로 돌아간다. 비행기 좌석에 등을 기댄다. 내 카약 여행을 우롱하는 바마코 행 비행. 창밖을 내다본다. 파크의 장엄한 니제르 강이 가느다란 잿빛 실처럼 사막 평원을 가로지르고 흰 언덕들을 휘돌아 자그마한 웅덩이로 이어진다. 그것이 데보 호다. 이 호수를 건너는데 꼬박 하루가 걸렸고, 호수에서 빠져나와 니제르 강의 북쪽 굽이를힘겹게 돌아가는 데 또 이틀이 걸렸지만, 그 시간들이 이제 1만 5,000피트 상공의 오싹한 비행 앞에 무릎을 꿇는다.

구름이 시야를 가린다. 냉방 장치 스위치를 제일 세게 돌리고 눈을 감으며 극도의 피곤함을 느낀다. 두 번째 삶으로 들어간다는 것이 이런 느낌일까? 다시는 똑같은 방식으로 여행하지 못하리라는 사실만은 분명하다. 안전벨트를 잡아당겨 있으나마나하게 몸통 주위로 늘어트린다.

이 비행기는 미국무부가 이용을 금지한 '에어 말리'다. 이로써 마지막 규칙을 깨트린 셈이 되었지만, 누가 돈을 대준다고 해도 다시는 니제르 강에서 노를 젓지 않을 것이다. 멍고 파크가 결코 깨닫지 못한 한가지, 내가 마침내 깨달은 한 가지는 이것이다. '여행은 언제나 끝난 뒤에 말한다.'

감사의글

내셔널 지오그래픽 어드벤처의 편집자 '스티브 바이어스Steve Byers'의 도움과 이해가 아니었더라면 이 여행은 이루어지지도, 책으로 나오지도 못했을 것이다. 스티브는 내게 첫 번째 과제를 준 사람이고, 내 글이 실린 최초의 잡지를 펴낸 사람이며, 언제나 자신이 감당할 수 있을 만큼의 지지와 열정을 보내 준 사람이다. 스티브가 아니었다면 나는 지금 이 자리에 있지 못했을 것이다. 스티브에게 감사드린다.

끔찍한 오지에서 보낸 황량한 이메일을 참을성 있게 받아 준 발 베델Val Wedel에게 감사드린다. "당신의 우정과 격려 없이는 살아갈 자신이 없습니다."

매튜 플릭스타인Matthew Flickstein, 지니 모건Ginny Morgan, 윌리 밀러Wiley Miller, 체릴 그레이엄Cheryl Graham, 헤더 킬패트릭Heather Kilpatrick, 트루디 루이스Trudy Lewis, 미요코 고토Miyoko Goto에게 진심으로 감사드린다.

그리고 높은 곳에 계시는 하느님께 영광을.

화면 밖으로 뛰쳐나온 라라 크로프트

《팀북투로 가는 길》은 한 젊은 여자가 고무로 만든 카약을 타고 아프리카 오지의 니제르 강을 따라 1,000킬로미터를 홀로 여행(이라기보다는 탐험)한 이야기다. 혼자서 강을 따라 여행했다고? 그렇군, 하고 무심하게 넘어갈 수도 있지만 그것이 무엇을 의미하는지 좀더 상상해 보면 어떨까? 일단 '젊은 여자'다. 남자는 물론이고, 같은 여자라도 아줌마나 할머니보다는 무서울 것이 많다. 본인의 담력과는 상관없이 상대하게 되는 사람들의 태도가 다를 테니 말이다. '고무 카약'을 탔다면 무동력이다. 오로지 자신의 힘으로 앞으로 나아가야 한다. 다음으로는 '아프리카'다. 지구상에 몇 남지 않은 오지 중 하나로, 그야말로 진정한 '홀로'가 될 수 있는 곳이다. 마지막으로 '1,000킬로미터'는 서울에서 부산을 왕복하는 거리와 비슷하다. 그러고 보니 작가의 말대로 이 여행은 "잘해야 한심한 짓, 잘못하면 미친 짓"처럼 보이기도 한다.

예상대로 《팀북투로 가는 길》은 과연 치열한 책이다. 홀로 세상과 얼굴을 맞대고 그와 나의 깊숙한 내면을 들여다보는 것이다. 그토록 극한 상황으로 자신을 내몬 까닭을 여러 각도로 헤아려 보고, 여정에서 마주치는 사람들의 표정과 태도에서 사고방식과 인생관을 읽어 낸다. 그리고 더 나아가 사회로까지 시야를 넓혀 여성 문제와 계급 문제를 다루고 있다. 하지만 그런 치열함과 깊이는 작가의 발랄한 유머감각과 위트 덕분에 부담스럽지 않게 다가온다. 두려움과 긴장으로 하루하루가 살얼음판 같을 법한데도 어디서 그런 배포가 나오는 것인지, 자신과 세상을 바라보는 작가의 시선에서는 시종일관 유쾌한 재치가 엿보인다.

　"우리 시대의 진정한 라라 크로프트." 원서 표지에 박힌 카피다. 모험에 나선 젊고 아리따운 여자라는 공통점에 착안해 고안한 문구인 듯하다. 작가는 사실 소박하고 털털한 사람이다. 실수도 하고, 겁도 내고, 불평도 한다. 하지만 '그 무엇도 흔들지 못할' 삶을 구축하고, 지겹다고 투덜대면서도 결코 그 일상에서 멀리 벗어나지 못하는 보통 사람들과 다른 것만은 틀림없다. 그런 의미에서라면 강인한 여전사의 이미지를 빌리는 것이 사실 왜곡은 아닐 듯싶다. 화면 밖으로 뛰쳐나온 라라 크로프트가 도전하고, 이겨내고, 끝내는 결실을 거두는 이 이야기가 우리네 일상에 신선한 활력을 줄 수 있기를 바란다.

옮긴이 | 박종윤

1971년 서울에서 태어나, 서울대학교 약학과와 이화여자대학교 통역번역대학원을 졸업했다. 옮긴 책으로《드라큘라 1, 2》,《왜 사랑에 빠지면 착해지는가》,《스네이크 스톤》,《신뢰》등이 있다.

팀북투로 가는 길

초판 인쇄 2011년 1월 15일
초판 발행 2011년 1월 25일

지은이   키라 살락
펴낸이   진영희
펴낸곳   (주)터치아트
출판등록 2005년 8월 4일 제406-2006-00063호
주소   413-841 경기도 파주시 탄현면 법흥리 1652-235
전화번호 031-949-9435 팩스 031-949-9439
전자우편 editor@touchart.co.kr

ISBN 978-89-92914-39-0 13980

* 이 도서의 국립중앙도서관 출판시도서목록(CIP)은
  e-CIP 홈페이지(http://www.nl.go.kr/ecip)에서
  이용하실 수 있습니다.(CIP제어번호: CIP2011000128)